高等学校文科教材
高等学校心理学专业课教材
上海普通高校优秀教材

个性心理学 第四版

叶奕乾　孔克勤　杨秀君　编著

华东师范大学出版社
上海

图书在版编目(CIP)数据

个性心理学/叶奕乾等编著. —4 版. —上海:华东师范
大学出版社,2016.1
ISBN 978 - 7 - 5675 - 4705 - 6

Ⅰ.①个… Ⅱ.①叶… Ⅲ.①个性心理学
Ⅳ.①B848

中国版本图书馆 CIP 数据核字(2016)第 027620 号

个性心理学(第四版)

编 著 叶奕乾 孔克勤 杨秀君
项目编辑 邓华琼
特约审读 黄 山
责任校对 赖芳斌
装帧设计 卢晓红 俞 越

出版发行 华东师范大学出版社
社   址 上海市中山北路 3663 号 邮编 200062
网   址 www.ecnupress.com.cn
电   话 021 - 60821666 行政传真 021 - 62572105
客服电话 021 - 62865537 门市(邮购)电话 021 - 62869887
地   址 上海市中山北路 3663 号华东师范大学校内先锋路口
网   店 http://hdsdcbs.tmall.com

印 刷 者 常熟市文化印刷有限公司
开   本 787×1092 16 开
印   张 18.75
字   数 414 千字
版   次 2016 年 5 月第 2 版
印   次 2023 年 1 月第 8 次
书   号 ISBN 978 - 7 - 5675 - 4705 - 6/G·9058
定   价 38.00 元

出 版 人 王 焰

第四版前言

本书是受国家教育部委托编写的高等学校文科教材。

个性心理学系统、深入地揭示人类心理活动的丰富内涵,具有广泛的理论意义和应用价值。

一般认为,1937年美国心理学家奥尔波特(G. W. Allport)《个性:心理学的解释》的出版,标志着个性心理学的诞生,该书集前人个性心理学的大成,建立了个性心理学的基本框架。个性心理学从诞生至今还不到80年,是一门年轻的科学。由于个性的复杂性,初期形成许多学派,很少有统一的看法。众说纷纭,莫衷一是。但是从20世纪90年代开始,综合性的研究开始了,出现了整合和统一的趋势。个性心理学从许多学科中吸取了大量的概念和方法。"大五"模型等理论的提出给个性心理学吹来了一阵春风,极大地促进了个性心理学的整合和发展,给研究者提高了信心,为建立"大一统"的个性心理学提供了动力。

本书1991年初版,作为第4版,删旧增新,进行的修订主要有:①对个性心理学各大学派的最新发展进行了增补和扩展;②对认知学派的新进展进行了比较详细的阐述;③智力是国内外发展较快的领域,本书对智力发展的理论和测验作了进一步的分析;④对最近的"大五特质模型"作了比较详细的研讨;⑤对个性心理学的研究新方法进行了增补。

本书和前几版一样,可供全日制高等学校和业余高等学校的学员作教材,也可供与心理学专业有关的工作者作参考。

本书前几版是由孔克勤教授、杨秀君老师和我共同编写的,现在由于二位老师不在上海,由我一人负责修改。如有错误和不妥之处,由我负责。本书在编写过程中参阅了国内外诸多专家的专著和论文,华东师范大学出版社对本书出版提供了大力支持,其中,蒋将老师提出了很多宝贵意见,对本书质量的提高起了重要作用,在此一并向他们致谢!

限于时间和水平,书中如有不妥之处,敬请专家和读者指正。

叶奕乾

2015年,定稿于英国谢菲尔德市

目录

第一篇

总　论

第一章　总　　论

第一节　个性概述

法国作家雨果说过:世界上最浩瀚的是海洋,比海洋更浩瀚的是天空,比天空还要浩瀚的是人的心灵。人的心理活动丰富多彩,极其复杂。一般把人的心理活动相对地分为个性和心理过程两大部分。个性心理学就是以个性为研究对象,以个性的结构、动力、发展和测量等为主要研究内容的一门学科。美国著名的心理学家奥尔波特(G. W. Allport)宣称:"我们已经进入了个性的时代。"个性心理学将在新时代得到更大的发展,为社会进步和人类幸福作出更大的贡献。

"个性"和"人格"是同义词,从字源上讲这两个词都来源于英语的"personality",而"personality"一词又来源于拉丁语"persona"。该词最初指演员的面具,即一个人的外部表现,现在不仅指一个人的外部表现,而且指一个人的内在特征。

一、个性的含义

个性(personality)是个体独特而相对稳定的心理行为模式。

人们一般把个性等同于人格,认为它们的含义是一致的。

《中国大百科全书·心理学》中写道:"人格是个体特有的特质模式及行为倾向统一体,又称个性。"[1]

二、个性的结构

在我国,一般把个性的结构划分为相互联系的两个方面:个性倾向性和个性心理特征。

(一) 个性倾向性

个性倾向性是个性结构中最活跃的因素,它是一个人进行活动的基本动力。个性倾向性决定着人对现实的态度,决定着人对认识活动的对象的趋向和选择。

个性倾向性主要包括需要、动机、兴趣、理想、信念和世界观。它较少受生理因素的影响,主要是在后天的社会化过程中形成的。个性倾向性的各个成分并不是孤立的,而是相互联系、

---

[1] 《中国大百科全书·心理学》,中国大百科全书出版社,1991 年版,第 270 页。

相互影响和相互制约的。其中,需要又是个性倾向性乃至整个个性积极性的源泉,只有在需要的推动下,个性才能形成和发展。动机、兴趣和信念等都是需要的表现形式。世界观居于最高层次,它制约着一个人的思想倾向和整个心理面貌,它是人的言论和行为的总动力和总动机。个性倾向性是以人的需要为基础的动机系统。

(二) 个性心理特征

个性心理特征是指一个人身上经常而稳定地表现出来的心理特点。它是个性结构中的另一个重要的组成部分,是人的多种心理特点的一种独特的结合。因此,它集中地反映了人的心理面貌的独特性。

个性心理特征主要包括能力、气质和性格,在个体的发展过程中,这些心理特征形成较早,并且在不同程度上受生理因素的影响,构成个性结构中比较稳定的成分。

个性是一个统一的整体结构。个性倾向性和个性心理特征之间也不是彼此孤立的,而是相互渗透、相互影响,错综复杂地交织在一起的。个性心理特征受个性倾向性的调节,个性心理特征的变化也会在一定程度上影响个性倾向性。

三、个性的基本特征

(一) 个性的整体性

个性是一个统一的整体结构,每个人的个性倾向性和个性心理特征并不是各自孤立的,它们相互联系、相互制约,构成一个统一的整体结构。现代心理学家把个性看作是由各个密切联系的成分所构成的,多层次、多水平的统一整体。德国心理学家斯腾(L. W. Stern)是反对传统的元素主义心理学,注重研究整体的人。他认为,人身上集中了各种心理的机能,心理学研究的对象应该是整体的人,而不是各种单项的机能。沃伦(H. C. Warren)和普林斯(M. H. Prince)也把个性看作个人所有特征的总和。许多心理学家强调个性的组织性和整体性。奥尔波特指出,个性是一种有组织的整合体。在这个整合体中各个成分相互作用、相互影响、相互依存,如果其中一部分发生变化,其他部分也将发生变化。1955年,他还提出"统我"(proprium)一词。他认为,"统我"是个性统一的根源,是个性特质的统帅。后来,个性研究引进了结构的概念和系统的观点,把个性看成完整的构成物。

(二) 个性的稳定性和可塑性

个性是一个人的比较稳定的心理倾向和心理特征的总和。个人在行为中偶然表现出来的心理倾向和心理特征不能表征他的个性,只有比较稳定的,在行为中经常表现出来的心理倾向和心理特征才能表征他的个性。例如,一个处事谨慎稳重的人,偶然表现出冒险、轻率的举动,不能由此说他具有轻率的性格特征。个性具有经常性、稳定性的特点。"江山易改,本性难移"形象地说明了个性的稳定性。我国著名心理学家潘菽教授指出:"心理过程是指心理的一时动态表现;心理状态则是指心理的比较经久的静态存在。……个性指的就是一个人(或每个人)所有心理静态或较稳定的状况的全部内容。忽视了这一点,个性心理问题无论如何都说不清楚。"他还分析了心理过程与个性的关系。他指出:"心理同个性心理之间只能有过程(或动态)和状态(或静态)的区别……先有动态后才能有静态,动态方面改变了才有静态方面的相应改变。两方面的动态和静态还可以互相转化。"①

个性的稳定性是相对的,个性具有可塑性。个性是在主客观条件相互作用下发展起来的,同时又在主客观条件的相互作用下发生变化。儿童的个性还不稳定,受环境影响较大,成年人的个性则比较稳定。自我调节对个性的改变起着重要作用,当代社会认知心理学家米歇尔(W. Mischel)指出,我们的行为虽然受到外界条件的控制,但也受自己确定的目标和达到目标的计划的调节和支配。例如,逆境可以使人消沉,但通过自我调节,个体也可以使自己变得更坚强。因此,人是一个高度的自我调节系统,个性是稳定性和可塑性的统一。

(三) 个性的独特性

每一个人的个性都由独特的个性倾向和个性心理特征所组成。即使是同卵双生子,他们在遗传方面可能是完全相同的,但个性也会有所区别,因为个性是在遗传、环境、成熟和学习等许多因素影响下发展起来的。这些因素及其之间的相互关系不可能是完全相同的,所以每个人的个性都有自身的特点。人心不同,各如其面。

个性的独特性并不是说人与人之间在个性上毫无相同之处。把个性和个别差异等同起来,是不妥当的,因为个性指一个人整个的心理面貌,它既包括人与人之间在心理面貌上相同的方面(共同性),也包括人与人之间在心理面貌上不同的方面(差异性)。个性中包含人类共同的心理特点、民族共同的心理特点和集团共同的心理特点,还包含每个人与其他人不同的心理特点。

(四) 个性的社会性和生物性

人的社会性和生物性、遗传和环境、先天和后天的关系问题历来是哲学家和心理学家共同关心的重要问题。我国古代哲学家和教育家孟轲提出性善说,认为人的本性是天赋的,人天生就是善良的。墨翟则重视环境的作用,他用染丝作为例子来说明个性受环境的影响而变化。他说:"染于苍则苍,染于黄则黄,所入者变,其色亦变。"②

原苏联的心理学家在理解个性中生物因素和社会因素的作用上也曾经存在着不同的观点。列昂节夫(A. H. Леонтьев)等人认为,个性只能是社会关系的反映,个性只能包括由社会关系带来的特性,而不能包括由生物性所制约的个人特征。鲁宾斯坦(С. Л. Рубинщтейн)等人则认为,个性既包括在个体发展中由社会活动和社会关系所决定的社会特性,还包括在人类历史发展过程中所形成的生物特性。他认为,个性是社会性和生物性的统一。

研究表明,儿童生下来只是一个生物实体,还谈不上社会性,社会性是在生物实体上形成和发展起来的,社会性是"依附"在一定的生物实体上的。在个性的形成和发展中,既不能排除社会因素的作用,也不能排除生物因素的作用,如果只把其中的一个因素作为个性形成和发展的原因,那是片面的。但是,也不能把这两种因素在个性形成和发展中的作用等量齐观。一个人如果离开了人类,离开了社会,人的正常心理就无法形成,更谈不上个性的发展。生物因素只给个性发展提供可能性,社会因素才能使这种可能性转变为现实。人在社会交往中,逐渐

---

① 潘菽著:《潘菽心理学文选》,江苏教育出版社 1987 年版,第 574—575 页。
② 《墨子·所染》。

形成和发展自己的个性,因此,对个性形成和发展起决定作用的是社会生活条件。

第二节　个性心理学的意义

一、理论意义

人的本质长期以来得不到科学的说明,甚至受唯心主义和形而上学的影响。对个性的科学论述,有助于对人的本质的科学说明。它的研究成果丰富了辩证唯物论和历史唯物论。特别是对人的科学解释。

个性心理学是心理学的一个重要分支。普通心理学和个性心理学之间相互联系,相互渗透。普通心理学长期以来以研究认识过程为主,对个性心理的研究较少。在普通心理学教材中,论述个性问题往往是蜻蜓点水,一掠而过,有些问题则没有提及。当前,个性心理学研究有较大的发展,在普通心理学教材中,个性心理学所占的比例也有所增长。个性心理学的研究成果可以加强对人心理活动整体性的认识,有助于克服心理学中的机能主义和元素主义的影响。个性心理学研究的成果丰富了普通心理学的内涵,从而使普通心理学建立起更完备的体系。

个性心理学在心理科学中占有特殊的地位,它是唯一把人的心理活动作为整体研究的心理学。赫根汉(B. H. Hergenhahn)指出:"在把人作为一个整体来研究的心理学中,人格理论家处于独特的地位。绝大多数其他分支的心理学家往往只深入研究人的某一方面。……只有人格理论家才企图描绘出关于人的完整性的画面。"[①]个性心理学的研究成果,除了给心理科学提供了辩证的思维,也为其他学科提供了反对形而上学和单因素决定论的工具。

二、实践意义

一切实践活动都是人参加的活动,都是在个性调节下进行的。个性心理学对实践活动的意义是多方面的。个性心理学着重研究人的心理活动的整体性,研究人的整个心理面貌,从而使心理学更加接近人的现实社会生活。这对于充分调动人的积极性、为国家建设发掘人力资源具有重大的现实意义。个性心理学对于教育、医学和管理等方面都具有重大意义。个性心理学有助于提高人的素质、提高人的健康水平,有助于培养学生的个性全面发展。个性的全面发展是我国教育的目标。

(一)教育

掌握个性心理学的原理,有助于因材施教,培养青少年健全的个性,使青少年的个性获得充分发展。俗话说,一把钥匙开一把锁,优秀的教师能根据学生不同的个性特点,采取不同的教育方法。例如,全国模范教师斯霞,要求一个性急如火的男孩做一些非细心和耐心就不能做好的工作,以培养他的坚韧、持久和细致等个性品质;对几个胆小的女孩,则给她们看战斗的故事片,讲英雄的故事,以培养她们勇敢、顽强的个性品质。在知识教育上,教师同样要根据学生

---

① 赫根汉著,郑雪、郑敦淳编译:《现代人格心理学历史导引》,河北人民出版社 1988 年版。

的个性特点进行教学,例如,有些学生可以在短时间内接受较多的知识,有些则要求"少吃多餐"等。针对学生个性特点进行教学,能够提高教学的效果和质量。尊重学生的个性,开展因材施教,促进学生个性全面发展,是时代的要求。

(二) 医学

个性心理学与医学关系十分密切。欧洲临床医学的发展促进了个性结构与个性类型的研究,催眠与神经症的早期研究的思想倾向,则孕育了精神分析等个性理论体系。普汶(L. A. Pervin)指出,一个个性理论,或者至少半个个性理论都是在临床治疗中发展起来的。个性心理学的研究也推动了医学的发展。心脏病、高血压、癌症是当前人类死亡率较高的三种疾病,它们都和个性特点有关。塔克(Tucker)等人的研究表明,高血压患者往往具有时间紧迫感,还具有雄心大志,要求事情做得尽善尽美,甚至有自命不凡等个性特点。班森(Bahnson)等人的研究表明,癌症患者往往具有情绪压抑、对人表现出敌意等个性特点。现在,人们已越来越重视病人的个性特征。美国心身医学创始人之一邓巴(F. Dunbar)分析了1600多例患者的心理资料,初步形成了某些疾病与性格特点和生活方式相关的理论。我国学者宋维真研究员编制的《易感性格量表》,可用来测查某些心身疾病与某些个性特征之间的内在关系。医务工作者了解了病人的个性特点,就能大大提高医疗的效果。

根据世界卫生组织的统计:"心理障碍占全球疾病的 10.5％(中低收入国家)和 23.5％(高收入国家)"。[1]

在当代心理咨询和心理治疗中,个性心理学起着极其重要的作用。几乎每一种个性学派都有一种治疗心理问题的方法。如精神分析法、认知疗法、行为主义疗法和个人中心疗法等。

(三) 管理

用个性心理学原理指导管理行为,有助于合理使用人才。领导要全面了解人的个性特点,知人善任,根据各人不同的特点,安排不同的工作,做到扬长避短,人尽其才。一般地说,以安排外向的人从事公关、采购、推销等工作为宜;内向的人则以安排他们从事秘书、打字、会计、机械、工程等工作为宜。英国心理学家艾森克(H. J. Eysenck)特别指出,外向的人不能很好地担任警戒任务。在他看来,雷达管理员等工作应该由内向的人担任。

另外,群体个性特征配置问题也是管理中的一个重要问题。管理者要从个性特征方面考虑群体内部人员是否能够亲密相处,互相协调,共同做好工作。原苏联心理学家罗萨诺夫(B. M. Русалов)的研究表明,在协同活动中两个气质类型不同的人配合比两个气质类型相同的人配合所取得的成绩更大。皮卡洛夫(И. X. Ликалов)的研究表明,气质特征相反的两个人合作,不仅合作效果好,而且更有利于团结。

第三节　个性心理学的方法

个性心理学的研究,应系统地运用现存心理学中的各种方法,尤其是个性心理研究的独

---
① 赵静波主编:《人格与健康》,人民卫生出版社 2009 年版,第 5 页。

特方法和当代高新技术,多维度、多方位、多侧面地进行。

奥尔波特曾将个性的研究方法分为 14 大类 52 种,并将它们排列于一个圆形的图中(见图 1-1)。从图中可以看出,所有的方法都是围绕"观察"和"解释"这一核心来进行的。

图 1-1 奥尔波特个性研究方法图示

0 为直觉

Ⅰ 为文化背景研究

其中:1. 社会规范分析;2. 谚语、格言、文艺作品分析;3. 语言分析;4. 心理描述。

Ⅱ 为生理记录

其中:5. 遗传分析;6. 生化相关物;7. 内分泌研究;8. 体格类型;9. 面形、动作分析。

Ⅲ 为社会记录

其中:10. 个人档案记录;11. 工作方法分析;12. 生活时间记录;13. 行为频率;14. 社会调查法(对人际关系的测定);15. 拓扑心理学。

Ⅳ 为个人记录

其中:16. 日记;17. 对简单问题的回答;18. 个人的信件;19. 主题作文。

Ⅴ 为表情

其中:20. 第一印象;21. 外表详细分析;22. 外表模式分析;23. 笔迹学;24. 风格分析。

Ⅵ 为量表

其中:25. 等级量表;26. 记分量表;27. 心理图示(心志)。

Ⅶ 为标准化测验

其中:28. 标准化问卷;29. 心理测验(动作测验、迷津测验、语言测验等);30. 行为量表(想象、联想、情境测验等)。

Ⅷ 为统计分析

其中:31. 差异心理学;32. 因素分析;33. 内部因素分析。

Ⅸ为生活状况缩影

其中:34.时间样本;35.职业;36.欺骗性情境。

Ⅹ为实验室实验

其中:37.单一的机能记录;38.多元的机能记录。

Ⅺ为预测

其中:39.严密的反应预测;40.一般倾向预测。

Ⅻ为深层分析

其中:41.精神科会谈;42.自由联想;43.梦的分析;44.催眠术;45.自动书写;46.幻想分析。

ⅩⅢ为理想类型

其中:47.理想的图式;48.文艺性格分类。

ⅩⅣ为综合的方法

其中:49.识别法;50.匹配法;51.全过程会谈;52.个案分析。

后来,奥尔波特又进一步将个性的研究方法概括为11种(见图1-2)。

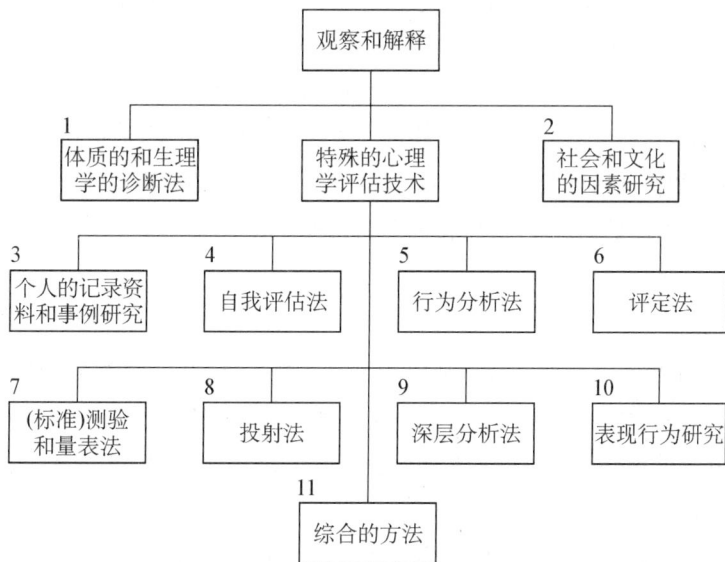

图1-2 奥尔波特个性研究方法概观

由于个性心理学的高度复杂性,测定个性是相当困难的,这就要求测量者把多种方法结合起来,交叉应用、互相补充、互相印证,并且要把实验室的研究与真实生活中的研究结合起来。

诺夫的"综合法研究模式"和"生态学运动"对研究个性心理学都有应用价值。

诺夫等人提出了"多重环境、多重来源、多重工具"的综合法研究模式(见图1-3)。① 要求研究者在三种环境(家庭、学校、实验环境)中进行,在每一种环境中,至少要有两个人提供资

① [苏]诺夫著:《儿童与青少年人格测量》(英文版),1986年,第316页。

料；主试均采用两种测量工具进行评定，并且要求在每一环境中，两个主试使用相同的测量工具。当然，主试所提供的资料是多种具体情景中个人行为表现的概括。

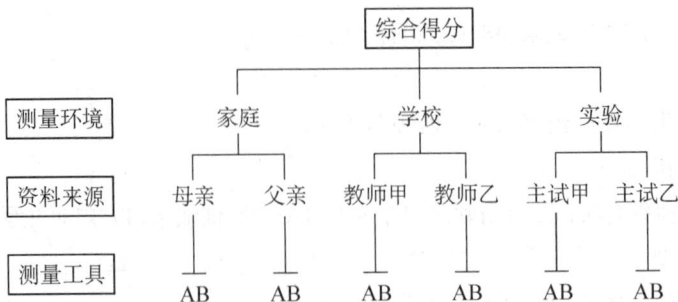

图1-3 "多重环境、多重来源、多重工具"综合法研究模式

进入20世纪80年代后，心理学研究出现了新的方法论倾向。美国心理学家维斯塔（R. Vasta）称之为"生态学运动"（the ecological movement）。他指出："如果说60年代标志了严格的实验室方法应用到对儿童的研究，70年代就看到对自然过程的日益关心。那么，80年代可谓是使严格的方法脱离实验室而与对现实世界的关注相结合。"①生态学运动即在研究人的心理时从实验室走向生态，把实验室固有的严格性移到真实环境中去。生态学运动要求研究的情景必须是自然的，但研究本身必须是严格的。人的个性具有社会制约性，只有在现实环境中考察人的个性，才能保证内部效度和外部效度的统一，揭示人的性格特征。

当前在个性心理学的研究中，经常使用下列几种方法：

一、观察法

在奥尔波特的理论中，观察在个性研究中占有重要的地位，他的图示（图1-2）把观察放在首要的地位。观察法被认为是个性研究中应用最广泛的方法。

观察法是在自然条件下，有目的、有计划地对被试的行为、言谈、表情等进行观察，从而了解他们的心理活动的一种研究方法。②

观察法是对被试的行为进行直接了解，因而有可能收集到第一手资料。在观察法中，观察者首先要目的明确，即观察什么；其次，要有相关的知识储备，尽量利用有效的仪器（如录像机、录音机等）；此外，还要用抽样方法进行观察，即在不同时间段对被试进行同一种观察。但是，观察法也有其不足之处，即它被动地等待某种现象出现，有时观察到的可能是偶然现象，不是规律性的事实，因此需要反复进行观察。

二、实验法

由于个性的复杂性，个性研究不宜采用严格控制条件的实验室方法，而较多采用自然实

---

① ［美］维斯塔著：《展望80年代儿童研究方法》（英文版），1982年。
② 荆其诚主编：《简明心理学百科全书》，湖南教育出版社1991年版，第169页。

验法。自然实验法是实验法在自然条件下的运用,它兼有实验室实验法的控制条件和观察法的自然真实两方面的优点。运用实验法研究个性较多的是教育性实验。教育性实验就是把实验法运用于教育过程,在活动中了解学生,并研究有效教育措施的方法。在进行教育实验时,实验者创设一定的情境,主动地引起被试(学生)的某种性格特征的表现,然后再采取一定的教育措施影响被试的行为表现,通过观察、分析来了解被试的性格。这种方法比较主动和自然,但要求主试(教师)善于设计实验和控制条件。

阿格法诺夫(Т. И. Агафонов)为了测定儿童的勇敢,设计了一个名叫"拾火柴"的教育性实验。实验以保育院 40 名小朋友为对象。他把一些湿的柴放在离宿舍不远的地方,而把另一些干柴放在山沟里。在冬天的夜晚,他要求儿童去取柴火,发现有些孩子勇敢地到山沟里去取柴,有的边走边埋怨,大部分孩子怕黑,宁愿就近取湿柴。在几个月的时间里,通过一定的教育,去山沟里取干柴的孩子逐渐多起来了,但仍有 20 多个孩子没有多大变化。在 9 个月的时间内,实验者观察到儿童在勇敢方面的差异,有的是勇敢的,有的是动摇的,有的是畏缩的、贪图方便的,有的则是胆怯的。

三、测验法

心理测验可以分为两大类,一类是能力测验,一类是人格测验。前者包括智力测验和各种能力的测验,后者主要是性格、气质以及需要、兴趣等个人特征的测验。用测验法研究个性最大的优点是可以在较短时间内对需要了解的某种个性特征进行量化的分析,但是它对所使用的量表以及主试都有特殊的要求,并非任何人都能随意运用。人格测验还可进一步分为问卷测验、投射测验等。

问卷测验是一种结构明确的测验,其工具为各种经过统计处理而标准化的量表(亦称问卷),包括被试自己作答的自陈量表和主试作出评价的评定量表。问卷测验是运用较为广泛的一种测验法。常用的量表有明尼苏达多相人格测验(MMPI)、卡特尔 16 种人格因素测验(16PF),大五人格测验等等。

投射测验是一种结构不明确的测验,其工具为意义不明确的各种图形或墨渍。测验时让被试不受限制自由地对这些图形作出反应,然后通过分析反应结果来推断被试的个性。常用的投射测验有罗夏墨渍测验、主题统觉测验(TAT)等等。

四、个案法

个案法就是把观察、谈话、作品分析以及个案调查等方法结合起来运用。这种方法通过多种途径了解一个人在活动中对各种事物所表现的态度和行为方式,以及他所处的历史条件和现实环境等,然后通过分析,归纳出能概括地说明这种倾向的性格特征和形成原因。

个案法比单独运用一种方法能更全面地了解一个人的个性,但比较费时、费力,限于少数案例,并较难对所得资料进行量化分析。

在个性心理学研究中有下面三种传统:(1)个性的临床取向(如弗洛伊德等);(2)个性的相关取向(如卡特尔和艾森克等);(3)个性的实验取向(如斯金纳等)。

个性心理学家普汶指出:各种方法都有长处和局限性(见表 1-1)。

表 1-1 各种研究方法潜在的长处和局限性

研究方法	潜在长处	潜在局限性
个案研究和临床研究	1. 避免实验室的人为性 2. 研究人—环境关系的全面复杂性 3. 导向个体的深度研究	1. 导致非系统观察 2. 促使对资料的主观解释 3. 变量间的关系纠缠不清
相关研究和问卷调查	1. 研究众多变量 2. 研究许多变量间的关系	1. 建立的关系是联系性的而不是因果性的 2. 导致自我报告问卷的信度和效度问题
实验研究	1. 操纵具体变量 2. 客观记录资料 3. 建立因果关系	1. 有很多现象不能在实验室研究 2. 人为情境限制了发现的推广性

(资料来源:Pervin,1993)

第四节 个性心理学的历史渊源

德国心理学家艾宾浩斯(H. Ebbinghaus)有一句名言:"心理学有一长期的过去,但仅有一短期的历史。"个性心理学的历史则更短,大约只有 80 年左右。一般认为,1937 年美国心理学家奥尔波特的《个性:心理学的解释》(*Personality:A Psychological Interpretation*)和 1938 年美国心理学家默瑞(H. Marray)的《个性研究》(*Explorations in Personality*)的出版,标志着现代个性心理学的诞生。个性心理学的历史虽然短暂,但是人们对个性问题的关心和探究却可以追溯到久远的年代,正如美国心理学家墨菲(G. Murphy)所指出的那样,个性的研究是从戏剧和传记素描开始的。从印度古梵语叙事诗中的英雄人物罗摩和悉多,到希腊荷马史诗中的"天神般的阿基里斯"和"诡计多端的奥德修斯",这些形象,都是作为典型文学人物形象出现的,代表着一群具有某种共同点的人。[①] 西奥菲拉斯塔(Theophrastus)在其流传至今的一本描写当时雅典人个性的著作《性格》中,简短而有力地刻画了 30 个具有各种反面性格的典型人物。此书可谓现今所知最早的一本个性研究专著。几千年来,这种描写典型人物个性的文学的方法已成为人们探索个性奥秘的一个重要方法。

此外,历史上还产生过一些推测个性的方法,如观相学、颅相学和笔迹学。

观相学(physiognomy)又称观相术,是一种通过人的外貌特征(面貌或躯体结构)来推测心理特征的方法。亚里士多德著有最早的观相学论文《形相学》。他通过人与动物的类比,提出面貌特征像某种动物的人具有类似此动物的气质,例如,斗牛士式的面颔表示顽强,等等。18世纪末 19 世纪初,瑞士学者拉瓦特(J. K. Lavater)著有《形相学拾零》三大册,评述了各类形相特征及其相关的性格。但是,也有很多研究表明,面相和心理品质之间并无联系。但亦有证据表明某些躯体特征确与心理功能有关。医学实践中已积累了大量为人们所熟知的有鉴别意

---

① [美]加德纳·墨菲、约瑟夫·柯瓦奇著,林方、王景和译:《近代心理学历史导引》,商务印书馆 1980 年版,第 581 页。

义的体相特征,如精神发育不全、呆小病、艾迪生氏病、甲状腺功能亢进等都有其躯体表现。许多有关体型与性格,以及表情和姿态等方面的研究也都与观相学有关。

颅相学(phrenology)是一种通过分析人的头颅轮廓来推测气质、才能等心理特征的方法,为18世纪末维也纳医生高尔(F. J. Gall)所创,并由其门生斯帕津姆(J. K. Spurzheilm)大力宣传加以发展,风行一时。颅相学以头颅轮廓来推测气质和才能,虽然它对脑生理学亦有一定的贡献,但现在人们已不承认其为科学。

笔迹学(graphology)是一种通过分析人的笔迹推测个性特征或鉴定笔迹的方法。1622年,意大利学者鲍多(G. Baldo)著有一本迄今为止最早的论述笔迹和性格关系的著作(也有人认为笔迹学开始于观相学者拉瓦特)。1871年,法国学者米乔恩(J. H. Michon)著《笔迹学体系》一书,始创"笔迹学"一词,他也因此而享有"笔迹学之父"之称。其后,许多德国学者对笔迹学的发展起了很大的推动作用。克拉格斯(L. Klages)和比纳(A. Binet)的研究表明,笔迹作为人的运动的表现是了解性格的重要线索,它反映了不同的个性特征。例如,字迹流畅而不间断表明书写人精神活动活跃,想得快写得也快;字迹的粗细是由笔压引起的,可以反映书写人能量的大小;字迹的大小则反映了书写人精神活动的热情程度。因此,通过分析笔迹的流畅、笔压、字的大小、倾斜以及组合等特征,便可以了解书写人的个性特征。现代笔迹学研究已取得了一定进展,手段亦愈加先进,已发展成一个专门的研究领域。

一般认为,对个性心理学产生直接影响的是欧洲临床医学和心理测量学。

19世纪欧洲临床医学对精神病的人格障碍开展了一系列的研究。法国医生皮内尔(P. Pinet)、夏科(J. M. Charcot)、让内(P. Janet)等对此都有独创的理论和方法。德国精神病学家克雷佩林(E. Kraepelin)开创了实验心理学的诊断法,进行了精神作业量(作业曲线)、药物和疲劳等方面的研究。著名精神病学家、心理学家弗洛伊德将精神障碍和正常心理联系起来,建立了独特的精神分析、个性理论,对现代个性心理学产生了广泛而重大的影响。

始于个别差异研究的心理测量学的发展使心理学的研究兴趣从知觉和学习问题转向个性。1884年,英国学者高尔顿(F. Galton)在伦敦建立人类测量实验室,对感觉、知觉和运动机能进行了测量。1890年,美国心理学家J·M·卡特尔(J. M. Cattell)出版了《心理测验与测量》一书,他对感知觉、反应时、记忆等进行了广泛的心理测验。英国学者斯皮尔曼(C. E. Spearman)和皮尔逊(K. Pearson)将统计理论用于心理测验。法国心理学家比纳和精神病医生西蒙(T. Simon)在1905年发表了举世闻名的"比纳—西蒙智力测验量表"。第一次世界大战期间,美国进行了大规模挑选新兵的测验。在20世纪二三十年代,心理测验从个别测验到团体测验,从智力测验到各种个性测验,形成了一种广泛的运动。心理测量学的发展使个性研究在从理论到实验研究和数量化的现代科学的路途上前进了一大步。

此外,完形心理学将人看作一个整体,提出了个性的结构概念或组织概念,以及行为主义心理学关于个性发展的学习观点和严格客观的研究方法,都对个性心理学产生了重大影响。哲学领域的存在主义和结构主义也对个性心理学的发展起了重大的作用。

第五节　西方个性心理学概况

现代西方个性心理学是在 20 世纪初以德国为中心的性格学研究的基础上发展起来的。性格学研究探讨了由希波克拉底和盖仑开创的气质类型学，同时努力促使性格学系统化，带有浓厚的类型学倾向。其中具有代表性的研究有：(1)德国精神病学家霍夫曼对历史人物的性格进行的家系研究。他认为，在一个人身上可能并存着矛盾的性格，这种矛盾的性格是由遗传因素决定的，它们起着互相补偿的作用。(2)德国精神病学家克雷奇默(E. Kretschmer)对精神病患者和体型关系的研究。他试图确定体型与气质、性格间的关系。(3)瑞士心理学家荣格(C. G. Jung)用"力比多"的流向来说明人的向性，开创了向性类型学。(4)德国哲学家和心理学家狄尔泰(W. Dilthey)和斯普兰格(E. Spranger)等人用哲学的方法探讨人性，并加以分类。斯普兰格按文化社会观点将价值分为六类，并根据某一种价值在人的生活方式上所占的优势把人的性格分为六种类型(理论型、宗教型、社会型、权力型、经济型、审美型)。(5)斯腾注重整体，反对传统的元素主义心理学。他提出，要把实验心理学和狄尔泰、斯普兰格的理解心理学加以综合。他指出，在人身上集中了各种心理的机能，所以心理学所要研究的是整体的人，而不是各种单项的机能。个性概念就是由他首先提出来的。他反对行为主义，发展了一种人格主义的心理学。1935 年，他发表了关于个性心理学的论著《从个性的立场看普通心理学》。

与此同时，个性心理学的研究在美国也迅猛开展起来。1924 年，奥尔波特在哈佛大学开设了美国最早的有关个性的课程"个性(人格)：它的心理的和社会的领域"。1937 年，他的名著《个性：心理学的解释》出版。此书集前人个性研究之大成，建立了现代个性心理学的基本框架，被认为是个性心理学成为独立学科的标志。

当代西方个性心理学形成各种学派，他们对个性实质和发展的看法是不同的。在西方各个性学派中，社会认知理论在专家和公众欢迎程度上直线上升，他们的研究成果也较多。

二战后，心理学几乎成为一门治疗科学。美国心理学家迈耶斯(D. Myers，2000)对《心理学摘要》杂志进行研究，发现有关消极情绪与积极情绪的论文比例约为 14：1。

积极心理学(positive psychology)是 20 世纪末在美国产生的一种心理学思潮，当前在国际心理学界已形成一场声势浩大的心理学运动。倡导者是美国心理学家塞里格曼(M. Seligman)。他们认为现代心理学已经实施多种治疗心理疾病的措施，但精神病患者却增加了。他们认为，不能依靠问题的修补来为人类谋幸福，主张对心理生活中的积极因素进行研究，而不要把注意力放在消极、障碍、病态心理学方面。

积极心理学研究主要包括三个方面：一是积极的情绪体验，如幸福感、满足感、幽默、愉悦、欢乐、希望、好奇心、谦虚和审慎等，探讨这些积极情感体验的机制和影响；二是积极的人格特征和品质，如自尊、创造、努力、宽恕、勇敢、坚持、热情、善良、爱、正直、领导能力、合作能力、自制、感恩、虔诚等，探讨这些特征和品质的形成过程；三是积极的社会制度系统，如积极的工作制度怎样促进和谐的工作环境，积极的家庭关系怎样促进个人的成长等。[①]

---

① 任俊著：《积极心理学》，上海教育出版社 2006 年版，第 21 页。

个性心理学（第四版）

积极心理学认为,科学心理学有三项主要使命:(1)治疗人的精神疾病;(2)帮助普通人生活得更幸福;(3)发现并培养具有非凡才能的人。[①]

K·谢尔顿(K. M. Sheldon)等人认为:"积极心理学是致力于研究人的发展潜力和美德的科学。"[②]

积极心理学的产生对个性心理学的发展有着巨大的影响。

西方个性心理学至今还不到100年,它是一门年轻的学科。由于研究对象的复杂性,在初期形成许多学派,在许多概念上众说纷纭,莫衷一是,很少有一致的看法。但是,从20世纪90年代开始,情况有所变化。在个性心理学研究中,运用综合性的研究方法,出现了整合的趋势。个性心理学从认知心理学和其他学科中吸取了大量的概念和方法,个性心理学的概念和方法也广泛地渗透到其他学科中去。密切与实践结合,为人类幸福和健康作出贡献。有些研究者认为"大五"模型的提出,在个性心理学中吹来了一阵春风,大大地促进了人格心理学的整合和发展,为建构"大一统"的个性心理学提供了希望和信心。此外,基本摆脱了个性的遗传决定论和环境决定论这两种片面的理论,个性的含义、个性是环境和遗传交互作用的结果,也为多数个性心理学家所认同。个性心理学开始显示出跨学科、跨领域、跨情境、跨文化的勃勃生机。在实践中,个性研究的新成果也得到了广泛的运用。如果说过去在个性方面由于意见不一致出现了"低谷",现在可以说个性心理学在各个方面逐步走出了"低谷",得到了较大的发展。

第六节　中国个性心理学概况

中国历史悠久,源远流长,是较早研究个性的国家之一。"四书"、"五经"、《左传》《史记》等古籍中就有许多对个性问题的论述。这些论述常用人性、人心、品性、天性、品德等术语表现出来。我国第一个强调个性作用的是孔子。孔子曾对人的个性特点进行研究和分类,并且提出了"因材施教"的思想。孔子说:"性相近也,习相远也。"春秋战国时期的医书《黄帝内经》在医学理论中融合着丰富的气质内容。在《内经》中将人划分为阴阳五态人和阴阳五种人。他比西方的盖伦早300余年,比巴甫洛夫早2000多年,还能"以外知内",对医疗、教育、管理活动都有帮助。《尚书》中提出的"九德"是性格最具体、最早的分类。三国时刘劭在他的《人物志》一书中,对人的性格进行了系统的论述,他把人的性格划分为12种类型,分析了12种人的性格特征和优缺点。在我国的《论语》、《国语》等著作中都有丰富的智力方面的论述。"我国是具有五千年悠久历史和灿烂文化的国家。在浩如烟海的典籍中,蕴藏着非常丰富的心理学思想。我国是世界心理学思想最早的重要策源地之一。"[③]

杨鑫辉教授等认为中国古代思想家的个性学说共有四种。[④] (1)"阴阳五行"的气质类型

---

① 郑雪主编:《人格心理学》,暨南大学出版社2007年版,第314页。

② Sheldon, K. M., & King, L. (2001). Why Positive Psychology is Necessary. *American Psychologist*. 56, 216 - 217.

③ 高觉敷主编,潘菽顾问、燕国材、杨鑫辉副主编:《中国心理学史》,人民教育出版社1985年版,第427页。

④ 杨鑫辉、陈启筠:《中国古代若干个性理论》,《心理学探新》,1984年第4期。

第一章　总论

15

个性说。《黄帝内经》中将人的气质划分并推演为25种。(2)"习与性成"的个性说。这个学说认为个性是在环境习染中逐渐形成的,如孔子的"性近习远"命题和荀子的"化性起伪"理论。(3)性品等级的个性说。古人将人的个性品质划分等级。孔子将人分为"上智"、"中人"、"下愚"三等,这种划分兼有德性和智慧在内。董仲舒在《春秋繁露·实性篇》里提出了"性三品说",他把个性品质划分为"圣人之性"、"斗筲之性"和"中民之性"三等。韩愈也把个性的品级分为上、中、下三等。(4)"物情不齐"的个性说。明代的李贽明确地提出了"物情不齐"的个性说,他指出:"夫天下至大也,万民至众也,物之不齐,又物之情也。"[①]意思是天下这样大,人民这样多,事物各不一样,所以人的个性也应各不相同。他还主张要尊重人的个性。

新中国成立前,个性心理学的研究成果甚少,著作仅有《性格类型学概观》(阮镜清著,1944年)、《人格心理学》(朱道俊著,1947年)等几部,除此之外就是修订了几个智力测验量表。林传鼎教授在1939年对我国唐宋以来34位历史人物的个性进行了研究,他分析了包括情绪、独断、好奇、斗争、体格、暗示性、男女性、适应性、志气大小等10种类别和50个特质,结果表明,我国历史人物生活兴趣广泛,各种主要的活动都能顾全。

新中国成立后,个性心理学有所发展。在"文革"期间,心理学被诬蔑为伪科学,遭到严重摧残。粉碎"四人帮"后,心理学迎来了春天,中国心理学(包括个性心理学)进入了一个发展的新时期。个性心理学的迅速发展主要表现在:出版了大量的个性(人格)心理学的著作和论文;引进了西方个性心理学研究成果;研制和修订了个性测验量表,为研究个性心理学提供了工具;在综合性大学和师范大学内设置了心理学院或心理学系,开设个性心理学课程,并招收个性心理学的研究生,同时派出个性心理学的留学生和进修生;个性心理学进一步与实践相结合,它的理论和方法已广泛地应用到医疗、教育、管理、文艺和体育等领域。全国纷纷新建心理学系(学院),心理咨询也广泛地开展起来,造福人民,出现了一片新的气象。

---

① 《明灯道古录》。

第二篇

个性倾向性

第二章 需要和动机

第一节 需 要

一、需要的含义

需要(need)是人脑对生理需求和社会需求的反映。

人为了求得个体和社会的生存与发展,必须要求一定的事物。例如,食物、衣服、睡眠、劳动、交往等等。这些需求反映在个体头脑中,就形成了他的需要。需要被认为是个体的一种内部状态,或者说是一种倾向,它反映了个体对内在环境和外部生活条件的较为稳定的要求。人的一切行动的最终原因,不在于他的思维,而在于他的需要。

西方心理学中的各种需要概念,大体上有两种用法。第一种用法重视它的动力性意义,把需要看作是一种力或紧张;第二种用法重视它的非动力性意义,把需要看作个性在某一方面的不足或缺失。

二、需要的作用

需要是个人的心理活动与行为的基本动力,它在人的活动、心理过程和个性中起着重要的作用。

人的活动积极性的根源在于他的需要。需要和人的活动紧密联系着,它是人活动的动力,正是个体的这种或那种需要,推动着人们在某个方面进行积极的活动。需要推动着人们在各个方面积极活动,使人朝着一定的方向追求一定的目标,以求得需要的满足。没有需要也就没有人的一切活动。需要越强烈,由此引起的活动也就越有力。

需要永远带有动力性,它不会因暂时满足而终止。有一些需要明显地带有周期性的特征,如对睡眠和饮食等需要。有一些需要满足后,又会产生新的需要,新的需要又推动人们去从事新的活动。在活动中需要不断地满足,又不断地产生新的需要,使活动不断地向前发展。例如,学习科学文化的需要和欣赏艺术的需要等,通常是每一次需要的满足都会产生新的、更高层次的需要。劳动是人的最基本的活动,生产劳动不仅满足人的需要,而且通过消费,产生新的需要,从而又进一步促进生产的发展。

需要在人的心理活动中也起着极其重要的作用。

需要是人类认识过程的内部动力。为了满足需要,个人必须通过认识过程解决一定的任务。

情绪是以客观事物能否满足人的需要为中介的,事物能够满足人的需要,则人会产生肯定的情绪;事物不能够满足人的需要,则人会产生否定的情绪。情绪被定义为人对客观事物与人的需要之间关系的反映。与人的需要毫无关系的事物不能引起人的情绪。

人为了满足需要而从事一定的活动,在克服困难的过程中,锻炼了意志。需要推动着意志的发展。

我们已经介绍了有些心理学家把需要和动机看作是个性结构的核心的观点。苏联心理学家倾向于把动机、兴趣、理想、信念等都看作是需要的变形。李伟民在《论人的需要》一文中阐述了需要和性格的关系。他认为,环境与教育对人的性格的形成和完善作用只有通过内部的心理机制才能实现,这个内部机制即个人的需要和动机。当个体把自己所感受到的外部社会需要和要求转化为自己的内心需要和需求,并据此来调节和支配自己的行动时,个人的性格就开始按照社会影响的方向发展了。[①] 这种看法比较清楚地阐述了需要对个性发展的动力作用。埃克斯特兰德(B. R. Ekstrand)等人指出:“很多个性理论家在描述个性时把动机概念作为中心。……更具体地说,用描述你的需要的办法来描述你的个性。总之,我们可以说,你需要什么,就是个什么样的人,如果你需要和人们在一起,我们就说你是与人友好的、外倾性格的、爱交际的。如果你需要努力工作,以便超过其他人,我们就说你雄心勃勃,精力旺盛。如果你求胜心切,为达目的不择手段,我们就说你是无情的、不诚实的、残忍的。这样在某种程度上,你所需要的事物是什么样的,你的个性就是什么样的,会激发你的东西也就是什么样的。”[②]

三、需要的分类

人类的需要是一个多维度、多层次的结构系统。心理学界对人类的需要进行了各种各样的分类。

根据需要的起源,可以把人的需要分为生理性需要和社会性需要;根据需要的对象,可以把人的需要分为物质需要和精神需要。西方心理学家对需要进行了多种分类,默里(H. A. Murray)曾鉴定了 20 种人类需要,马斯洛(A. H. Maslow)把人类的基本需要划分为 5 个或 7 个层次,阿尔得夫(C. P. Alderfer)把人类的基本需要归为 3 种(生存的需要、关系需要和成长的需要),麦克莱兰(D. C. McClelland)把人类的需要划分为 3 种(成就需要、权力需要和合群需要)。

人类的各种需要并不是彼此孤立的,而是相互联系着,并且有重叠交叉现象。

人类的需要是一个整体结构,各种分类仅仅具有相对的意义。

(一) 生理性需要和社会性需要

根据需要的起源,可以相对地把人类的需要划分为生理性需要和社会性需要。

1. 生理性需要

生理性需要是人脑对生理需求的反映。如进食、饮水、运动、休息、睡眠、觉醒、排泄和性等

① 朱智贤主编:《中国儿童青少年心理发展与教育》,中国卓越出版公司 1990 年版,第 416 页。
② [美]伯恩·埃克斯特兰德编,韩进之等译:《心理学原理和应用》,知识出版社 1985 年版,第 268—269 页。

需要,都是生理性需要。它们是保护和维持有机体生存和延续种族所必需的。如果个体在相当长的时间里,正常的生理需要不能得到满足,就无法生存,或不能延续其后代。

生理性需要又称生物性需要或原发性需要,它是人类最原始和最基本的需要,是人和动物所共有的。但是,人的生理性需要和动物的生理性需要之间有着本质的区别。人的生理性需要受社会生活条件所制约,具有社会性。人和动物的生理需要的对象和满足需要的方式都有根本的区别。动物只依靠周围环境中的自然物体作为满足需要的对象,只能等待大自然的恩赐,而人类主要通过社会生产劳动生产出自己所需要的对象,并且随着科学技术和生产的发展,不断地提高自己的生理需要。朱熹说:"饮食者天理也,要求味美人欲也。"①人在进食时,不仅受机体的饥饿状态的支配,而且还要考虑各种社会礼仪。在高朋满座的情况下,一个人即使饥肠辘辘,也不会用手去抓食物。

生理性需要往往带有明显的周期性,具有重要的生物学意义。生理需要得不到满足,个体就无法生存。

进食需要是最基本的生理需要。凯斯(Keys)等人曾以 36 个志愿人员作为被试,在 24 周内使他们处于半饥饿状态。虽然这些被试所得的热量还不到正常成人所需要的一半,但是还要求他们照常从事劳动和其他活动。对被试的测查表明,在未挨饿前,大约有一半的热量用来维持正常的生理机能,另一半消耗在其他活动上。在挨饿期间,几乎有 60% 的热量用于维持正常的生理机能,只有不到 30% 的热量用于其他活动。结果,被试的体重减轻了 25% 左右。他们的智力虽然没有受到多大影响,但注意力不易集中,在性格方面,变得忧虑、淡漠、对社会活动失去兴趣,有些被试变得神经过敏、暴躁、易怒、失去信心和产生自卑感,等等。他们最关心的是食物和与食物有关的事物。

睡眠需要和觉醒需要也是最基本的生理性需要。觉醒的生物学意义是众所周知的,人类只有在觉醒状态下才能与周围环境联系,接受各种刺激,从事各种各样的活动。近年来对睡眠机制的研究进展较快,对它的生物学意义也有进一步的认识。近代科学研究表明,睡眠不是单一的过程,而是具有两种不同的时相——慢波睡眠和快波睡眠。生长素分泌的高峰在慢波睡眠期间,慢波睡眠有利于促进个体的生长发育和恢复体力。快波睡眠是神经细胞活动的增高时期,它与脑、神经系统的发育与成熟有密切关系。儿童期是脑、神经系统发育的迅速时期,快波睡眠占整个睡眠时间的比例也以儿童期为大。新生儿的快波睡眠占整个睡眠时间的 50%,两岁以内的婴儿的快波睡眠占睡眠时间的 30%—40%,青少年和成年人的快波睡眠占睡眠时间的 20%—25%,而老人的快波睡眠在总睡眠时间中不到 5%。一整个晚上的睡眠中,慢波睡眠和快波睡眠会反复交替约 3—5 次。"剥夺睡眠"的实验表明,短期地剥夺被试的睡眠会影响其心理活动的正常进行。1966 年 8 月,日本心理学家对一个 23 岁的男青年 H. M. 君进行实验,剥夺其睡眠 101 小时 8 分 30 秒(4 天多)。被试断眠两天后,注意力便难以集中,而且出现了错觉和幻觉。哈特曼(1972)根据剥夺睡眠的研究指出:睡眠在集中注意力以及与注意相联系的学习和记忆方面具有重要意义,睡眠对于保持情绪正常和适应环境的能力方面起着一定

---

① 《朱子语类》卷五。

的作用。

2. 社会性需要

社会性需要是人脑对社会需求的反映，如对劳动、交往、求知、美、道德、成就和奉献的需要等。社会性需要并不是生来就有的，它是在生理性需要的基础上，在社会实践和教育影响下发展起来的。

社会性需要是社会存在和发展的必要条件，如劳动是人类赖以生存的第一个基本条件。人类如果不劳动，就无法生存，人类社会就无法存在和发展。

社会性需要受社会生活条件制约，具有社会历史性。不同的历史时期，不同民族，人们的社会性需要也会有所不同。在传统中国社会中，衣服讲究穿长袍大褂，而今天人们就不会再有这种需要了。社会性需要是由社会要求转化来的，当个人认识到社会要求的必要性时，社会要求就转化为个人的社会需要。例如，当我们认识到，实现四个现代化必须要有高度的科学文化知识时，我们就会努力学习。如果人的社会需要得不到满足，虽然不会威胁到机体的生存，但人会因此感到难受，产生不舒服的感觉和不愉快的情绪。

（二）物质需要和精神需要

根据需要所指向的对象，可以相对地把人类的需要划分为物质需要和精神需要。

1. 物质需要

物质需要是指对衣、食、住、行的有关物品的需要，对劳动工具、文化用品、科研仪器等的需要。物质需要既包括生理性需要，又包括社会性需要。

2. 精神需要

精神需要是指交往的需要、认识的需要、美的需要、道德的需要、创造的需要等。它是人类特有的需要，其中在劳动过程中所形成的交往需要是人类最早形成的精神需要。所谓交往需要是指一个人愿意与他人接近、合作、互惠，并发展友谊的需要，它在人类历史发展过程中起着十分重要的作用，也是个体心理正常发展的必要条件，促进个性的正常发展。交往需要在精神需要中占有特殊而重要的地位，长期缺乏社会交往会导致个性变态。

精神需要按其内容可分为高级的精神需要和低级的精神需要。阅读科技和文艺书籍的需要被认为是高级的精神需要，阅读黄色书报的需要被认为是低级的精神需要。

随着社会的进步和生产力的发展，人们的物质需要和精神需要都将不断地得到满足。充分满足人的各种需要是个性全面发展的最重要条件，但不是唯一条件。如果没有其他条件（其中首先是劳动），而过分满足人的各种需要，则人将产生一种寄生的需要，个性将变得懒惰和贪婪。在社会主义社会中，教育的一个最重要任务，就是培养人们的劳动需要。

四、需要的理论

（一）勒温的需要理论

德国心理学家勒温（K. Lewin）是格式塔学派的心理学家、拓扑心理学的创始人。勒温原是一位联想主义心理学家，后来因为他强调需要和动机的作用，坚持动力学的观点，逐渐倾向于完形心理学派。他假定个人和环境之间有一定的平衡状态，如果这种平衡状态遭到破坏，就会引起一种紧张(需要或动机),这种紧张状态就会导致力图恢复平衡的移动。勒温认为人类行为包括紧张——移动——缓和的连续性表现。紧张——移动——平衡和需要——活动——缓和是相类似的。需要是行为的动力,需要引起活动,以期使需要得到满足。需要的压力可以引起心理系统的紧张,需要满足后,心理系统的紧张就得到解除。反之,如果需要得不到满足或动机受到阻碍,这种紧张的心理系统就会保持一定的时间,并使人具有努力满足需要或重新实现目标的意图。

许多心理学研究表明,半途中止的作业要比已被完成的作业在回忆时占显著的优势,这是因为后者的紧张系统已经松弛,前者的紧张系统仍在继续。德国心理学家蔡戈尼克(B. Zeigarnik)根据勒温的观点进行了一项著名的记忆实验。她分配给被试18—22个简单的课题,让被试完成一半课题,在被试进行另一半课题时,中途加以打断,叫被试去做另外的工作。两种课题的分布是随机的。实验结果表明:已完成的课题能回忆的是43%,未完成的课题能回忆的是68%。这种回忆未完成工作比回忆已完成工作更容易的心理学规律被称为蔡戈尼克效应。

勒温把需要分为两种:需要和准需要。需要是指客观的生理需要;准需要是指在心理环境中对心理事件起实际影响的需要,例如,毕业时要写论文,写好的信要投入信箱,等等。勒温所阐述的需要一般是指准需要。他还认为,需要的强度在不同的人身上表现是不同的。

(二)默里的需要理论

美国心理学家默里认为,个性是有目的的、动态的、连续的活动模式,它贯穿于个人一生的发展之中。他把需要作为个性的中心概念,并用它来说明个性的动力结构规律。默里把需要定义为:用以代表脑区力量的构造物,这种力量引起一系列行为反应,使原有的紧张情境解除紧张,具有定向目的性。他指出,需要这种力量渗透到活动的各个方面,并调节、控制着其他的心理活动。默里认为,需要是个体行为动力性的源泉,是个体行为所必需的。由于需要和个体的不平衡状态相联系,在一般情况下个体总是处在一种不平衡状态,因此需要经常推动着个体活动的进行。

人类的需要并不是孤立地存在的,在个性发展的各个阶段中,起主导作用的需要也并不是按照一定的模式依次递进的,而是根据环境的不同随机出现的。默里把人类的需要系统和环境联系起来,纳入到一个动态的系统之中。他指出,人类的全部需要是一个系统(整体),它们相互作用。人类主体和环境压力之间,也是相互作用的。如果二者关系协调,个体的心理就平衡,否则可能导致冲突。默里把主体和环境压力之间的相互关系,称之为"主题",而人类的一切行为都是主体需要和环境压力相互作用的结果。他认为,动机是个人需要(人的特征)和压力(环境特征)共同起作用的结果,其中需要是倾向性的因素,压力是促进性的因素。个人需要和环境影响相结合,决定一个人的行为。

默里把一个需要环(need cycle)划分为:(1)难以驾驭的周期,没有一个诱因能够唤起它;(2)可诱导的或准备的周期,需要是不活动的,但是适当的刺激容易唤醒它;(3)活动周期,需要支配整个有机体的行为。

默里认为,各种需要之间有融合、互补和冲突现象。当一个动作模式同时满足两种或两种以上的需要时,称为需要的融合。当一种或几种需要活动帮助其他需要时,前者称为辅助性的需要,后者称为决定性的需要。决定性的需要从一开始就控制动作,但它本身直至整个事件周期结束后才公开显露出来。

在个性结构中,需要与需要之间可能会发生冲突,当需要冲突的时间延长时会使一个人的精神陷入更深的困境。

默里对人类的需要提出了多种分类方法。他指出,需要可以方便地划分为两类:(1)基本(身体能量)需要;(2)次级(心理能量)需要。基本需要涉及生理的满足,如对空气、水、食物、性的需要等等;次级需要涉及精神或情绪的满足,如获得需要、保存需要、成就需要、交往需要等。

默里认为,每一个人都有一个需要层次,各种需要在重要性上是不同的。基本需要最为重要,因为它直接与生存有关。各种需要将根据它对个体的重要性,依次得到满足。但是,如果出现两个矛盾的需要,则首先将满足在需要层次上处于较高位置或较强的需要。如果一个人既有食物的需要,又有玩的需要,那么他会先吃食物,再去游戏。默里认为最初人的心理需要是由遗传的、先天的、生物的需要发展而来,后来便独立于生物需要,满足这些需要的本身就成为人的目的。

默里等人列举出20种有代表性的需要:成就、亲和、贬抑、攻击、自主、对抗、防御、恭敬、支配、表现、躲避伤害、躲避羞辱、培育、秩序、游戏、抵制、感觉、性、求援和了解。他认为,这些需要在每个人身上都是存在的,但在程度上有所不同。

默里是美国著名的个性心理学家。他把需要作为个性的中心概念,对需要理论和研究方法都作出了贡献。他强调了需要的动力性,列举出多种多样的需要,探讨了各种需要之间的关系,并加以分类,特别是他和摩根(C. D. Morgan)共同设计了主题统觉测验,为研究人类需要提供了有效的工具。但是,默里没有阐明人类需要的社会历史制约性。由于人类需要的复杂性,默里对需要的分类和对各种需要之间关系的看法都有待进一步的研究。

(三)马斯洛和阿尔得夫的需要理论

1. 马斯洛的需要理论

美国心理学家马斯洛认为,自我实现理论的基本内容是人的基本需要应该得到满足,潜能要求实现。所谓基本需要就是指一般人所共有的一些最基本的需要,不包括不同的社会文化条件下人们的特殊愿望。他认为,人类有五种基本需要:生理需要、安全需要、归属和爱的需要、尊重需要和自我实现的需要。后来他又在尊重需要和自我实现需要之间追加了两种需要:认知需要和审美需要。人类的基本需要是相互联系、相互依赖和彼此重叠的,是一个按层次组织起来的系统。人类需要具有层次性。他指出,只有低级需要基本满足后,才会出现高一级的需要,只有所有的需要相继得到基本满足后才会出现自我实现的需要。最占优势的需要支配一个人的意识,组织有机体的各种能量,不占优势的需要则将被减弱。层次较高的需要发展后,层次较低的需要依然存在,但是,它对行为的影响则减弱了。

马斯洛的需要理论将在第四篇中详细介绍。

2. 阿尔得夫的需要理论

阿尔得夫在对工人进行大量调查研究的基础上,提出一个人的基本需要不是5种,而是

3 种。他的需要理论简称 ERG 理论，取 3 种基本需要的第一个英文字母作为名称。他提出的 3 种基本需要是：(1)生存需要。生存(existence)需要是最基本的需要，即对一个人基本物质生存条件的需要，如对衣、食、住、行的需要等。(2)关系需要。关系(relatedness)需要即维持人与人之间关系的需要。(3)成长需要。成长(growth)需要即人要求发展的内在愿望。

各个层次的需要获得的满足越少，则满足这种需要的愿望越强烈。例如，缺乏食物的人，渴望获得更多的食物。低层需要的满足，会增强对高层需要的追求。例如，个体在生存需要满足后，对关系需要的追求会愈强烈。高层需要的缺乏，会加强对低层需要的追求。例如，一个人的关系需要得不到满足，就会更多地追求生存需要。他认为，人类需要不一定按严格由低级向高级发展，而是可以越级，也可以倒退等等。

有些心理学家认为，阿尔得夫的理论，修正了马斯洛理论的不足之处。

(四) 麦克莱兰的需要理论

美国心理学家麦克莱兰认为，人在生理需要满足后的基本需要有：成就需要、权力需要和合群需要。这三种基本需要排列的层次和重要性对每个人是不同的。高成就需要的人才可以通过教育培养。他组织了训练班，在美国、墨西哥、印度等国培养具有高成就需要的人才，并取得了一定的效果。训练班每期 7—10 天，内容是：(1)宣传高成就需要人才的形象；(2)学员制定两年规划，以后每半年检查一次；(3)进行人生、价值等教育，提高学员的自我意识；(4)学员间充分交流各种经验。

(五) 鲁宾斯坦和彼得罗夫斯基的需要理论

苏联心理学家鲁宾斯坦早在 1940 年代就提出了需要是个性积极性的源泉的观点。他在《普通心理学原理》一书中指出，个性倾向性表现为倾向、定势、需要、兴趣和理想等方面。需要是指人体验到的处在他自身以外的事物的需求。人的需要是个性积极性的源泉，包含两层意思：第一，需要本身具有动力性。人为了生存和发展，必须要通过行动去满足各种需要。但是，需要的满足并不会使人的需要消失，而是从内部改造它，产生新的需要。因此，需要不论是否得到满足都是活动的动力。需要永远表现出积极的性质。第二，需要是活动的基本动力。个性倾向性的其他方面，如动机、理想、信念等都是需要的变形。如果需要被意识到就成为活动的动机。鲁宾斯坦还认为，人类不仅有机体需要，而且还有社会需要。

苏联心理学家彼德罗夫斯基(A. B. Петровский)等人指出，人的需要不仅是行为和活动的决定因素，而且也是人的个性发展的决定因素。他们认为，个性结构里的成分都依赖于人的动机和需要。动机—需要成为中心，其余的个性特征都在它们的四周形成结构。

苏联心理学家重视对社会性需要的研究。有些心理学家把社会性需要划分为 A、B 两类，A 类指对活动或交往的需要，B 类指对尊重和自由的需要。也有些心理学家把社会性需要划分为自尊的需要、道德的需要、美感的需要、智力的需要等等，并把社会生产看作最重要的需要。

第二节　动　机

一、动机概述

（一）动机的含义

动机（motive）是为实现一定目的而行动的原因。动机一词，来源于拉丁文 movere，即推动（to move）的意思，是一个解释性的概念，用来说明个体为什么有这样或那样的行为。人从事任何活动都有一定的原因，这个原因就是人的行为动机，动机可以是有意识的，也可能是无意识的。最早将动机引入心理学的是美国心理学家伍德沃斯（Woodworth，1918），他认为动机是决定个体行为的内在动力。M·艾森克引用泰勒等人的意见，认为动机是一个过程，它以某种方式引发、促进、保持和中止指向目标的行为。[①] 这个解释比较全面和完整。

动机是个体的内在过程，行为是这种内在过程的结果。引起动机的两个条件是内在条件和外在条件。

引起动机的内在条件就是需要，动机是在需要基础上产生的。如果说，人的各种需要是个体行为积极性的源泉和实质，那么，人的各种动机就是这种源泉和实质的具体表现。动机和需要密切联系在一起，离开需要的动机是不存在的。但需要在强度上必须达到一定水平，并且只有当满足需要的对象存在时，才能引起动机。

引起动机的外在条件就是能够引起个体动机并满足个体需要的外在刺激，称为诱因，它是引起动机的另一个重要因素。诱因又可以分为正诱因和负诱因。凡是个体趋向或接受某种刺激而获得满足者，称为正诱因；凡是个体逃离或躲避某种刺激而获得满足者，称为负诱因。例如，对于饥饿的人来说，食物是正诱因，电击是负诱因。诱因可以是物质的东西，也可以是精神的东西。例如，教师对学生的表扬，是一种激发学生学习的诱因。

心理学家对动机的内在条件和外在条件的作用所强调的侧面是有所不同的，这种不同可用"拉"和"推"来形象地说明。"拉"的理论强调动机中环境的作用，"推"的理论强调动机中个体的内部力量。

人类行为往往是内在条件和外在条件相互作用的结果，是需要和诱因相互作用的结果。需要和诱因是引起动机的主要因素。在具有诱因的条件下，个体在某一时刻最强烈的需要，能引起最强烈的动机，并且决定行为。

个体的需要和诱因顺利地结合，那么其行为成为适应性行为（adaptive behavior）；若二者未能顺利结合而受阻碍，个体表现出挫折性行为（frustrated behavior）。个体表现出适应性行为时对工作有满意感，个体行为表现为挫折性行为时则会对工作产生不满意感。查普林等人指出："动机心理学既是心理学中最主要的又是发展最不完善的领域。"[②]这是因为"心理学大部分是处理'怎么样'的问题，例如'人是怎样感知的？'或'人是怎样养成习惯的？'那么动机这

---

① ［英］M·艾森克主编，阎巩固译：《心理学：一条整合的途径》，华东师范大学出版社 2000 年版，第 792 页。
② ［美］J·P·查普林、T·S·克拉威克著，林方译：《心理学的体系和理论》（下册），商务印书馆 1984 年版，第 116 页。

一领域则涉及更为基本的'为什么'的问题"①。

（二）动机的功能

动机对活动具有引发、指引和激励的功能。

1. 引发功能

动机对活动具有引发功能，人类各种各样的活动总是由一定的动机所引起的，没有动机也就没有活动。动机是引起活动的原动力，它对活动起着始动作用。

2. 指引功能

动机使活动具有一定的方向，它像指南针一样指引着活动的方向，使活动朝着预定的目标前进。

3. 激励功能

动机对活动起着维持和加强的作用，强化活动以达到目的。动机的性质和强度不同，对活动的激励作用也不同。一般来说，高尚动机比低级的动机更具有激励作用，强动机比弱动机具有更大的激励作用。

动机在刺激和反应之间提供了清楚和重要的内部环节。人类的动机好像汽车的发动机和方向盘，是个体活动的动力和方向，它既给人的活动以动力，又对人的活动的方向进行控制。动力和方向被认为是动机概念的核心。动机具有活动性和选择性，行为虽然是由动机决定的，但它们之间不是绝对的一对一的关系，类似的动机可能表现为不同的行为，类似的行为有时也可以由不同的动机所引起。此外，一种行为可能由多种动机所引起。

二、动机的分类

由于动机的复杂性，对人类行为的动机分类是比较困难的，所以，国内外对动机的分类也是众说纷纭，莫衷一是。

比较多的学者倾向于将人类的动机划分为两类：第一类与个体的生理需要有关，这些动机是生来就具有的，被称为生理性动机，或生物性动机。这类动机包括饥饿、干渴、性、睡眠、解除痛苦等。人类的生理性动机也受社会生活条件制约，被打上社会的烙印。第二类与心理和社会需要有关，是后天习得的，人与人之间存在着很大的个别差异，并且具有持久性的特征。这种动机被称为社会性动机，或心理性动机，主要包括成就动机、交往或亲和动机、利他动机和权利动机等等。

（一）生理性动机

饥饿动机和干渴动机是心理学研究得最多的两种生理性动机。

1. 饥饿动机

饥饿驱使个体从事求食的活动。有机体缺乏食物会引起饥饿，但缺乏食物是如何引起饥饿感觉的呢？长期以来，人们一般认为胃部收缩是引起饥饿的主要原因。坎农（W. B. Cannon）曾做过一个著名的实验。他把一个气球放进被试的空胃中，然后充气使之与胃壁紧

---

① ［英］亚当·库珀、杰西卡·库珀主编：《社会科学百科全书》，上海译文出版社 1989 年版，第 503 页。

贴。当气球充气引起胃壁收缩时,被试产生饥饿感觉。但也有一些实验并不支持胃收缩就是饥饿的唯一原因的论点。旺杰斯坦(Wangensteen)等人发现,全部切除胃的人仍有饥饿感觉。坦普尔顿(Templeton)等人将饿狗身上的血输入到饱狗的身上,发现饱狗的胃部收缩;将饱狗身上的血输入到饿狗身上,发现饿狗的胃部停止收缩。这说明血液中的某些化学成分的变化是引起饥饿的原因。血液中的化学成分变化,主要是血糖和激素含量的变化。饥饿的原因可能是血糖量的降低、内分泌的变化和胃部收缩三者的综合作用。

下丘脑对摄食行为进行调节,参与对饥饿动机的控制,已日渐得到证明。下丘脑有两个中枢参与调节摄食行为,摄食中枢和饱食中枢,二者协同活动,控制着人类和动物的进食活动。摄食中枢位于下丘脑的外侧区,它发动摄食活动,饱食中枢位于下丘脑的腹内侧核,它停止摄食活动。赫灵顿(Hetherington)和伦逊(Ranson)等人的研究表明,如果破坏下丘脑的腹内侧核,许多种类的动物都会出现进食过度和肥胖症。破坏老鼠的腹内侧核,它们的体重会增加几倍。阿纳德(Anard)和布劳克贝克(Brokbeck)等人的研究表明,如果下丘脑的外侧区被破坏,动物就会停止进食,并且会饿死。但是不能够把下丘脑看作控制饥饿动机的唯一部位,中枢神经系统的许多部位都参与控制饥饿动机的行为。"边缘系统和大脑的许多部位都参与动机行为的控制……大脑的基底神经节也参与饮食行为……大脑皮层本身,特别是额叶也参与控制吃食行为……白鼠的额叶主要部分被切除,吃食欲望便明显下降,于是推测额叶皮层对摄食过度起易化作用……损毁白鼠其他新皮层也看到正常摄食行为受影响。"[1]

社会文化条件,个人的生活习惯,食物的色、香、味等也都影响着人的求食活动。生活在某地区的人,食物的品种受当地物产的限制,食物的制作方法又在很大程度上受传统文化的影响。

2. 干渴动机

干渴驱使个体从事饮水活动。渴比饥饿对个体行为具有更大的驱动力,人可以几天不吃食物,但不能几天不饮水,体内如果严重缺水会导致有机体的死亡。坎农曾提出口干而喝水的假设,但这个假设没得到证实。生来就没有唾液腺的人,经常口干,但并不比正常人喝更多的水;注射引起唾液腺分泌的药物,也没有减少有机体对水的需要。阿道夫(Adolph)的实验表明,一只狗在某一个特定时间内的缺水量与它得到水后所喝的量是相等的。这说明,狗似乎有一种正确估计自己缺水多少的能力,即个体喝水受体内需要程度的支配,而不受口干程度的支配。下丘脑中某些化学成分的变化是产生渴的重要原因。将盐水注射到山羊下丘脑的某些部位内,会引起山羊大量饮水,但注射纯水时,则不会引起大量饮水。现代生理学研究表明,下丘脑对机体的水平衡起调节作用,下丘脑内有调节摄水的中枢。早在 1950 年代,安德逊(Anderson)等人的研究就发现,下丘脑的中部与前部毁伤能使动物停止饮水,直到严重脱水和死亡。这些研究表明,下丘脑中可能有调节饮水的中枢。但不同的动物可能部位不完全相同,而且部位也比较分散。渴不仅由下丘脑调节控制,中枢神经系统的许多部位也参加调节。例如,阿纳德等人的研究发现,边缘系统的隔区与饮水有关。切除隔区的主要部分或后区,动物

---

[1] 高觉敷主编:《西方心理学的新发展》,人民教育出版社 1987 年版,第 294 页。

个性心理学(第四版)

会变得极渴,大量饮水。

另外,满足渴的需要的方式和饮料的品种等都与人类社会文化生活条件有关。例如,有人要清茶,有人要可乐和汽水等。

(二) 社会性动机

1. 成就动机

(1) 成就动机概述

成就动机指在完成某种任务时力图取得成功想法的动机。默里称成就需要为"努力克服障碍、操纵权力,力求尽好尽快地解决难题",并认为这是人类 20 种心理需要的一种。麦克莱兰和阿特金森(J. W. Atkinson)则把成就动机定义为"在具有某种优胜标准的竞争中对成功的关注"。对成就动机系统的实验研究是从 1953 年麦克莱兰和阿特金森等人发表的《成就动机》一书开始的,他们采用投射法,来研究人类的成就动机。1970 年代后,人们主要从认知理论出发,来探讨个人成就的归因过程是如何影响或决定个人的成就的,成就动机的研究进入了一个新的阶段。

成就动机和一个人的抱负水平(level of aspiration)有着密切联系。抱负水平指一个人从事活动之前,估计自己所能达到的目标的高低。个人的成败经验会影响抱负水平的高低,成功的经验会提高个人的抱负水平,失败的经验会降低个人的抱负水平。例如,一位学生估计自己能考 80 分,如果考试成绩低于 80 分,下次再定的抱负水平可能会低于 80 分,反之,则会高于 80 分。制约个人抱负水平的有两个因素:个人的成就动机和根据个人以往的成败经验对自我能力的实际估计。

成就动机对个人发展和社会进步都具有重大作用,它好像是一架强大的"发动机",激励人们努力向上。自 1940 年代起,许多著名的心理学家从不同的角度对成就动机进行了卓有成效的研究,建立了许多成就动机模型。普汶指出:"成就动机的研究是社会科学发展中比较大胆的探索之一。"

(2) 麦克莱兰的成就动机理论

麦克莱兰的成就动机理论被称为情绪激发理论,它带有享乐主义的色彩。他认为,成就动机是一个人人格中非常稳定的特质。个体记忆中存在着与成就相联系的愉快经验,当情境能引起这些愉快的体验时,就能激发起个体的成就动机。

麦克莱兰认为,成就动机强的人对学习和工作都非常积极,能够控制和约束自己,不易受社会环境影响,并且善于利用时间。成就动机得分高的人必然会取得较为优良的成绩。洛威尔(E. L. Lowell, 1950)、弗伦奇(E. G. French, 1958)和桑普森(E. E. Sampson, 1963)等人的实验都表明了高成就动机组的被试比低成就动机组被试成绩要好(见图 2-1)。

麦克莱兰等人认为,每一个人的成就动机都是不相

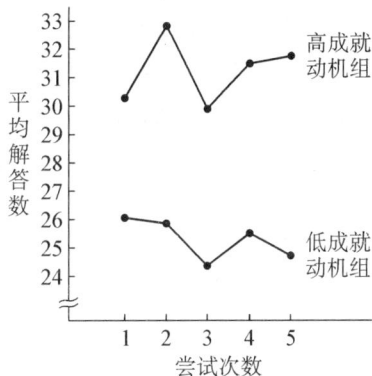

图 2-1 高成就动机组和低成就动机组在加法问题的平均解答数

同的,每一个人都有一个相对稳定的成就动机水平。

(3) 阿特金森的成就动机理论

阿特金森的成就动机理论被认为是一种期望价值理论,因为这一理论认为动机水平依赖于一个人对目的的评价以及达到目的可能性的估计。阿特金森重视冲突的作用,尤其重视成就动机与害怕失败之间的冲突。在他的理论体系中,个人追求成功的倾向(Ts)是一个多重变量的函数,可以用下面的公式表示:

$$Ts = Ms \times Ps \times Is$$

Ms 代表追求成功的动机,Ps 代表对成功的可能性的估计,Is 代表成功的激励值。Ps 表示对工作中取得成功可能性的估计,$Ps = 1$,表示确信会取得成功;$Ps = 0.5$,表示估计成功的可能性是 50%;$Ps = 0$,表示确信必然失败。

阿特金森认为,个人在竞争时会产生两种心理倾向:追求成功的动机和回避失败的动机。

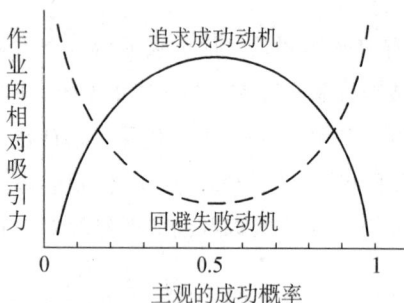

图 2-2 成就动机和作业选择

(资料来源:Atkinson,1958)

人的这两种心理倾向的相对强度是不同的,一种人追求成功,另一种人力求避免失败。追求成功的动机比回避失败的动机强的人倾向于选择做中等难度的工作,因为中等难度的工作,既存在着成功的可能性,也存在着足够的挑战性,能够满足个体的成就动机。回避失败动机强的人则倾向于避免做可能与他人比较的中等难度的工作,他们倾向于挑选成功可能性极小的困难任务,因为与其他人一样不能完成任务,并非真正失败;但也可能挑选容易的任务,因为在这些任务中成功的可能性很高,可以减少个体的失败恐惧心理(见图 2-2)。

后来,许多学者扩展了阿特金森的成就动机理论。雷陆(Rayor)认为,过去的成就动机理论强调当前的目标,其实长远的目标对现在的行为有很大影响。应该把即时的目标与长远的目标结合起来,真正的成就动机是由二者结合而产生的。

(4) 成就动机的归因模式

美国心理学家韦纳(B. Weiner)等人对成就动机进行了归因分析。他们将个人对成就行为的归因按照内外控制和稳定性划分为四类:努力、能力、运气和任务难度(见表 2-1)。期望和情绪被认为是成就动机的两个主要特征。

表 2-1　韦纳的行为决定因素

稳定性	控 制 点	
	内在的	外在的
稳定的	能力	任务难度
不稳定的	努力	运气

韦纳等人认为,我们对成功和失败的解释会对以后的行为产生重大影响。如果把考试失

败归因于缺乏能力,那么以后的考试还会期望失败;如果把考试失败归因于运气不佳,那么以后的考试就不大可能期望失败。这两种不同的归因会对生活产生重大的影响。

韦纳的成就归因理论主要有下列三个论点:①个人的个性差异和成败经验等影响着他的归因;②个人对以前成就的归因会影响他对下一次成就行为的期望、情绪和努力程度等;③个人的期望、情绪和努力程度对成就行为有很大的影响。

(5)影响成就动机的因素

① 成就动机的高低与童年所接受的家庭教育关系密切。父母对儿童的"独立性训练"与儿童的成就动机的强弱有关。父母要求子女独立自主而又能以身作则,容易培养儿童的成就动机。相反,父母对子女的保护过多就会限制儿童的独立性,较难培养儿童的成就动机。一般而言,严格而温和的教育方式对孩子成长更有利。

② 教师的言行影响学生成就动机的强弱。

③ 经常参加社会竞争和带有冒险性活动的人比一般人的成就动机强。

④ 学生的学习成绩与其成就动机成正比。成就动机强的学生,一般学习成绩较好;成就动机弱的学生,一般学习成绩较差。麦克莱兰通过大量的研究,得出大学生的学习成绩和成就动机得分的相关系数为 0.51,但以后的研究得出的相关系数较低。

⑤ 个人对工作难度的看法影响成就动机。认为工作过难或过易,个体都不会产生强烈的成就动机;只有当个人认为工作难度适中、成功和失败的可能性各占一半时,成就动机最为强烈。

⑥ 个性因素影响成就动机。奥苏伯尔(D. P. Ausubel)等人在《自我心理学与心理失调》一书中论述了儿童期个性特征对成就动机的影响。他指出,在儿童期,非依附的儿童会很早显示出较高水平的成就动机,依附的儿童显示出较低水平的成就动机。个人的理想、信念和世界观对成就动机有着深刻的影响。

⑦ 群体的成就动机的强弱与环境(自然环境和社会文化条件)有关。一个国家经济处于繁荣时期,人民的成就动机就会提高,反之则降低。麦克莱兰发现,各种不同的文化类型之间,成就动机的差别是非常稳定的。他测量了 30 个国家儿童读物的故事内容中所表示的成就动机的强度,发现这与这些国家在 20 年后的经济发展显著相关。如果文学作品反映出的成就动机较强,那么以后这个国家的经济发展也较快,经济发展需要有普遍的文化准备。麦克莱兰还认为,知道了一个民族占优势的社会动机,可以帮助我们理解它的历史,并预见它的未来。

2. 交往动机

(1)交往动机概述

交往动机又称亲和动机,指个体愿意与他人接近、合作、互惠,并发展友谊的动机。交往动机强的人对建立、保持和恢复友好关系是很关心的。人类的交往动机反映了社会生活和劳动的要求。人类要参加社会生活,要劳动,就必须相互传递信息,必须进行交往。人际交往也被认为是个体心理正常发展的必要条件,只有在社会生活过程中,通过人际交往个体心理才能得到正常发展。交往需要和成就需要是研究得最多的社会需要。

许多研究表明,交往动机得分高的人和得分低的人在行为上确实有所不同。伊萨森(Issacson)等人发现教师的热情友好态度使交往动机高的学生获得更高的分数,但对交往动机低的学生则没有多大影响。也有研究表明,交往动机高的人比交往动机低的人更能精确地辨认出人的面部特征。

弗伦奇设计了一项实验来测量和区分交往动机和成就动机。通常一种非常轻松和十分愉快的环境只激发交往动机而不激发成就动机,在这种情况下交往动机高的被试在完成简单任务时比交往动机低的被试表现好。弗伦奇指出,这是因为交往动机高的人有一种使他人愉快和高兴的愿望,这会激发他们把工作做好。弗伦奇的研究还表明,在选择朋友时,成就动机高的人与交往动机高的人是不同的。成就动机高的人经常挑选有才能的人做伴,交往动机高的人在挑选朋友时,不太考虑伙伴的才能。

(2) 交往与恐惧

人类的交往活动与恐惧有关。沙赫特(S. Schachter)用64名女大学生作被试,分成实验组和控制组。让实验组的女大学生看一个身穿白色实验服装的实验者,并且在房间里布满了各种电器设备。并且告诉被试,实验是有关电击作用问题,电击会伤害人,使人痛苦。对于控制组则尽量使被试感到轻松,并且告诉被试,电击不会感到不舒服,只会有一些发痒或震颤的感觉。在恐惧激发和测量结束后,要求被试在实验室等候,让她们自己决定,是否要同学做伴,还要她们说明选择的强度。结果表明,高恐惧的人比低恐惧的人更愿意合群,越是恐惧,合群倾向越强烈(见表2-2)。

表2-2 恐惧对合群行为的作用

条件	选择的百分比*			
	集中	无所谓	单独	合群行为的强度
高度恐惧	62.5	28.1	9.4	0.88
低度恐惧	33.2	60.0	7.0	0.35

*表中的比例误差±2
(资料来源:S. Schachter, 1959)

(3) 出生次序与交往

沙赫特认为,出生次序是一个人合群要求的重要因素。交往动机在长子、长女和独生子女身上较为强烈,这是因为父母对第一个孩子比对后来的孩子要关心得多。第二个孩子的合群趋势就没有第一个孩子那么强烈。研究表明,儿童出生次序越往前,恐惧时也就越依赖别人,以求舒服。顿伯(Dember)的研究也表明出生次序与交往动机有关(见图2-3)。

交往与出生次序的关系进一步说明交往与恐惧的关系。

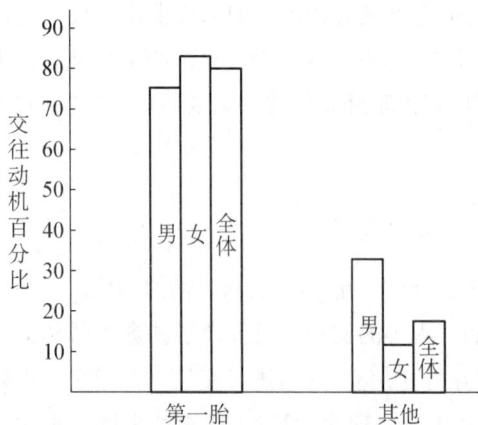

图2-3 交往动机与出生次序

（4）忧虑与交往

有人把被试分成四个组：高度恐惧组、低度恐惧组、高度忧虑组和低度忧虑组，进行合群倾向测验。在实验时，实验者使两个忧虑组都没有任何恐惧的感觉。结果表明，恐惧与忧虑对合群显示出相反的效应。高度忧虑组的人较低忧虑组的人倾向不合群，他们和别人在一起时会使忧虑增加，因此回避他人。由此可见，恐惧使合群倾向增长，忧虑使合群倾向减少（见图 2－4）。

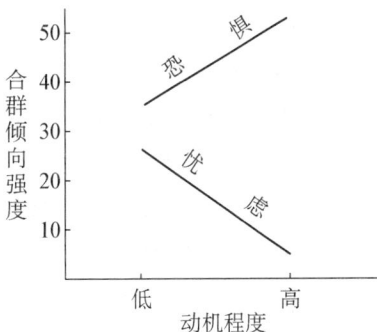

图 2－4　恐惧、忧虑和合群倾向

（5）交往与社会比较理论

费斯廷格（L. Festinger）认为，人类的社会比较需要是导致交往倾向的因素。他认为，每个人都想对自己进行评价，但要评价自己就要把自己的行为与别人的行为进行比较，在比较的基础上进行自我评价。例如，你写了一篇毕业论文，你要知道是好还是差，就得把它和同学的论文进行比较，才能作出结论。费斯廷格认为，在感受和情绪决策方面，也要运用社会比较。如上述实验，可以用社会比较理论来解释，"高恐惧"的人之所以要求和别人在一起，其原因之一是，要观察别人的感受，并根据别人的感受来评价自己的感觉。

许多研究都表明了影响交往动机的因素是复杂的，是综合在一起的。但其中每种因素所起的作用是不同的。

3. 学习动机

学习动机是直接推动学生进行学习的内部动力。学习动机并不是单一的结构，而是由多种因素组成的整体结构，其中包括学习需要、学习自觉性、学习态度、学习兴趣等。

学习动机与学习效果的关系并不是直接的，它们之间往往以学习行为为中介，而学习行为又不是单纯只受学习动机的影响，它还受一系列主客观的因素，如学习基础、教师指导、学习方法、学习习惯、智力水平、个性特点、健康状况等制约。[①]

（三）长远的、概括的动机和暂时的、具体的动机

根据影响范围和持续时间，可以把动机分为长远的、概括的动机和暂时的、具体的动机。前者来自对活动意义的认识，持续的时间长，比较稳定，影响的范围也广；后者常由活动本身的兴趣所引起，持续的时间短，常常受个人情绪的影响，不够稳定。例如，一位大学生立志要成为一位经济学家，这种动机是长远的、概括的；而仅仅为了一次考试得高分，这种动机是暂时的、具体的。人既要有远大目标，也要有近期目标，并将这两种动机结合起来，并且要使长远的、概括的动机成为主导动机。

（四）高尚动机和低级动机

根据动机的性质和社会价值，可以把动机分为高尚动机和低级动机。高尚动机能够持久地调动人的积极性，为社会发展作出重大的贡献。低级动机违反社会发展规律与人民利益，不

---

① 李伯黍、燕国材主编：《教育心理学》，华东师范大学出版社 1993 年版，第 236—237 页。

利于社会的发展。

（五）主导动机和辅助动机

根据动机对活动作用的大小，可以把动机分为主导动机和辅助动机。主导动机通常对活动起决定作用，辅助动机则起加强主导动机、坚持主导动机所指引的方向的作用。个体活动为这两种动机所激励，由动机的总和支配。

（六）意识动机和潜意识动机

根据动机的意识性，可以把动机分为意识动机和潜意识动机。个体有一些动机并没有意识到，但能影响人的活动。定势是一种潜意识动机。在人类动机体系中，意识动机起主导作用。

三、动机理论

伯恩（L. E. Bourne）等人指出："在过去，大部分心理学家把驱力突出为比较重要的因素，……近来，重点已经转移到诱因作为动机最重要的方面，特别是在分析人的行为的时候是这样。"[①]研究有从内在决定到外在决定的趋势，开始重视动机的认知方向。

（一）享乐主义理论

这是最早的动机理论，它认为人类的行为动机是求得最大限度的快乐和最低限度的痛苦。人是理性的人，他们根据可能得到的快乐或痛苦的结果来决策自己的行动。英国哲学家边沁（J. Bentham）从功利主义立场出发，批判了禁欲主义，认为痛苦和快乐是决定人类行为的动机，人无不以快乐作为生活的目的。他认为，快乐和痛苦没有质的区别，只有量的不同。他编制了一个"快乐和痛苦的等级表"来测定人的苦乐。边沁指出，人们应该追求最持久、最确实、最迫切，而且又是最广泛和最纯粹的快乐。幸福也就是趋乐避苦求得最大的快乐。这种动机理论过于简单了，人类的动机不一定都是为了个人的快乐。

（二）本能理论

本能理论的特点是认为人的活动是先天内在安排好的。英国心理学家麦独孤（W. McDougall）认为，本能是天生的倾向性，对某些客体特别敏感，并伴随有特定的情绪体验。我们的思想和行动是由本能引起的，本能是激发行为的根源。他在 1908 年出版的《社会心理学导论》一书中列举了十大本能，后来又扩展到 18 种本能。弗洛伊德提出了生的本能和死的本能，他认为对人的行为主要可以用性和攻击两种动机来解释。这些本能虽然是无意识的，但却是强大的动机力量。孟子认为仁、义、礼、智四端是人们生来就固有的"四端"，"良知"、"良能"也是与生俱来的。"四端"的作用相当于动机。

（三）驱力理论

1920 年代，心理学家用驱力解释动机，认为行为的动力是个体内部状况（如饥、渴等）所产生的驱力或需要。驱力降低理论认为，生理需要引起紧张或造成驱力状态，有机体必须从事某种活动以满足需要，才能降低驱力。这种"需要→驱力→行为"的关系是受机体平衡作用所控

---

① ［美］伯恩、埃克斯特兰德编，韩进之等译：《心理学原理和应用》，知识出版社 1985 年版，第 299 页。

制的。美国生理学家坎农提出,有机体需要保持体内环境的平衡,失去平衡时,便有驱力迫使其恢复平衡。后来美国心理学家赫尔(C. L. Hull)提出,虽然生理需要激发着整个机体的活动,但刺激也能诱发出驱力,刺激通过强化而成为获得的驱力。

(四)诱因理论

20世纪50年代,许多心理学家认为,不能用驱力降低的动机理论来解释所有的行为,外部刺激(诱因)在唤起行为时也起重要的作用,应该用刺激和有机体的特定的生理状态之间的相互作用来说明动机。例如,吃饱了的动物在看到另一个动物在吃食,将会重新吃食物,这时的动机是由刺激引起的。人类经常追求紧张,而不是力图消除紧张使机体恢复平衡。诱因理论强调了外部刺激引起动机的重要作用,认为诱因能够唤起行为并指导行动。

(五)认知理论

动机的认知理论用有机体对环境的认知来解释动机的产生和变化。这种理论中的一个重要概念是认知失调,认知失调是费斯廷格首先提出的。他根据勒温的观点,认为心理场存在着一致性或平衡倾向,在认知元素之间存在着不一致的关系,这种差距产生了失调。认知失调将引起心理上失调的体验,推动人们作出减少失调的行为。例如,一个人自认为是优秀生,但考试成绩不够理想,这就出现两种认知元素:对自己的高度评价和不相称的成绩。二者不和谐,出现紧张状态,必须加以解决。这种理论到了1970年代虽不如过去那样引人注目,但仍是一种对人类动机的主要看法。

(六)唤醒或激活理论

还有许多心理学家提出唤醒或激活理论。他们认为,每一个人在内外刺激的关系上都有一个最适宜的唤醒水平,当出现偏离这个水平的内外刺激时,就促使有机体活动,以恢复这种水平。刺激过少或过多都会引起有机体的活动。神经生理学研究表明,中枢神经系统经常需要由脑干网状结构的激活来保持一定的兴奋水平,如果超过或低于这个水平就会产生行动的要求。例如,兴奋水平过高则会产生逃避刺激的倾向;反之,则会产生寻求刺激的倾向。

每一种动机理论都能解释动机的一些现象,但由于人类动机的复杂性,任何一种动机理论都不能全面地解释人类行为的原因。

四、需要和动机的研究方法

观察法、实验法、自我报告法、投射测验和问卷测验等都是研究需要和动机的方法。以下我们仅介绍两种主要的研究方法:投射测验和问卷测验。

(一)投射测验

投射测验的种类很多,罗夏墨渍测验和主题统觉测验是两种主要的投射测验。这两种投射测验,我们将在性格篇作较为详细的阐述。默里等人曾用主题统觉测验来研究被试的需要。我国心理学工作者徐凤姝设计了四幅图画来测评大学生的需要和动机。呈现的刺激包括四张图片(团体测验时用幻灯片),图片的内容为:(1)工作情境:两个人操作一台机器;(2)读书情境:一个男学生坐在桌子前面,面前放着一本打开的书本;(3)父子情境:父与子两人相对而立;(4)幻想情境:一个男学生独坐,似乎在做白日梦。要求大学生看过图片后,对每一幅图画编一个故事。每一个故事中必须说明:(1)发生了什么事,这个(或两个)人是谁;(2)图片上的情境是怎样发生的,它的原因是什么;(3)图片上的人在想什么,感受如何;(4)发展下去将会发生什么样的结果。主试根据被试讲述的故事内容来分析被试的需要和动机。

(二) 问卷测验

1. 爱德华个人爱好量表

爱德华个人爱好量表(Edwards' Personal Preference Schedule,EPPS)被认为是第一个评估各种需要的人格问卷。该量表是美国心理学家爱德华(A. L. Edwards)在1954年以默里在1938年提出的15种需要为理论基础编制的。全量表包括225个题目(其中15个重复题目,用以检查反应的一致性)。每题包括两个第一人称的陈述句,要求被试根据自己的兴趣从两个选项中圈选一个。全量表的题目平均分配测量15种需要,成为15个分量表,施测后得到15个分数,用以鉴别被试在15种需要上的相对强度。

EPPS已有中译本(1967年),并在我国台湾地区使用,适用于具有高中文化程度的被试,测验时间约需50分钟左右,可以个别测试,也可以团体测试。EPPS手册表明该量表的信度和效度较高。

EPPS测试采用强迫选择法来控制社会称许性,就是要求被试在两个具有相同的社会称许性而又测量不同需要的题目之间选择一个。每对题目可能是同样受称许,也可能同样不受称许,但二者不可兼得,必须选择一个最符合自己情况的题目。

> 例如:
>
> 71. A 我喜欢写本伟大的小说或剧本。
>
> B 我喜欢考虑与我看法相反的观点。

选择 A 的被试,被认为成就需要强;选择 B 的被试,被认为攻击需要强。

EPPS 中 15 种心理需要是:成就需要(need for achievement)、顺从需要(need for deference)、秩序需要(need for order)、表现需要(need for exhibition)、自主需要(need for autonomy)、亲和需要(need for affiliation)、省察需要(need for intraception)、求助需要(need for auccorance)、支配需要(need for dominance)、谦逊需要(need for abasement)、助人需要(need for nurturance)、变异需要(need for change)、坚毅需要(need for endurance)、性爱需要(need for heterosexuality)、攻击需要(need for aggression)。

根据被试对 EPPS 题目的全部回答,可计算出 15 个分数,并绘制剖析图。图 2-5 是 EPPS 剖析图示例。

2. 大学生需要调查表

西南师范大学黄希庭和张进辅在 1988 年通过问卷,对大学生的需要进行研究。结果表明,大学生的基本需要主要包括六类 18 种,我国大学生总体的需要结构是积极向上的。在 18 种需要中,强度是不平衡的,同时具有一定的倾向性。从总体上来看,强度最大的前 4 种需要依次是:(1)求知的需要;(2)友情的需要;(3)建树的需要;(4)自尊自立的需要。[1]

---

① 黄希庭、徐凤姝主编:《大学生心理学》,上海人民出版社 1988 年版,第 128 页。

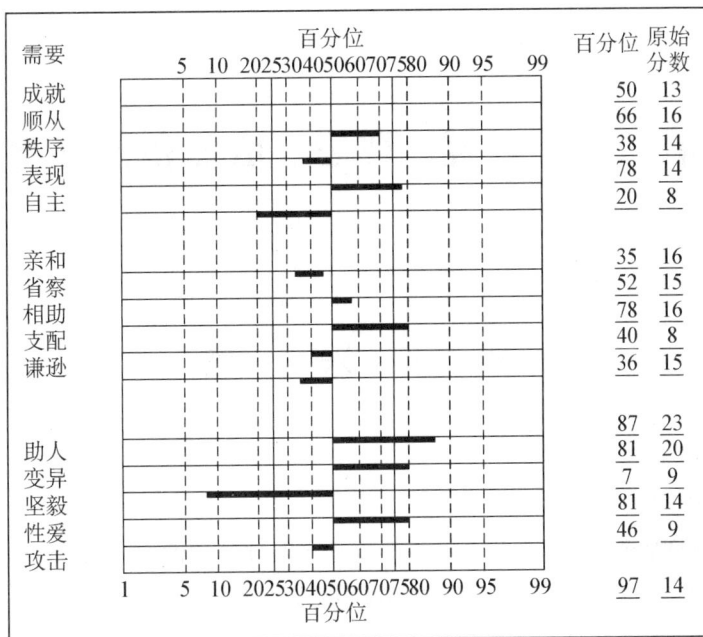

图 2-5 EPPS 剖析图

(资料来源:Anastasi,1982)

3. 有关需要层次的研究

马斯洛在 1943 年提出了"需要层次论",把需要划分为 5 个或 7 个层次。中国社会科学院石秀印等对需要进行研究。样本来自全国 12 所大学的部分学生,采用问卷测量法及相关统计法等得出"各类需要间确实存在与马斯洛的需要层次有很强的相似性"的结论。[①]

麦克莱兰在评价问卷测验和投射测验在测量需要和动机中的作用时指出,问卷测验是一种"应答式的测量"(respondent measure),投射测验是一种"操作式测验"(operant measure)。他认为,这两种测验分别测验人格的不同层次。主题统觉测验测量个人的成就需要,测量个人的动机,而问卷测验量表测量个人对成就所意识到的价值或态度。

[①] 石秀印:《关于需要层次的相关研究》,《社会心理研究》,1990 年第 2 期。

第三章　兴趣、理想、信念和世界观

第一节　兴　　趣

一、兴趣概述

（一）兴趣的含义

兴趣（interest）是个体力求认识某种事物或从事某项活动的心理倾向。兴趣使人对有趣的事物给予优先注意，积极地探索，并带有情绪色彩和向往心情。

决定兴趣的因素是多方面的，一般认为，遗传因素和环境因素都对兴趣发生影响。环境对兴趣的影响是不言而喻的。斯卡尔（S. Scarr）等人的研究表明，儿童与其亲生父母的兴趣问卷分数方面有许多显著相关，但100多名领养的儿童与其养父母之间的分数只有较小的相关。血缘关系相近的儿童之间比无血缘关系的儿童之间的兴趣相似性更大。宾厄姆（W. V. D. Bingham）认为，兴趣的发展和内外向性密切相关，但个人由于环境和学习条件的不同，有某种向性的人可能没有某种兴趣，或有某种兴趣而无某种向性。"人们倾向于对自己能够干好的事情感兴趣以及遗传在决定能力和气质方面有重要作用这两项事实表明，遗传通过能力和气质影响兴趣。"[①]

人的兴趣是在需要基础上和在活动中产生和发展起来的，需要的对象也就是兴趣的对象。正是由于人们对某些事物产生了需要，才会对这些事物发生兴趣。在生理性需要基础上所产生的兴趣是暂时的兴趣。一个人在饥饿情况下会需要食物，对食物产生兴趣，而一旦需要得到满足，这种兴趣就减退了。稳定的兴趣是建立在社会性需要基础上的，社会需要的满足常常会引起更浓厚的兴趣。例如，朱熹终身读书，读书的兴趣越来越浓厚，不论春夏秋冬，他对读书都始终是"乐陶陶"的。

许多心理学家指出了需要和兴趣的密切关系。例如，瑞士心理学家皮亚杰（J. Piaget）指出："兴趣，实际上，就是需要的延伸，它表现出对象与需要之间的关系，因为我们之所以对于一个对象发生兴趣，是由于它能满足我们的需要。"[②]

兴趣又和认识、情感密切联系着。如果个体对某些事物没有认识，就不会对它产生情感，因而也不会对它发生兴趣。相反，认识越深刻，情感越丰富，兴趣也就越浓厚。

---

① 彭凯平编著：《心理测验：原理与实践》，华夏出版社1989年版，第336页。
② ［瑞士］皮亚杰著，傅统先译：《儿童的心理发展：心理学研究文选》，山东教育出版社1982年版，第55页。

爱好是从事某种活动的倾向,当兴趣进一步发展成为从事某种活动的倾向时,它就发展成为爱好。兴趣是爱好的前提,爱好是兴趣的发展。爱好不仅是对事物优先注意和向往的心情,而且有实际活动的倾向。爱好是和活动紧密联系在一起的,兴趣和爱好的区别,在于有没有从事相应的活动。如果一个人不仅喜欢读文学作品,而且热衷于从事文学创作,那么这个人对文学就有了爱好。

兴趣和爱好是受社会历史条件制约的,各人所处的社会历史条件不同,他们的兴趣和爱好也就有所不同。

(二) 兴趣的作用

人的兴趣不仅是在活动中发生和发展起来的,而且又是认识和从事活动的巨大动力。它是推动人们去寻求知识和从事活动的心理因素。兴趣发展成爱好后,就成为人们从事活动的强大动力。凡是符合自己兴趣的活动,就容易提高人们的积极性,使人积极愉快地从事某种活动。兴趣对于人的活动的作用有下列几种不同情况:(1)对未来活动的准备作用;(2)对正在进行活动的推动作用;(3)对活动的创造性态度的促进作用。

兴趣是引起和保持注意的重要因素,对于感兴趣的事物,人们总是愉快主动地去探究它。研究表明,无论是有意注意还是无意注意都和兴趣有关。兴趣会使人集中注意,产生愉快紧张的心理状态,对认识过程产生积极的影响。孔子说:"知之者不如好之者,好之者不如乐之者。"意思是说,对于学识,懂得它的人赶不上喜欢它的人,喜欢它的人又赶不上醉心于它、以它为乐的人。

兴趣对智力发展起着促进作用,是开发智力的钥匙。皮亚杰指出:"……所有智力方面的工作都要依赖于兴趣。"[1]美国拉扎勒斯(A. L. Lazarus)等人的研究表明,兴趣比智力更能促进学生努力学习。他将高中学生按照智力和兴趣分为智力组和兴趣组。智力组学生的平均智商120,但对于语文的阅读和写作不感兴趣;兴趣组学生的平均智商107,但对于语文的阅读和写作很有兴趣。在学期结束时,兴趣组的成绩远远超过智力组(见表3-1)。

表3-1　兴趣组和智力组的阅读和写作情况对比

组别	平均每人阅读的书(本)	平均每人所写的文章(篇)
兴趣组	20.7	14.8
智力组	5.5	3.2
差　距	15.2	11.6

二、兴趣的分类

人类的兴趣是多种多样的,可以用不同标准对它们进行分类。

(一) 物质兴趣和精神兴趣

根据兴趣的内容,可以把它们分为物质兴趣和精神兴趣。

物质兴趣表现为对食物、衣服和舒适的生活等的兴趣。对个人的物质兴趣必须加以正确

---

[1] 〔瑞士〕皮亚杰著,傅统先译:《教育科学与儿童心理学》,文化教育出版社1981年版,第161页。

指导和适当控制,否则会发展成畸形的、带有贪婪的形式。精神兴趣主要指认识的兴趣,如对学习和研究哲学、文学、数学等的兴趣。

(二) 直接兴趣和间接兴趣

根据兴趣所指向的目标,可以把它们分为直接兴趣和间接兴趣。

直接兴趣是指对活动过程本身的兴趣。例如,对学习过程本身的兴趣,对劳动过程本身的兴趣。间接兴趣是指对活动结果的兴趣。例如,对通过学习取得职业的兴趣,对工作后报酬的兴趣。

直接兴趣和间接兴趣在生活中都是不可缺少的。如果没有直接兴趣的支持,活动将变得枯燥无味;如果没有间接兴趣的支持,活动便不可能长久地持续下去;只有直接兴趣和间接兴趣正确地结合,才能充分发挥人的积极性。

三、兴趣的品质

(一) 兴趣的倾向性

兴趣的倾向性指个体对什么发生兴趣。人与人之间在兴趣的倾向性上差异很大。有人喜欢文学,有人喜欢数学。兴趣有高尚的兴趣和低级的兴趣之分,前者是对有利于人类社会的事物发生兴趣,后者是对有害于人类社会的事物发生兴趣。个体有些兴趣倾向表现得较早,如幼儿时已表现出倾向于某种活动,避开另一些活动,但职业倾向要到高中或高中后才稳定下来。罗(A. Roe)认为,职业兴趣是儿童期与家庭人员的关系所造成的。和谐的家庭使儿童"以人取向",冷漠的家庭使儿童"以事取向"。兴趣的倾向性是人的生活实践和教育所造成的,并且受社会历史条件的制约。

(二) 兴趣的广阔性

兴趣的广阔性指个体兴趣的范围。在兴趣的范围上,人与人之间差异也很大。有人兴趣范围广阔,对许多事物和活动都兴致勃勃,乐于探求;有人则兴趣范围狭窄,容易把自己限于狭小圈子之内。兴趣的广阔程度和个人的知识面的宽窄密切相关。个人兴趣越广泛,知识越丰富,就越容易在事业上取得成就。历史上许多卓越人物都有广泛的兴趣和渊博的知识。

广阔的兴趣应该在正确的倾向指导下和中心兴趣结合起来,否则如果样样都喜欢,样样都不专,结果会一无所长,难有建树。只有在广阔兴趣的基础上有一个中心兴趣,使兴趣既博又专,才可能取得成就。

(三) 兴趣的持久性

兴趣的持久性指兴趣稳定的程度。人们对某一事物的兴趣,可能比较稳定,也可能变化无常。稳定的兴趣对一个人的工作和学习都有重大意义。人们有了稳定的兴趣,才能经过长期的钻研,获得系统而深刻的知识。人们有了稳定的兴趣,才能坚持工作,并且力图把工作做好,取得创造性的成就。儿童早期兴趣比较不稳定,兴趣一般要在 15 岁以后才趋向稳定,但有些人在成年后兴趣也会发生改变。

（四）兴趣的效能

兴趣的效能指兴趣推动活动的力量。根据兴趣的效能水平一般可将兴趣区分为积极的兴趣和消极的兴趣。积极的兴趣能够成为推动工作和学习的动力,把工作和学习引向深入。消极的兴趣不能产生实际效果,仅仅是一种意向。积极的兴趣是推动人们去掌握知识和技能、发展能力和促进个性发展的动力。

四、兴趣量表

研究兴趣的方法主要有:(1)行为观察;(2)能力测验;(3)兴趣表达,即直接询问被试所感兴趣的事物是什么;(4)兴趣量表。早在第一次世界大战期间,人们就开始了对兴趣的研究,但是真正的系统的兴趣研究是从米纳(J. Miner)开始的。1915年,米纳编制了一个兴趣量表,用来指导学生选择适合自己兴趣的职业。第一个标准化的兴趣量表是斯特朗职业兴趣问卷,后来库德职业兴趣量表也出版了。这是国际上最著名的两个兴趣量表,二次大战后发展出的近百种兴趣量表,大多数是以斯特朗和库德形式为原型的。

（一）斯特朗职业兴趣量表

美国心理学家斯特朗(E. K. Strong)在1927年编制了斯特朗职业兴趣量表(Strong Vocational Interest Blank)。斯特朗把兴趣比喻为一艘船上的"舵",兴趣在某种程度上决定一个人成就的方向。各种职业的人,都有其独特的兴趣类型。他收集了几百个项目,设计兴趣测验,测试某些职业中有高度成就者,以便分析各种职业的兴趣类型,找出各种职业的兴趣,然后将被试的测验结果与之相对照,便可以知道他和某种职业相适合的程度。

该量表共有399个项目,男性被划分为54种职业兴趣类型,女性被划分为32种职业兴趣类型。

1974年,坎贝尔(C. M. Campbell)将该量表修订为斯特朗—坎贝尔兴趣量表(Strong-Campbell Interest Inventory, SCII),该量表使用了霍兰(J. L. Holland)的职业分类理论体系,并且改为男女合一的测验本。这一量表共有325个题目,被试对每一个问题有三种选择:喜欢(L-like)、不关心(I-indifferent)和不喜欢(D-dislike),要求被试必须针对每个题目选择一个答案。

斯特朗—坎贝尔兴趣量表包括七个部分,前面五个部分是有关职业、学科、活动、娱乐和人际接触的测量,后面两个部分是配对项目的选择(例如,要被试选择在处理事物和处理人的问题上,喜欢哪一个)和自我叙述。

该量表(SCII)所涉及的职业兴趣有六大类:(1)艺术性职业(如音乐家、画家等);(2)社会性职业(如社会工作者、教师等);(3)研究性职业(如科学家);(4)现实性职业(如机械师、农民等);(5)企业性职业(如经理、推销员和营业员等);(6)事务性职业。经过长时间的研究、修订,SCII的信度和效度都很稳定。

（二）库德兴趣量表

美国心理学家库德(G. F. Kuder)在1939年编制了库德兴趣量表(Kuder Interest Inventory)。为了避免直接指明喜欢某种职业,该量表从测定被试的兴趣范围着手,从而推断他感兴趣的职业。

库德将职业兴趣分为 10 类：

(1) 室外活动的兴趣；　　　　　　(2) 对机械的兴趣；

(3) 对计算的兴趣；　　　　　　　(4) 对科学的兴趣；

(5) 对宣传的兴趣；　　　　　　　(6) 对艺术的兴趣；

(7) 对文艺的兴趣；　　　　　　　(8) 对音乐的兴趣；

(9) 社会服务的兴趣；　　　　　　(10) 对文书的兴趣。

该测验共含 168 个条目，每个条目各列出三种活动，要求被试必须从中选出最喜欢的一种活动(M)和最不喜欢的一种活动(L)。

库德曾用此量表调查了上千名中学生，并在 7—10 年后再调查他们的工作情况。其中，有 63% 的人与以前调查的兴趣相吻合，有 37% 的人与以前兴趣不吻合。在吻合兴趣的工作者中，有 62% 的人对其工作有满足感；在不吻合兴趣的人中，只有 34% 的人对工作表示满足。

（三）姚本先大学生兴趣问卷调查表

安徽师范大学姚本先教授采用自编的大学生兴趣问卷调查表，对 5 所本专科院校的 3756 名大学生进行调查，结果表明：大学生最喜欢的课程依次为英语、计算机类、专业类、政治德育类、体育和其他；低年级和高年级学生喜欢专业课程的人数之间有显著差异；女大学生喜欢英语的人数明显多于男大学生。[①]

第二节　理想、信念和世界观

一、理想的含义

理想（ideal）是个人对未来有可能实现的奋斗目标的向往和追求。

理想是一个人的奋斗目标，如儿童少年希望将来成为解放军、劳动模范、科学家等。理想中的奋斗目标是人积极向往和追求的对象，它体现着个人的愿望，并且指向未来。它以对客观规律的认识为基础，是符合客观规律的，是可以实现的，如在我国实现"四化"，实现共产主义社会的理想等。

根据理想的内容，我们可以把理想分为两大类：社会理想和个人理想。社会理想是对崇高的社会制度的理想。个人理想是关于个人未来的理想，主要包括道德理想、职业理想和生活理想等。社会理想和个人理想紧密地联系着，其中社会理想是理想的核心，居于最高层次，并制约着个人理想，个人理想又是社会理想的具体表现。

从认识能力的角度，我们还可以把理想划分为具体形象理想、综合形象理想和概括性理想。

理想是个人动机系统的一部分，一旦形成，就成为鼓舞人们前进的巨大动力。理想是人生的航标，为人们提供了奋斗目标，为人生的航船指明了方向。

理想是受家庭教育、学校教育和社会环境的影响形成和发展起来的。韩进之指出："这些因素在不同年龄阶段所起的影响作用是不同的，其影响的发展趋势是：社会的影响和学习兴趣的

---

① 姚本先：《当代大学生兴趣研究》，《心理科学》，2000 年第 1 期。

影响随着年龄的增长而增大,而家庭和学校的教育作用随着年龄的增长而呈现下降的趋势。"[1]

二、信念和世界观的含义

(一)信念

信念(belief)是坚信某种观点的正确性,并支配自己行动的个性倾向。

信念具有坚信感,表现为个人确信某种理论、观点或某种事业的正确性和正义性,对它抱有确信无疑的态度,并且力求加以实现。信念不仅是单纯的认识,而且富有深刻的情绪体验。信念被认为是知、情、意的高度统一体。克鲁捷茨基(В. А. Крутечкий)指出,行为的重要动机是信念,信念与理想有着密切的联系。信念是关于自然界和社会的某些原理、见解、意见和知识,人们不怀疑它们的真理性,认为它们具有无可争辩的确凿性,力图在生活中以它们为指针。信念的情绪方面是同对它们的深刻的感受联系着的。信念不只是容易明白的、可理解的,而且还是被深刻地感受到的、体验到的。[2]

信念具有稳定性。信念确立后就有很大的稳定性,比较难以改变。一个人确立了某种信念,只有通过反复实践证实并确认是错误时,才有可能改变它。

信念使个性稳定而明确,缺乏信念的人,个性往往有模棱两可、看风使舵、朝秦暮楚的特点。信念使个性具有主动性和积极性。历史上无数的革命先烈和英雄人物,他们出于对事业的坚定信念,抛头颅、洒热血,作出许多可歌可泣的业绩。信念的坚定性说明了它是人类具有巨大力量的行为动机。

(二)世界观

世界观是信念的体系,即一个人对整个世界的根本看法。如果信念形成为某种系统,它们就变成了人的世界观。世界观包括政治观、道德观、人生观、价值观、幸福感、自然观等。

很多心理学家探讨了世界观的结构,他们认为世界观是由认识因素、观点因素、信念因素和理想因素构成的完整结构。认识、观点、信念和理想的相互作用形成世界观,世界观反过来又影响个体的认识、观点、信念和理想的形成。

世界观是个性倾向性的最高层次,它是人们行为的最高调节器,制约着个人的整个心理面貌。

理想、信念和世界观有机地联系着,它们受社会历史条件制约。

(三)关于价值观、人生观的几项研究

在世界观中,心理学对价值观、人生观研究得较多。韩进之指出:"我们认为,价值观是人对客观事物的需求所表现出来的评价,包括对人的生存和生活意义的看法,它是属于个性倾向性的范畴。"[3]价值观的含义很广,包括从人生的基本价值取向(value oriention)到个人对具体事物的态度(attitude)。人生观被认为是对人生的根本观点。

---

① 朱智贤主编:《中国儿童青少年心理发展与教育》,中国卓越出版公司1990年版,第427页。
② [苏]克鲁捷茨基著,赵璧如译:《心理学》,人民教育出版社1984年版,第71—72页。
③ 朱智贤主编:《中国儿童青少年心理发展与教育》,中国卓越出版公司1990年版,第428页。

1. 青少年学生价值观的研究

黄希庭等人用罗克奇的"价值调查表"对我国 5 个城市的 2125 名青少年学生进行了调查。结果表明,我国青少年学生的价值观总的来说相当一致。在终极性价值观中,有所作为、真正友谊、自尊、国家安全被列为四个最重要的价值观;在工具性价值观中,有抱负、有能力、胸怀宽广被列为很重要的价值观。但也存在某些团体差异和个体差异。[1]

2. 大学生价值观的研究

我国心理学工作者在 1983 年至 1984 年对上海、北京、辽宁、西安、重庆等地的理、工、农、医、师范等高校的 327 名大学生进行研究,结果发现,他们的价值观等级中排在前四位的是爱国心、事业、才智和作出成就。[2]

张进辅等采用 70 条我国传统的谚语和俗语自编问卷,对 700 名大学生进行传统人生价值观调查。结果发现:大学生对传统人生价值观中具有积极意义和现实意义的观点,如人生价值目标中关于人生理想、立志、社会责任、人我和谐等方面的观点,人生价值手段中关于自强不息的进取精神,人生价值评价中关于"天下为先"的标准等,多数表示赞同。[3]

3. 青少年人生观发展的研究

小学阶段,儿童已经开始对人生意义发生兴趣,但还没有形成人生观,他们不能对人生产生一个总的看法。人生观萌芽于少年期,形成于青年初期。中学时期是一个人人生观从萌芽到形成的时期。林崇德教授指出,青少年的人生观从萌芽到形成,具有下列特点。[4]

（1）在青少年人生观的形成过程中,主要是解决关于人生意义的问题。

（2）人生观从萌芽到形成,是与青少年的世界观,即青少年对自然、社会和人生问题根本性的总观点相联系的。

（3）青少年人生观的形成过程,是一个人人生价值的确定过程。价值目标的选择,是确立人生目的的基础。

（4）青少年的人生观处于萌芽到形成的过程中,它的可塑性是很大的,还不很成熟、不很稳定,尚待以后继续形成和发展。

① 黄希庭、张进辅、张蜀林:《我国五城市青少年学生价值观的调查》,《心理学报》,1989 年第 3 期。
② 黄希庭、徐凤姝主编:《大学生心理学》,上海人民出版社 1988 年版,第 223 页。
③ 张进辅、张昭苑:《中国大学生传统人生价值观的调查研究》,《西南师范大学学报》(人文社会科学版),2001 年第 1 期。
④ 林崇德著:《品德发展心理学》,上海教育出版社 1989 年版,第 231—233 页。

个性心理学（第四版）

第三篇

气　质

第四章　气质概述

第一节　气质的概念

一、气质的含义

气质(temperament)是人心理活动的稳定的动力特征。心理活动的动力特征主要指心理过程的速度和稳定性(如知觉的速度、思维的灵活程度、注意集中时间的长短等)、心理过程的强度(如情绪的强弱、意志努力的程度等)和心理活动的指向性(有人倾向外部事物,有人倾向内心世界)等方面的特点。这些相对稳定的心理动力特征的相互联系和相互作用,使人的日常活动带有一定的色彩,形成一定的风貌。

气质影响个体活动的一切方面,具有某种气质特征的人,在内容完全不同的活动中显示出同样性质的动力特点。它仿佛使一个人的整个心理活动都涂上个人独特的色彩。例如,一个学生每逢考试就表现出激动,等待朋友时坐立不安,参加比赛前沉不住气,并且经常抢先回答教师的提问,这个学生具有情绪激动的气质特征。"气质是个体心理活动的动力特征。"这个定义内容相当广泛,不仅包括情绪和动作方面的某些动力特征,而且包括认识过程和意志过程的动力特征。

"气质"一词,源于拉丁语,为"混合"的意思,后被人用来描述人的激动或兴奋的个体状态。后来气质的含义就发生分歧了。一些心理学家(主要是英国的心理学家)将"气质"看作"个性"的同义词,但多数心理学家将"气质"看作"个性"的一个组成部分。

当前,人们对气质主要有三种理解。

(一) 强调个体的情绪方面

西方一些心理学家认为气质是个体的习惯性的情绪反应。冯特(W. Wundt)等人曾把情绪反应作为划分气质类型的根据。沃伦把气质定义为"个体在感情上的一般性质"。

(二) 偏重生理因素

有些心理学家认为,气质是个体生理特征的表现。这种看法与气质的原始含义极为接近。例如,麦独孤认为气质是"体内的新陈代谢或化学变化对心理活动产生的总效应"。

(三) 强调动作反应

有些心理学家认为气质是个体反应的独特模式。例如,台孟(Diamond)把气质看作"非习得性反应模式激发的难易"。吉尔福特(J. P. Guilford)认为,气质是一类与"个体行动的发生与操作的模式"有关的特质。

奥尔波特综合这三方面的含义,他指出:"气质指与个体的情绪有关的各种现象,包括个体对情绪刺激的敏感性、习惯的反应强度与速度以及主导心境的特性、强度与变化等特点,这些个人情绪上的特有现象常随体质而定,因此大部分起因来自遗传。"这个定义曾被西方部分心理学家认为是"气质的最完整的定义",但艾森克指出,这个定义的后半段缺乏证据,在定义中加入其起源的观点是欠成熟的。①

二、气质的情绪性

当前,心理学工作者强调气质的情绪性。情绪可以以状态形式存在,也可以以特质形式存在。当情绪以特质形态存在时,就是气质。日本的《新版心理学事典》写道:气质是"个人情绪反应的特征。包括对刺激的感受性、反应的强度和速度,本人固有的心境和速度是解释个体个别差异的概念之一。……气质是情绪特征"②。《简明不列颠百科全书》写道:气质在"心理学中指人格的一个方面,与情绪倾向性和反应及其速度、强度有关。该词往往用以指人的主要心境。……现代研究气质的方法是:在标准化的紧张情境下测量人的情绪反应,并对测量结果进行统计分析"③。伊扎德(C. E. Izard)提出:"感情和认知相结合所形成的人格倾向,既是人格各子系统的一个成分,又是人格的主要结构形式。"④这种理论具有很大的前瞻性和理论高度。后来,当代著名的社会认知理论家米歇尔最近提出的认知—情感系统理论,同样强调了情感在人格结构中的作用。

三、气质的亚结构

活动性和情绪性被认为是气质的亚结构。

涅贝利岑(В. Д. Небылицын)认为,可以在气质结构中分出两种基本成分:活动性和情绪性,这两种基本成分的神经生理学基础是前脑中的两个相互作用的亚系统。一个亚系统是额叶—网状结构复合体,这个复合体承担着睡眠—清醒连续体的各种激活状态动力学的任务;另一个亚系统是额叶—边缘结构复合体,这个复合体是情绪体验的本体。⑤罗萨诺夫同意涅贝利岑的观点,认为积极性和情绪性是气质的两种亚结构。⑥他进一步指出,积极性包括:动力性、可塑性和速度。

克鲁捷茨基指出:"人的心理活动和行为的积极性不同程度地表现在积极地行动、以多种多样的活动来表现自己的意图上,表现在心理过程进行的速度和强度上,表现在运动的灵活性或反应的快慢上。……情绪性表现在不同程度的情绪的兴奋上,表现在人的情绪发生的速

---

① Eysenck, H. J. (1947). *Dimensions of Personality.*
② [日]下中邦彦:《新版心理学事典》,平凡社 1981 年版,第 140 页。
③ 《简明不列颠百科全书》(中译本),第 6 卷,中国大百科全书出版社 1986 年版,第 604 页。
④ 孟昭兰著:《人类情绪》,上海人民出版社 1989 年版,第 181 页。
⑤ [苏]涅贝利岑:《人的神经系统基本特性是个体的神经生理学基础》,《心理学的自然科学基础》,科学出版社 1984 年版,第 228—229 页。
⑥ [苏]罗萨诺夫:《气质的本质及其在人的个体属性结构中的位置》,《心理学问题》(俄文版),1985 年第 1 期。

度和强度、情绪的强烈感受上。"①

对气质的亚结构,我国学者和西方学者也有类似的看法,一般将个体的活动性和情绪性看作气质的基本成分。例如,《黄帝内经》一书中所说的"阴阳"大体上与活动性相近似,"水火"大体上与情绪性相近似。英国心理学家艾森克提出了人格二维模型,第一个维度是从活动性方面来说明个体的行为特征,第二个维度是从个体的情绪稳定性来说明个体的行为特征。

气质是个体心理活动的动力特征,包括认识过程、情绪、意志、动作方面的动力特征。近期研究表明:气质中情绪和活动占有醒目的位置。

四、气质的多种分类

气质有多种分类。把气质分为四种类型(胆汁质、多血质、粘液质②和抑郁质),是传统的分类,从古至今一直沿用。本书先阐述传统的分类,其他的分类将在气质理论等部分介绍。

五、气质的生理机制

许多学者提出了各种生理亚系统作为气质的生理基础,如体液亚系统、体型亚系统和神经活动亚系统。其中,影响最大的有两个学派,一派认为气质的特性决定于内分泌活动,因而提出气质的激素说;另一派认为气质的特性以高级神经活动的特性为生理基础。现代研究表明:气质的生理基础是十分复杂的。罗萨诺夫指出:气质的生理基础不是某个个别的生理亚系统,而是人机体的整体结构,亦即人机体的所有结构的总和。其中,高级亚系统的结构和机能特点,即中枢神经系统的结构和机能特点与其他亚系统相比较,在气质形成中作用更为重要。③ 因此,我们不能以个体的某种生理亚系统作为气质的生理基础,但是也应当认识到,高级神经活动类型与气质的关系较为直接和密切。

第二节 气质的类型

把气质类型划分为胆汁质、多血质、粘液质和抑郁质是传统的分类。

一、气质类型的特征

根据现有的研究,气质类型主要有以下六种特征:

1. 感受性

感受性是指人对内外适宜刺激的感觉能力。它是神经过程强度特性的一种表现。用感觉

---

① [苏]克鲁捷茨基著,赵璧如译:《心理学》,人民教育出版社 1984 年版,第 253 页。
② 亦有书籍用"黏",《大百科全书·心理学卷》用"粘",故本书亦用"粘",以示一致。
③ [苏]罗萨诺夫:《气质的本质及其在人的个体属性结构中的位置》,《心理学问题》(俄文版),1985 年第 1 期。

阈限的大小来测量。

2. 耐受性

耐受性是反映人对客观刺激在时间和强度上的耐受程度。它也是神经过程强度特性的表现。

3. 反应的敏捷性

反应的敏捷性包括两类特性:心理反应和心理过程进行的速度(如思维的敏捷性、识记的速度、注意转移的灵活程度等);不随意的反应性(如不随意注意的指向性、不随意运动反应的指向性等)。反应的敏捷性主要是神经过程灵活性的表现。

4. 可塑性

可塑性是指人根据外界情况的变化而改变自己适应性行为的可塑程度。刻板性被认为是与可塑性相反的品质。可塑性主要是神经过程灵活性的表现。

5. 情绪兴奋性

情绪兴奋性是指以不同的速度对微弱刺激产生情绪反应的特性。它不仅反映神经过程的强度,而且也反映神经过程的灵活性。

6. 向性

向性是指人的心理活动、言语和动作反应是表现于外还是表现于内的特性。

二、气质类型的构成

上述各种特性的不同结合,就构成了各种不同的气质类型。

1. 胆汁质

胆汁质的人感受性低而耐受性高,不随意反应性强,反应的不随意性占优势,外向性明显,情绪兴奋高,抑制能力差,反应速度快而不灵活。

2. 多血质

多血质的人感受性低而耐受性高,不随意反应性强,具有外向性和可塑性,情绪兴奋性高而且外部表现明显,反应速度快而灵活。

3. 粘液质

粘液质的人感受性低而耐受性高,不随意的反应性和情绪兴奋性均低,明显内向,外部表现少,反应速度慢而具有稳定性。

4. 抑郁质

抑郁质的人感受性高而耐受性低,不随意的反应性低,严重内向,情绪兴奋性高并且体验深,反应速度慢,具有刻板性和不灵活性。

各种心理特性和气质类型的关系,可以概括为表4-1。

苏联心理学家达威多娃曾形象地描述了四种基本气质类型的人在同一情景中的不同行为表现。四个不同气质类型的人上剧院看戏,但都迟到了。胆汁质的人和检票员争吵,企图闯入剧院。他分辩说,剧院里的钟快了,他进去看戏是不会影响别人的,并打算推开检票员进入剧院。多血质的人立刻明白,检票员是不会放他进入剧场的,但是通过楼厅进场容易,就跑到

表 4-1 心理特性和气质类型

气质类型 ＼ 心理特性	感受性	耐受性	反应的敏捷性	可塑性	情绪兴奋性	向性
胆汁质	-	+	+	+	+	+
多血质	-	+	+	+	+	+
粘液质	-	+	-	-	-	-
抑郁质	+	-	-	-	+	-

楼上去了。粘液质的人看到检票员不让他进入正厅,就想"第一场总是不太精彩,我在小卖部等一会,幕间休息时再进去"。抑郁质的人会说:"我老是不走运。偶尔来一次戏院,就这样倒霉。"接着就回家去了。[①]

表中的四种气质类型典型特征者称为"典型型";近似其中某一类型者称为"一般型";具有两种或两种以上类型者称为"混合型"或"中间型"。那么,按照组合的规律,应该有 15 种气质类型。

$$C_4^1 + C_4^2 + C_4^3 + C_4^4 = 4 + 6 + 4 + 1 = 15$$

即:(1)多血质,(2)胆汁质,(3)粘液质,(4)抑郁质;(5)胆汁—多血质,(6)胆汁—粘液质,(7)胆汁—抑郁质,(8)多血—粘液质,(9)多血—抑郁质,(10)粘液—抑郁质;(11)胆汁—多血—粘液质,(12)多血—粘液—抑郁质,(13)胆汁—粘液—抑郁质,(14)胆汁—多血—抑郁质;(15)胆汁—多血—粘液—抑郁质。

在全国人口分布中,气质的一般型和两种类型的混合型的人占多数,典型型和两种以上类型混合型的人占少数。因此,在测定某一个人的气质时,不要硬性地把他划入某种典型型中,而要测定气质特征和神经过程基本特性,据此预测人的行为和进行因材施教。

据研究,俄国名将苏沃洛夫是属于胆汁质的,"他的见解、言词、运动都以非常的活动而与别人不同。他好像不知道安静,给观察者一种印象,是一位渴望一举做百事的人"。直到老年,"他不是走而是跑着,不是骑马而是赛马,不是绕着摆在道上的椅子走,而是从椅子上跳过去"。

根据郭晨和王大伟等对我国著名作家、艺术家、运动员等的问卷调查,除极少数人无法确定自己的气质类型外,绝大多数人的气质,不是胆汁质就是多血质或多血质和胆汁质的混合型。例如,在作家中,臧克家、严文井的气质是胆汁质,刘厚明的气质是多血质,张锲、苏叔阳的气质是多血质和胆汁质的混合型。在艺术家中,李苦禅、陈爱莲的气质是胆汁质,马国光、姜昆的气质是多血质和胆汁质的混合型,田华的气质是多血质。在运动员中,李赫男的气质是多血质和胆汁质的混合型,容志行、郎平、李月久的气质是多血质,李连杰的气质是胆汁质。[②] 这四种传统气质的典型代表,在情绪、智力和行为的方式上,是各不相同的(见图 4-1)。

---

① [苏]波果斯洛夫斯基著,魏庆安等译:《普通心理学》,人民教育出版社 1979 年版,第 354 页。
② 郭晨、王大伟编:《你想了解他们吗?:人物性格心理调查》,天津人民出版社 1984 年版。

图 4-1　四种典型的气质类型

第三节　气质在实践活动中的作用

气质是在实践活动中发展的,同时又影响实践活动的进行。了解个体的气质特征和气质类型对于培养人才和选拔人才都有重要意义。

一、气质对智力活动的影响

气质不能决定一个人智力发展的水平。研究表明:相同气质的人可能表现出不同的智力水平;智力水平高的人可能具有不同的气质。据研究,著名的作家中有着四种气质类型的代表。例如,李白和普希金具有明显的胆汁质特征;郭沫若和赫尔岑具有多血质的特征;茅盾和克雷洛夫属于粘液质;杜甫和果戈理属于抑郁质。他们虽在气质特征和气质类型上各不相同,但并不影响他们各自在文学上取得杰出的成就。

气质影响智力活动的特点和方式。列伊切斯(H. C. Лейтес)对同班两位学生 A 和 B 进行了追踪研究。A 具有明显的多血质和胆汁质的特征,B 具有明显的抑郁质的特征。弱的神经活动类型并没有妨碍 B 成为一位优秀的学生,不妨碍他的智力发展和毕业时获得金质奖章。学生 A 在学习时表现为精力充沛,在从事紧张的学习和工作后只需要短时间的休息就能恢复精力,很少见他疲劳和有学习间歇;能够一下子关心很多事物,复杂的情况和变化不会降低他的精力;他对新教材特别感兴趣并充满热情,新教材使他精神焕发、兴奋,并且感到满足,但在复习旧教材时,他明显地缺乏兴趣。学生 B 在经过一段时间学习后,很容易感到疲劳,需要休息或睡一会儿才能恢复精力;对简单的作业,都要沉思和准备;在学习新教材时常感到困难和疲劳,但在复习旧教材时,表现出主动性,思维具有惊人的准确性和明晰性。学生 A 反应迅速,容易转向新的智力活动,他似乎能立刻把他的潜能释放到最大限度。学生 B 则是缓慢地、犹豫不决地解决问题,有时会出现停顿,但他能逐渐地、更明确、更完整、更正确地弄清问题。他思维的深刻性和细致性补偿了他思维欠敏捷的缺隙。学生 B 的智力活动从数量方面来说是效率不高的,但质量方面并不比学生 A 差。

二、气质对教育工作的意义

气质类型没有好坏之分,任何一种气质类型都能表现为积极的心理特征,也能表现为消极的心理特征。例如,多血质的人反应灵敏,容易适应新的环境,但缺乏适当的教育就可能导致肤浅、注意力不稳定和缺乏应有的沉思的倾向;胆汁质的人热情开朗、精力旺盛、刚强,但如果缺乏适当的教育就可能导致缺乏自制力、生硬急躁、经常发脾气的倾向;粘液质的人冷静、沉着、自制、踏实,但如果缺乏适当的教育可能导致对生活漠然处之的倾向;抑郁质的人情绪敏感,情感深刻稳定,但如果缺乏适当的教育就会完全沉浸在个人的体验中,过分腼腆等。

克鲁捷茨基指出,在教育过程中不应当提出改变气质。这是因为神经系统类型特性的改造是非常缓慢的,而且改造的方法还没有充分研究出来,所以在实际上改变气质是不可能的,也是没有意义的,高级神经活动类型和相应的气质没有好坏之分。教育者的任务在于找到适合于受教育者气质特点的最佳的道路、形式和方法。[①] 教师要了解学生的气质类型和气质特征,做到"一把钥匙开一把锁",采取有效的策略提高教育效果。例如,对多血质的学生不能放松对他们的要求或使他们感到无事可做,要使他们在多种有意义的活动中培养踏实、专一和克服困难的精神;对胆汁质的学生要使他们善于抑制自己,耐心帮助他们养成自制、坚忍的习惯,平稳而镇定地工作;对粘液质的学生要热情,不能操之过急,要允许他们有充分的时间考虑问题和作出反应,引导他们积极探索新问题,鼓励他们参加集体活动,并且引导他们生动活泼、机敏地投入工作,发展灵活性和积极性;对抑郁质的学生,不要在公开场合指责、批评他们,要安排适当的工作鼓舞他们前进的勇气,让他们有更多的机会参加集体活动,在活动中磨练意志的坚韧性、情绪的稳定性。

胆汁质和抑郁质的学生应该是教师特别关怀的对象。教师要使具有胆汁质特征的学生多得到工作与休息交替的机会,使具有抑郁质特征的学生在集体中获得友谊和生活乐趣。艾森克指出,内外向和情绪稳定性是人格的主要维度,特定的人格维度的结合与特定的行为类型相联系。情绪不稳定与外向维度相结合(胆汁质)可能会出现进攻、好斗的行为问题,情绪不稳定与内向维度相结合(抑郁质)可能会出现焦虑不安的人格问题。可见,情绪不稳定的学生应该是教师更多关注的对象。此外,教师还要重视学生气质的年龄特征。

三、气质对职业选择的意义

气质特征是职业选择的依据之一,某些气质特征为一个人从事某种工作提供了有利条件。一般地说,持久、细致的工作对粘液质和抑郁质的人较为合适,对多血质和胆汁质的人则不太适合。要求迅速灵活反应的工作对多血质和胆汁质的人较为合适,而粘液质和抑郁质的

---

① [苏]克鲁捷茨基著,赵璧如译:《心理学》,人民教育出版社 1984 年版,第 262—263 页。

人则较难适应。

在比较复杂的操作活动中,不同气质的人能够胜任不同的方面。在一项实验中,经过挑选的强型和弱型两组大学生(18—20岁)共47名被试。要求他们先后完成两项任务。第一项任务是根据指令尽快无误地划掉随机排列的字母表上的字母;第二项任务是每隔3秒钟向被试发出随机呈现的不同声音信号(音调分别为200赫兹、400赫兹、800赫兹和2000赫兹),要求被试用相应数字记录声音信号,成绩如表4-2。

表4-2　强型组和弱型组的大学生完成两种活动的成绩差异

被试	单位时间正确划掉字母的数量	记录声音信号中出现错误次数与呈现信号总数的比率
强型组	0.98	0.130
弱型组	1.62	0.241
t	2.05	2.38
P	$P < 0.05$	$P < 0.05$

实验结果表明,强型组和弱型组在完成不同活动中各有所长,强型组的被试在记录不同频率声音信号活动时成绩较好,弱型组的被试在划掉字母符号活动时成绩较好,两项差异均有统计意义。

由于各种气质特征之间可以起到互相补偿的作用,因此,在一般的实践活动中,某种气质类型对工作效率的影响并不显著。根据中国科学院心理学工作者对先进纺织女工的研究表明,一些看管多台纺织机床的女工属于粘液质,她们注意的稳定性补偿了她们从一台机床到另一台机床转移的困难;另一些纺织女工属活泼型,她们的注意转移容易和迅速补偿了注意容易分散的缺陷。

一些特殊的职业,如宇航员、运动员、雷达观测员等,对人的气质特征提出了特定的要求。从事这些职业的人必须经过气质特征的测定,进行严格的选择和培训,才能胜任这类活动。苏联宇宙航行员加加林在起飞前7分钟还能睡得很好,情绪稳定性是他成为宇航员的重要条件。艾森克特别指出,外向的人不能很好地担任"警戒"任务。根据他的看法,雷达管理员应该由内向的人来担任。

气质在实践活动中确实具有一定的作用,它是个性心理特征的一个方面。我们在考察人的实践活动和个性发展时必须关注气质这一因素。但是,人的行为并不决定于气质,而是由社会生活条件和教育影响下形成的理想、信念和态度所决定的。气质与理想、信念和态度相比,对行为的作用,毕竟只具有从属的意义。

第五章　气质的理论和气质的发展

第一节　气质的理论

一、《黄帝内经》中的气质理论

《黄帝内经》是战国秦汉间一部以医学为主的百科全书。包括《灵枢》、《素问》两部分。《黄帝内经》虽然没有直接提出"气质"一词，但其医学理论中融合着丰富的有关气质的论述。

《黄帝内经》认为，气质的产生有先天和后天的因素。其中对气质类型的划分不仅比盖伦早 300 余年，比巴甫洛夫早 2000 多年，而且比希波克拉底等人的划分更具体和详细，还能够"以外知内"，对于医疗、教育、管理等实践活动都有帮助，"古之善用针艾者，视人五态乃治之"[①]。

《灵枢·通天》篇根据人体阴阳之气的比例将人分为太阴之人、少阴之人、太阳之人、少阳之人和阴阳和平之人。"盖有太阴之人，少阴之人，太阳之人，少阳之人，阴阳和平之人。凡五人者，其态不同，其筋骨气血各不等。"[②]因为"凡五人者，其态不同"，所以称为"五态人"。再根据五行各属的五音（宫、商、角、徵、羽）将每种类型划分出一个主型和五个亚型，共分出 25 种类型。阴阳五态人和阴阳 25 种人的分类，不仅是观察的结果，也是我国古代哲学原理的发挥。这可以说是古代气质理论的高峰。

二、古希腊和罗马的气质说

（一）恩培多克勒的"四根"说

古希腊哲学家恩培多克勒（Empedokles，约公元前 495—公元前 435 年）提出"四根"说。他继承了伊奥尼亚学派关于宇宙本原的学说，把水、火、气综合在一起，另外加上第四种元素"土"，作为"万物之根"，即万物的本原。这四种元素本身不变，它们在万物中存在着，按不同比例互相混合而形成了各种事物。人体由四根构成，血液主要是火根，呼吸是空气根，液体部分是水根，固体部分是土根。"四根"配合得好，身心就会健康，并且决定有机体结构的特征。例如，演说家的舌的"四根"配合得最好，美术家的手的"四根"配合得最好。恩培多克勒认为，构成万物的"四根"是不变的，它们之所以能够结合和分离是由于元素之外的两种力量，即"爱"和"恨"。爱把四种元素结合为一体，恨将各种元素分开，使事物分解。宇宙万物就处在这种结合

[①]《黄帝内经》，《灵枢·通天》。
[②] 同上注。

和分解的不断变化之中。根据我国心理学家唐钺的研究,恩培多克勒的"四根"说中已经具有气质和神经类型学说的萌芽。[①]

(二)气质的体液说

古希腊著名医生希波克拉底(Hippocrates,公元前 460—公元前 377 年)将恩培多克勒的"四根"说发展成为"四液"说。他提出,人体内有四种体液:血液、黄疸汁、黑胆汁和粘液,血液出于心脏(相当于火根),黄疸汁生于肝脏(相当于空气根),黑胆汁生于胃部(相当于土根),粘液生于脑部(相当于水根)。他在《论人的本性》一书中提出,正是这四种体液"形成了人的性质",机体的状态就决定于这四种体液的比例。四种体液配合恰当,身体就健康,配合不当,身体便生病。希波克拉底还认为,各种体液是由冷、热、湿、干四种性质相匹配而产生的。血液是热与湿的配合,因此,多血质的人温而润,好似春天一般;粘液是冷与湿的配合,粘液质的人冷酷无情,好似冬天一样;黄疸汁是热与干的配合,胆汁质的人热而躁,好似夏季;黑胆汁是冷与干的配合,抑郁质的人冷而躁,好似秋天一样。他指出,胆汁太多使头脑过热,导致恐怖与恐惧;粘液太多使头脑过冷,导致忧虑与悲伤,等等。

罗马医生盖伦(C. Galen)从希波克拉底的体液说出发,将人体内的体液的混合"比例"(即希腊语"Κράση")用拉丁语命名为"temperamentum"。这是近代"气质"(temperament)概念的来源。他除了用生理和心理特性之外,还加进了人的道德品行,这些因素组成 13 种气质类型。后来,这种分类被简化为四种气质类型,即流行于今的多血质、胆汁质、粘液质和抑郁质。其中每一种气质类型的特点都是某种体液占优势的结果,并有特定的心理表现。盖伦的气质理论原来主要是用来说明病理的,后来经过他的学生的发挥逐步成为一种气质理论。

三、西方早期的气质理论

(一)康德和冯特的气质理论

德国哲学家康德(I. Kant)认为,在心理学上,气质首先可以划分为感情的气质和行动的气质,每一种气质又可与生命力的兴奋和松弛相联结而进一步分为四种单纯的气质:多血质、忧郁质、胆汁质和粘液质。

1. 多血质

多血质的人是开朗的。这类人对刺激的感受迅速而强烈,但并不深入,不太持久。他们无忧无虑,有良好的希望,对每一件事很快赋予很大的重要性,但可能会很快忘记它。他们真诚地许诺,但并不信守诺言。

2. 忧郁质

忧郁质的人是沉稳的。这类人对刺激的感受不太显著,但很深入。他们对与己有关的事物都赋予很大的重要性,并且把注意力放在事物的困难方面。他们深思熟虑,不轻易许诺。

---

① 唐钺著:《西方心理学史大纲》,北京大学出版社 1982 年版,第 8—9 页。

3. 胆汁质

胆汁质的人是热血的人。这种人类有暴烈的特征,发怒但并不记仇,行动迅猛但缺乏持久性;爱面子,喜欢讲排场;喜欢担任领导,却不想自己去具体执行。

4. 粘液质

粘液质的人是"冷血"的人。这类人不易冲动,具有完全正常的理性;不轻易地或迅速地被激动,而是缓慢地被激动,但持续的时间长,具有持久性;不大容易愤怒,在家庭里是一位和气的伴侣。

康德认为,在同一个人身上不存在复合的气质,每一种气质都是单纯的,如果一种气质掺入到另一种气质中去,那么,它们要么互相冲突,要么相互抵消。如图 5-1,A 和 B、C 和 D 相互冲突;A 和 C、B 和 D 相互抵消。康德认为,在同一个人身上,产生一种状态与另一种状态相更替,那么这便是心境,而并不是一种确定的气质。[①]

图 5-1 康德四气质关系图

德国心理学家冯特在其所著的《生理心理学纲要》一书中,以感情反应的强度和变化快慢为基础把气质划分为下面四种类型:(1)感情反应强而变化快的是胆汁质;(2)感情反应弱而变化快的是多血质;(3)感情反应强而变化慢的是忧郁质;(4)感情反应弱而变化慢的是粘液质。

(二)曼伊曼的气质理论

德国心理学家和教育学家、冯特的学生曼伊曼(E. Meumann)提出四条划分气质类型的标准:(1)情感愉快还是不愉快,(2)情感激动的难易,(3)情感的强度和持久性,(4)情感的主动性。根据这四条标准可将气质划分成 12 类:(1)多血质。多血质的人情感愉快,容易激动。(2)粘液质。粘液质的人情感愉快,不易激动。(3)胆汁质。胆汁质的人情感不愉快,容易激动。(4)抑郁质。抑郁质的人情感不愉快,不易激动。(5)欢愉质。欢愉质的人情感愉快,强度浅。(6)恬静质。恬静质的人情感愉快,强度深。(7)阴沉质。阴沉质的人情感不愉快,强度浅。(8)严肃质。严肃质的人情感不愉快,强度深。(9)欢乐质。欢乐质的人情感愉快、主动。(10)赏心质。赏心质的人情感愉快、被动。(11)愁思质。愁思质的人情感不愉快、主动。(12)沮丧质。沮丧质的人情感不愉快、被动。

四、西方现代的气质理论

随着社会的进步,科学的发展,现代心理学工作者提出了许多新的气质理论,主要的有下列几种:

(一)克雷奇默的类型论

德国精神病学家和心理学家克雷奇默曾攻读哲学,后去慕尼黑学医,在那里受到克雷佩

---

① 〔德〕康德著,邓晓芒译:《实用人类学》,重庆出版社 1987 年版,第 190—195 页。

林的影响。他在《体格和性格》(1921年)一书中,提出了体格类型学。

克雷奇默研究了许多精神病人,把患者的体格类型划分为矮胖型、瘦长型和强壮型等。

矮胖型(pyknic type)的人:健壮、矮胖、腿短、胸圆,具有外向、易动感情、有时高兴、有时垂头丧气、善交际、好活动等特点。

瘦长型(asthenic type)的人:体型瘦长、腿长、胸窄、孱弱,具有不善交际、孤僻、沉默、羞怯、固执等特点。

运动型(athletic type)的人[1]:肌肉结实、身体强壮,具有乐观、富有进取心等特点。

克雷奇默认为,体型与病人所患的精神病类型密切相关。矮胖型的人较多地出现狂躁抑郁症,瘦长型的人较多地出现精神分裂症,运动型的人较多地出现癫痫症(见表5-1)。

表5-1　精神病与体型

	例数	矮胖型	瘦长型	运动型	发育异常型	无特征
精神分裂症	5223	13.7%	50.3%	16.9%	10.5%	8.6%
躁郁症	1361	64.6%	19.2%	6.7%	1.1%	8.4%
癫痫	1505	5.5%	25.2%	28.6%	29.5%	11.2%

(资料来源:克雷奇默,1955年)

克雷奇默认为,精神病患者和正常人之间只有量的差别,没有质的不同。不同体型的正常人在气质上也带有精神病患者的某些特征。例如,瘦长型的人在气质上具有精神分裂症的特征,矮胖型的人在气质上具有躁郁症的特征,运动型的人在气质上具有癫痫的特征。据此,他将人的气质分为分裂气质、躁郁气质和黏着气质三种。它们同体型的关系以及各自的行为倾向见表5-2。

表5-2　体型、气质和行为倾向的关系

体型	气质	行为倾向
瘦长型	分裂气质	不善交际、沉静、孤僻、神经过敏
矮胖型	躁郁气质	善交际、活泼、乐观、感情丰富
运动员	黏着气质	固执、认真、理解迟钝、情绪爆发式

(资料来源:克雷奇默,1955年)

当时克雷奇默的这个分类法几乎被大多数人普遍接受,特别是为精神病科医生所接受。[2]但是,巴甫洛夫对此抱否定态度,他指出:"他想把地球上生存的全体人类都打进他自己的两种临床病型,……为什么要把几种占多数的、归根到底陷入了精神病院的病型认为是基本的类型呢?要知道绝大多数人是与精神病院毫无关系的。"[3]

(二) 谢尔顿的类型论

美国心理学家谢尔顿(W. H. Sheldon)是另一位生物学类型论的主要代表人物。他认为

---

① 运动型又称强壮型。

② 曾宪源等编译:《世界著名心理学家辞典》,黑龙江人民出版社1988年版,第124页。

③ [苏]巴甫洛夫著,吴生林等译:《巴甫洛夫选集》,科学出版社1955年版,第398页。

个性心理学(第四版)

遗传决定体型又决定心理特征。他和史蒂文斯(S. S. Stevens)合作提出一种气质类型分类法。他不仅认为人格与体型有关,而且进一步深入到形成体型的基本成分——胚叶(胚层)[1],创立了胚叶起源的类型理论。1940 年他与史蒂文斯合著《气质的差异》一书,1942 年出版。他的理论深受克雷奇默的影响。但与克雷奇默不同,他的研究是从正常人着手,测量他们的体型和气质,并且研究二者之间的关系,然后再扩展到违法少年和精神病患者的研究。这个研究说明,一定的体型的人具有一定的气质,并且容易产生一定的反应。

他首先拍摄了 4000 名正常男大学生的裸体照片,并且对人体的从头部到脚 17 个部位进行测量,然后按个体在胚胎发育中三个胚层何者占优势,把人的体型分为三种主要类型。即:(1)身体圆胖、消化器官特别发达的内胚叶(endomorphy)发育占优势的内胚叶型;(2)身体健壮、骨骼肌肉特别发达的中胚叶(wesomorphy)发育占优势的中胚叶型;(3)身体瘦长、神经系统、感觉器官特别发达的外胚叶(ectomorphy)发育占优势的外胚叶型(见图 5-2)。

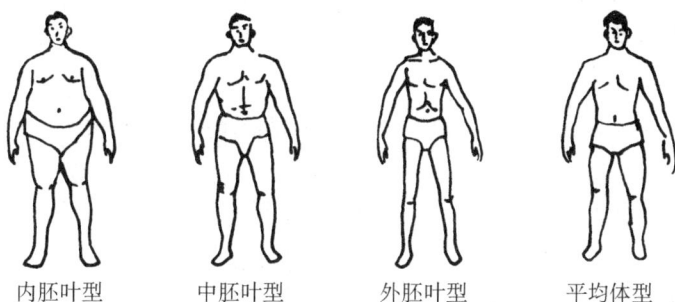

内胚叶型　　　中胚叶型　　　外胚叶型　　　平均体型

图 5-2　谢尔顿的气质体型示意图

谢尔顿认为,一个人的体型不易变动,同一个人不可能因为新陈代谢或营养的变化而先后被划分成两种不同的体型。他发现大多数的人不是"纯粹"的体型,而是混合体型。人的体型都是由三种基本成分(内胚叶型、中胚叶型和外胚叶型)混合而成。他用七等级量表来评定每一种基本成分,三个基本成分评定的结合,就是一个人的身体类型。三个基本成分的得分表示各种基本成分的近似强度(第一个数字表示内胚叶型的强度;第二个数字表示中胚叶型的强度;第三个数字表示外胚叶型的强度)。例如,7—1—1,表示这个人是极端的内胚叶型;4—4—4,表示平均型。在理论上,身体类型可以有 343 种(7×7×7 = 343),但实际上只得出 76 种,后扩展为 88 种。

谢尔顿在研究中提出了与三种体型密切相关的三种气质类型:内脏紧张型、身体紧张型和头脑紧张型。这三种气质类型和三种体型有高达 0.8 左右的正相关。体型和气质之间的相关,见表 5-3。

---

[1] 胚叶(胚层)指动物早期胚胎的细胞层,由胚层进一步发展成为一定的组织和器官。外胚层发展为皮肤和神经等,内胚层发展为内脏器官等,中胚层发展为肌肉和骨骼等。

表 5 - 3　身体类型和气质类型之间的相关

	内脏紧张型	身体紧张型	头脑紧张型
内胚叶型	0.79	− 0.29	− 0.32
中胚叶型	− 0.23	0.82	− 0.58
外胚叶型	− 0.41	− 0.53	0.83

（资料来源：谢尔顿等，1942 年）

谢尔顿用其所制定的人格特质表对 200 名大学生进行了评定，发现社交性等特质和内胚叶型高度相关，外向性等特质和中胚叶型高度相关，拘束和被动性等特质和外胚叶型高度相关。三种气质分别具有 30 种行为倾向。

内脏紧张型：
(1) 姿势和动作都很优雅。　　　　(2) 喜欢肉体享受。
(3) 反应迟钝。　　　　　　　　　(4) 喜欢隆重的仪式。
(5) 喜欢社交活动。　　　　　　　(6) 具有圆滑的个性，容易与他人交流感情。
(7) 能宽容别人。　　　　　　　　(8) 经常感到满足。
(9) 不容易被锻炼琢磨。　　　　　(10) 圆滑的感情疏通、外向。

身体紧张型：
(1) 姿势和动作紧张。　　　　　　(2) 喜欢冒险。
(3) 精力充沛。　　　　　　　　　(4) 喜爱运动。
(5) 喜欢探索。　　　　　　　　　(6) 大胆和直率。
(7) 勇敢和具有斗争性。　　　　　(8) 具有粗暴的攻击性。
(9) 声音缺乏抑制力。　　　　　　(10) 看起来比他的年龄要老些。

头脑紧张型：
(1) 姿势和动作具有强烈的抑制力。(2) 反应敏捷。
(3) 喜欢畏缩和保守的作风。　　　(4) 心情过分激烈和过分担心。
(5) 情感不外露，对情感有控制力。(6) 常常注意自己的眼睛和面部的表情。
(7) 对别人恐惧。　　　　　　　　(8) 社会活动性差。
(9) 不喜欢吵闹。　　　　　　　　(10) 态度和容貌都具有年轻的气质。

体型理论指出了身体特征和气质之间的相关，这对以后的研究具有启发作用和参考价值，但是它过分夸大了生物性因素和遗传的作用，忽视了社会环境对气质的作用。克雷奇默和谢尔顿的研究，在理论概念、方法论以及数据分析上的问题都受到不少学者的批评。克雷奇默还认为一切人都有精神病特征，这显然是不正确的。

（三）气质的激素说

气质激素说认为内分泌活动与气质类型有关，他们根据内分泌腺素的类型来阐明气质及其类型。

激素（hormone）一词来自希腊文 hormaein，有刺激的意思。但是，现代科学研究表明，激素的作用不限于兴奋,有些激素有明显的抑制作用,而且同一激素在不同条件下,可以表现为兴奋作用,也可以表现为抑制作用。激素是由内分泌细胞分泌的高效能化学物质,在血液中的浓度极微,但对生理和心理活动有重大影响。人体的主要内分泌腺有脑垂体、甲状腺、甲状旁腺、胸腺、胰岛、肾上腺和性腺等,下丘脑的某些神经细胞、肾脏和消化管黏膜上的某些特殊细胞也具有内分泌的功能。在解释气质的生理机制上影响最大的有两个学派:一是以巴甫洛夫为代表的气质的高级神经活动类型理论,另一个是以伯尔曼(L. Berman)等人为代表的气质的激素理论。

伯尔曼认为人的气质特点是由内分泌活动所决定的。他根据人的某种内分泌腺特别发达而把人划分为甲状腺型、脑垂体型、肾上腺型、副甲状腺型、胸腺型和性腺型。不同类型的人,有不同的气质特点,具体如下。

(1)甲状腺型。甲状腺分泌增多者精神饱满、不易疲劳、知觉敏锐、意志坚强、处事和观察迅速、容易动感情甚至感情迸发。甲状腺分泌减少者可能发生痴呆症。

(2)脑垂体型。脑垂体分泌增多者性情强硬、脑力发达、自制力强、喜欢思考、骨骼粗大、皮肤甚厚、早熟、生殖器发达。脑垂体分泌减少者身材矮小、脂肪多、肌肉萎弱、皮肤干燥、思维迟钝、行动懦弱、缺乏自制力。

(3)肾上腺型。肾上腺分泌增多者雄伟有力、精神健旺、皮肤深黑而干燥、毛发浓密、专横、好斗。分泌减少者体力衰弱、反应迟缓。

(4)副甲状腺型。副甲状腺分泌增多者安定、缺乏生活兴趣、肌肉无力。分泌减少者注意力不易集中、妄动、神经容易激动。

(5)胸腺型。胸腺位于胸腔内,幼年发育,青春期后停止生长,逐渐萎缩。如果成年胸腺不退化者,则单纯、幼稚、柔弱、不善于处理工作。

(6)性腺型。性腺分泌增多者常感不安、好色、具有攻击性。分泌减少者则性的特征不显现,易同性恋,进攻行为少,容易对文学、艺术、音乐感兴趣。

尤尔特(G. Ewald)亦有相似的看法,他认为内分泌对神经系统起促进或抑制作用,其中甲状腺、性腺和胸腺等起促进作用,副甲状腺等起抑制作用。促进作用占优势者为多血质,抑制作用占优势者为抑郁质。如果内分泌腺中有一两种发生变异,则气质也会发生变异。

现代科学研究表明,内分泌腺分泌的激素对气质确有影响。激素激活或抑制着人体的不同机能,激素过多或过少对个体的情绪和行为确有影响。肾上腺特别发达的人会表现出情绪容易激动的气质特征,甲状腺分泌过多的人会表现出感觉灵敏、意志力强的气质特征。生物化学测定也表明,人在恐惧时,肾上腺素分泌增加;人在发怒时,去甲肾上腺素分泌增加。日本心理学家诧摩武俊指出气质和内分泌腺等生理过程有非常密切的关系[①],但是,各个内分泌腺之间相互联系、相互制约,共同组成内分泌系统,不能简单地强调一两个内分泌腺体的作用,也不能孤立、片面地强调激素对气质的决定作用,因为神经系统直接或间接地控制着内分泌腺

---

① 〔日〕下中邦彦:《新版心理学事典》,平凡社 1981 年版,第 140 页。

的活动,控制着激素的合成和分泌。激素也影响着神经系统的功能。人体内有神经调节和体液调节两种调节机制,在中枢神经系统的主导作用下,通过这两种机制,影响着气质的活动。

(四) 气质的血型说

日本和西方的一些学者认为气质与人的血型有关,他们根据血型来阐述气质和气质类型。日本学者古川竹二根据血型把人的气质划分为 A 型、B 型、O 型和 AB 型四种。A型气质的人内向保守、多疑、焦虑、富感情、缺乏果断性、容易灰心丧气。B 型气质的人外向积极、善交际、感觉灵敏、轻诺言、寡信、好管闲事。O 型气质的人胆大、好胜、喜欢指挥别人、自信、意志坚强、积极进取。AB 型气质的人,兼有 A 型和 B 型的特征。日本血型人类学家能见正比古从事血型研究 30 余年,发表了 10 本有关血型研究的专著,内容极其广泛,几乎涉及一切社会生活领域,并且创建了 ABO 血型协会。能见正比古等指出:"不同血型的人具有不同的血型物质,即具有不同的材料物质。……由不同血型物质组成的人体,反映在气质上,甚至体质上都有不同的特性和差异也是理所当然的。……其机制究竟如何。但要回答这一问题却并非易事。"[①]"血型的真正含义指的是人体的体质和气质类型。"[②]"体质和气质是相关的,因为气质也是从体内产生的。只不过由于观察问题的角度不同,天赋的素质有时可称为体质有时也可称为气质罢了。所以可以更简洁地给血型作如下定义,血型就是所有生物的体质类型和气质类型。"[③]但是,许多学者认为,这种理论并没有多少科学的根据。

日本长崎大学长谷川芳典经过大量调查后指出,人的性格与血型无关。他采用 24 项通常被认为是各种不同血型人的典型的行为特征做研究,发现血型与行为特征相符合的人只有 10% 左右。他又对 811 人进行研究,发现他们的性格分类与血型有很大差异。邓格(Dungern)和费斯尔特(Hirsgfeld)等人对德国 77 个大学教授家庭的 384 人的血型进行研究,发现血型是按照孟德尔定律遗传的,血型对人格的作用无法确定,因为遗传只是可能性,由遗传性转变为现实性有赖于适当的环境。人格形成取决于许多因素,并不是由某一种因素单独决定。[④]

气质与血型的关系问题是一个有争议的问题,它们的关系究竟如何,有待进一步研究探明。

五、托马斯等人的气质理论

最有影响的气质研究是托马斯(A. Thomas)和切斯(S. Chess)从 1956 年起持续 30 年的气质追踪研究。西方有人认为,这是"世界上最过硬的心理学研究",也有人称"他们对气质进行了开创性的研究"。他们研究了 141 名儿童,从出生后几个月到成人。研究发现:新生儿在几周起就有明显的、持久的气质特征,不大容易改变,一直到成人。他们提出了气质的九个维

---

① 〔日〕能见正比古、能见俊贤著,俞家玲编译:《血型与人生》,知识出版社 1988 年版,第 5—6 页。
② 〔日〕能见正比古著,陶粟娴等译:《血型与性格》,北方文艺出版社 1988 年版,第 1 页。
③ 同上书,第 30 页。
④ 叶于模著:《心理学综论》,金文图书有限公司 1986 年版,第 216 页。

度:(1)活动水平,(2)节律性,(3)分心,(4)探究和退缩,(5)适应性,(6)注意广度和持久,(7)反应强度,(8)反应性阈限,(9)心境的性质。他们把大部分(65%)幼儿划分为三种类型:(1)"容易护理的",(2)"困难的",(3)"慢慢活跃起来的"。另外35%的婴儿则兼有3种或两种气质类型的特点。

1990年罗斯巴特(Rothbart)等人,在托马斯等人的研究基础上,又提出一种婴儿气质模型。并将托马斯等人的气质维度中的"分心"和"注意广度和持久性"合并为"注意广度和持久性",并增加了"易怒性"这一维度。

虽然托马斯和切斯的研究取得了公认丰富的成果,但有的学者仍然从科学严谨性的角度提出了一些中肯的批评。如有的学者认为该研究的数据来自父母的描述,主观性较强。应该说,通过父母访谈的方式获得的信息还是有一定的可靠性和价值的。[①]

布雷泽尔顿(T. B. Brazelton)把气质类型划分为三种:活泼型、安静型和一般型。这种划分与托马斯等人的看法相类似。

六、巴斯的气质理论

1970年代巴斯(A. H. Buss)发表了《气质理论和人格发展》,他根据人们参加各种类型活动的倾向性不同,提出气质的活动特性说。他把人的气质划分为四种类型:

1. 活动性的人

活动性的人倾向活动,总是抢先接受新的任务,精力充沛,不知疲倦。这类人婴儿期表现为手脚不停地活动,儿童期在教室里闲坐不住,成年时表现出有强烈的事业心。

2. 社交性的人

社交性的人倾向社交,渴望与他人建立亲密、友好的关系。婴儿期要求父母在他的身旁,对他爱抚,孤单时会大哭大闹;儿童期容易接受教育,容易受周围环境的影响;成年时与他人建立融洽的关系,和睦相处。

3. 情绪性的人

情绪性的人觉醒程度和反应强度都大。这类人在婴儿期经常哭闹,儿童期容易激动,成年时经常喜怒无常,难以合作相处。

4. 冲动性的人

冲动性的人易兴奋,缺乏控制能力。他们在婴儿期等不得成人喂饭、换尿布等;儿童期注意力容易分散,经常坐立不安;成年时行动带有冲动性。

巴斯和普洛明(R. Plomin)认为,虽然现在知道不少的个性特质,但属于气质的特质比较少。后来他们归纳为三种气质倾向:情绪性(emotionality)、活动性(activity)和交际性(sociability)。他们把三个词的第一个字母组成缩写词EAS,称这种气质为EAS模型。

他们认为这三种气质倾向,在很大程度上是遗传的(见表5-4)。

---

① 桑标主编:《当代儿童发展心理学》,上海教育出版社2003年版,第341—346页。

表5-4　4个研究的双生子平均相关系数

气质倾向	同卵双生子	异卵双生子
情绪性	0.63	0.12
活动性	0.62	-0.13
交际性	0.53	-0.03

(资料来源:Buss & Plomin,1984)

　　在气质中,人的反应活动的特性处于醒目的位置。用活动特性来区分人的气质,这是近年来西方心理学中出现的一种新动向。

七、气质调节理论

　　1980年代,斯特里劳在巴甫洛夫学说的基础上引进了活动理论,又吸收了唤醒与激活研究的成果,从整体活动来探讨气质问题。经过25年的实验研究,他提出了"气质调节理论"。斯特里劳认为,气质是生物进化的产物,但又受环境影响而发生变化。气质在人的整个心理活动中,在人与环境的关系中起着调节作用。他把气质定义为:主要由生物决定的、有机体相当稳定的特点,它由反应的外部特质表现出来,而这些特质构成了行为的能量水平和时间特点。他指出,气质可以在人的行为能量水平和行为时间特点中表现出来。

　　他认为,反应性和活动性是两个与行为能量水平有关的气质基本维度,它们对有机体起着重要的调节作用。1969年,斯特里劳等人提出了反应性的概念,即个体间对刺激的反应强度是不同的,而且这种差异具有相当的稳定性。他们依此区分出高反应性的人和低反应性的人。他们认为,高反应性的人感受性高,耐受性低;低反应性的人感受性低,耐受性高。活动性决定个体对一定刺激值的活动数量和范围,在个体间同样存在着相对稳定的差异。行为能量水平是人格维度的共同指标,可以用感受性和活动性解释人格维度的相互关系(见表5-5)。

表5-5　感受性和(或)活动性是人格维度的指标

维　度	高感受性和(或)低活动性	低感受性和(或)高活动性	研究者
神经系统类型	弱型	强型	巴甫洛夫等
内—外向	内向"刺激饥饿型"	外向"反应饥饿型"	艾森克等
唤醒性	高	低	格雷
对刺激强度的调节	提高	降低	彼特里
感觉寻求	感觉逃避	感觉寻求	曼克曼
反应性	高	低	斯特里劳

　　对于个体行为的时间特点,斯特里劳根据理论分析得出下列五种特质:(1)反应速度,(2)灵活性,(3)持续性,(4)反应节奏,(5)节律性。斯特里劳和戈林斯卡(Gorynska)还用调查表进一步分析出六种气质特质:(1)反应保持性,(2)反应再生性,(3)反应灵活性,(4)反应规律性,(5)反应速度,(6)反应节奏。然后,他们给予每种特质操作性定义,并根据操作定义挑选调查题目,编制了时间特质调查表。

个性心理学(第四版)

64

八、气质理论的新进展

(一) 大三模型和大五模型

1980 年代至 1990 年代,气质研究和特质的结构取向研究逐渐融合,不少研究者(Eysenck,Tellegen,Watson & Clark)认为人格的主要特质代表了气质的基本心理生物学维度。许多研究发现,人格的主要维度(特别是神经质和外向性),与情感体验中的个体差异紧密相关,而气质长期以来就被认为是情绪的基础,所以这方面研究的发展有可能将人格、心境(和情绪)以及气质这三方面的研究联系起来。

正如在特质研究领域,如今占据主要优势的模型是"大三"和"大五",在气质研究领域,大三模型和大五模型也是研究者们看好的结构模型。大三模型是基于神经质/负情绪(N/NE)、外倾性/正情绪(E/PE)和去抑制对强制(DvC)这三个因素而提出的。N/NE 反映的是个体在何种程度上将世界认识为有威胁的、不能预知的或使人痛苦的等方面的个体差异。高分者负性情绪高;低分者则表现为平静、情绪稳定以及自我满足。E/PE 涉及个体试图控制环境的意愿。高分者倾向于活跃地生活,表现为精力充沛、充满热情、快乐、充满信心,寻求并喜欢同他人交往,容易接受他人的意见;低分者往往是含蓄的、疏于社交的,报告较低的精力和信心水平。DvC 反映了在控制之下不受控制态度的行为趋势的个体差异。去抑制的个体表现为冲动、鲁莽,受即时的感情和感觉的支配;强抑制的个体仔细计划,避免冒险或危险,行为受到长期意义的更强的控制。

另外,不少研究者提出了类似的三因素模型,如负情绪性、正情绪性和强制(Tellegen);负气质、正气质和去抑制(Watson & Clark);自我实现(self-realization)、内在性(internality)和遵守规范(norm-favoring)(Gough)。

大五模型主要包括外倾性、宜人性、责任感或公正性、情绪稳定性——神经质和开放性(Goldberg,John 等)。这和性格中的大五模型基本一致,表明了气质和性格的密切联系。

在大三和大五模型之间,有研究者(McCrae & Costa,Watson & Clark)认为大三中的 N/NE 和 E/PE 分别等同于大五因素中的神经质和外倾性;大三中的 DvC 维度合并了(低)责任性和宜人性中的主要内容;开放性与大三没有高度的相关。但这些结果都还有待于进一步的研究。

在大三的应用研究方面,研究涉及其与心境、社会行为、生活方式、工作和成就等的相关。如有研究表明消极情感和 N/NE 有着高度的正相关,与 E/PE 没有显著的相关,与 DvC 有微弱的相关;积极情感和 E/PE 有着高度的正相关,与 N/NE 和 DvC 没有显著的相关。

(二) 气质的生物学模型

在气质的生物学模型方面,有研究者提出了一个来自人格异常的精神病学观点的心理生物学模型,他们认为构成人格异常各种行为表现基础的主要维度是焦虑/抑制、情绪不稳定、冲动/攻击,以及认知/知觉组织(Siever & Davis)。有研究者提出了大三的生物学基础的一个综合理论,认为正诱因刺激即奖励信号,激活了构成 E/PE 基础的神经生物系统;DvC 的生物学基础是中枢神经系 5 - 羟色胺(5 - HT)投射的功能性活动;蓝斑(LC)的去甲肾上腺素(NE)的活动调节着 N/NE 系统(Depue)。

(三)杰罗姆·凯根的气质理论

杰罗姆·凯根(Jerome Kagan)在儿童对不熟悉情境的行为抑制性—非抑制性方面的研究,为气质研究提供了新的思路和方法。

凯根认为,行为抑制性(behavioral inhibition)是一种以焦虑的形式表示对不熟悉事件的先天倾向的反应,他尤其强调儿童在面对不确定性时的最初反应。凯根指出,在面对一个不熟悉的人、物或情境的最初几分钟内,意识要对闯入的信息进行理解,这时个体处在"对不熟悉事物的不确定"的心理状态。个体以不同的方式对不确定状态作出反应。有的儿童非常安静,中断他们正在进行的活动,退回到熟悉人身边,或离开不熟悉事件发生的地点;与这类儿童具有相似智力和社会背景的另一些儿童的反应则大不相同,他们正在进行的活动没有明显改变,甚至可能会主动接近不熟悉事件。前者被称为行为抑制儿童,后者则被称为非抑制儿童。就是说,在面临陌生情境的最初一小段时间内(大约 10—15 分钟),儿童所表现出的敏感、退缩、胆怯的行为,即凯根所说的抑制行为,在类似情况下稳定地表现出这种特征的儿童即行为抑制型儿童;而在这段时间内儿童所表现出的不怕生、善于交往、主动接近陌生情境的行为,即非抑制行为,稳定地表现出这种行为的儿童即行为非抑制型儿童。

凯根的经典研究是对 117 名智力水平相当的中产阶级白人儿童进行的一项追踪研究。从他们出生后第 14 个月开始,分别于 14、20、32、48、66、89 个月时进行实验室观察和母亲访谈。实验室观察主要采用陌生情境法,让母亲和儿童一起来到实验室,观察儿童在面对陌生环境、陌生人、陌生物体时的行为反应。研究发现,在 14 个月时,样本中抑制和非抑制的儿童各占 20%—30%,但追踪研究的结果表明,14 个月时的抑制性指标与 4 岁时的抑制性指标之间呈相关低且不显著。14 个月时处于分布曲线的 20%—40%位置上的儿童与处于 60%—80%位置上的儿童,在 4 岁时的行为没有显著差异。但如果选择 14 个月时处在极端抑制和极端非抑制的儿童(大约占总样本的 15%—20%),则发现他们各自的行为特征一直稳定地保持到 7.5 岁。尽管总体样本缺乏稳定性,但是 1—2 岁时属于极端类型的儿童到 7.5 岁时的差异仍然非常显著。

在长期的追踪研究的基础上,凯根认为,在婴儿期气质结构中只有"抑制—非抑制"这一项内容可以一直保持到青春期以后而一直不变,只有"抑制—非抑制"才可能是划分气质类型的可靠标准。

凯根认为,抑制和非抑制特征是可遗传的。在儿童期,同卵双生子比异卵双生子在害羞、腼腆等行为上的表现更相似。此外,抑制型儿童的父母比非抑制型儿童的父母更内向。虽然遗传对婴儿反应性和抑制、非抑制特点有中等程度的相关,但遗传并不是百分之百地起作用,它总是与经验共同起作用。凯根等的研究发现,那些直到 3 岁还表现出极端抑制的儿童,在 3—6 岁时很容易受同伴的支配,而且在同伴交往中有可能退缩。抑制性的行为风格导致了儿童在其儿童后期和青少年早期较少有积极的同伴关系,他们缺乏社交技能,与同伴关系不良,孤独和抑郁等。

随着凯根对行为抑制性研究的深入,各国心理学家也对这一问题进行了探讨。到目前为止,对行为抑制性的研究已从生理的、家庭的、社会的和文化的各个角度展开,对儿童行为抑制性的研究也不断深入,心理学家开始关注儿童的行为抑制性及和同伴交往能力的关系。另外,行为抑制性与焦虑失调、行为问题之间的关系,行为抑制性—非抑制性的文化差异等,也引起了研究者的兴趣。

也有一些心理学工作者对凯根的理论,提出不同的意见,他们认为,仅用抑制—非抑制来说明似乎太简单了。

第二节　气质的发展

人生下来就表现出一定的气质特征。有些婴儿好动、喜吵闹,并且不害怕生人;有些婴儿安静、平稳,害怕生人。托马斯等人发现:"在许多儿童中这些气质的原始特征往往在随后的20多年发展阶段中保持着。"[1]一个人的气质特征和气质类型是相当稳定的,所谓江山易改、本性难移。一个急性子的人,不可能在短时期内变成一个慢性子的人;一个忧郁质的人,不可能在短时期内变成一个多血质的人。但是,气质又不是一成不变的,许多实验研究表明:气质在教育和生活条件影响下能够发生缓慢的变化。由此可见,气质既有相对稳定性的一面,又有可塑性的一面,是相对稳定性和可塑性的统一。

气质特征的稳定性和可塑性的问题实质上就是遗传因素和环境因素以及它们二者相互作用对气质发展的作用问题。气质同样是先天与后天的"合金"。遗传(heredity)和环境(environment)是影响气质发展的两大因素,气质是遗传因素和环境因素相互作用的结果。

北京师范大学林崇德的一项研究表明:遗传因素对儿童气质的影响是很大的,但气质并不等同于遗传本身;遗传对儿童气质的影响随着儿童年龄的增长而递减,环境因素(包括教育)对遗传因素具有改造功能,并对儿童气质的变化起着决定性的作用。[2]

一、遗传因素对气质发展的影响

许多研究都表明了遗传因素在气质发展中的重要性。普汶指出,遗传因素在个人的气质发展中起着重要的作用。

前面讲过,气质结构中可分出两种基本成分:情绪性和一般活动性。朗德奎斯特(Rundquist)在选择交配法的研究中,曾发现不同种的鼠在活动水平上有很大差别。霍尔(C. S. Hall)的研究表明,不同种的鼠在陌生的情境中,在情绪方面亦大有差别。斯科特(Scott)和查尔斯(Charles)用三种不同的猎狗进行研究,发现它们生下来就有气质差异,如果以同样的方式养大,长大后三者的气质差异更大。

美国纽约纵向研究所的一项追踪研究说明了遗传因素对气质的作用。他们追踪研究了231名儿童,从婴儿期直至青春期。研究表明,儿童在活动水平、生理机能(饥饿、睡眠和大小便等)的规律性,接触陌生人和新环境的敏捷程度,对日常变化的适应性,对噪声、光和其他感

---

① [美]希尔加德等著,周先庚等译:《心理学导论》(下册),北京大学出版社1987年版,第605页。
② 林崇德:《遗传与环境在儿童性格发展上的作用》,《北京师范大学学报》(社会科学版),1982年第1期。

觉刺激的敏感性,心境倾向(快乐或不快乐),反应的强度,注意力稳定性等特征上,几乎生下来就表现出很大的差异,并且随着年龄增长倾向于继续保持这些出生时的特征。他们认为:"一个人的气质,或者说基本行为方式,看来是与生俱来的。"但是,他们也观察到环境因素对气质的作用,因为许多儿童长大后行为方式也有一定的变化。

许多学者研究了遗传因素和内外向的关系。如卡特尔和艾森克等对双生子的气质的研究表明,遗传因素与个体的内外向相关。墨森(P. H. Mussen)等人指出:"从婴儿到青少年的任何一个时候,许多气质特征,包括主动性、注意力、对任务的坚持性、激动、情绪性、社会交往和冲动,同卵双生子之间的相似程度大大超过异卵双生子。"[①]"对婴儿的研究显示了同卵双生子对陌生人的反应(包括微笑、戏耍、拥抱和害怕的表情)比异卵双生子更相似。同卵双生婴儿在发脾气的次数、对注意的要求和啼哭数量方面,也比较相似。"[②]

高级神经活动类型特性通过遗传基因从亲代传递给子代,所以,血缘关系相同或相近的人与无血缘关系或血缘关系疏远的人相比,无论是在高级神经活动类型特征或气质特征方面,都要接近得多。

普洛明等总结了三个方面的研究,在几个研究中,除自慰能力外同卵双生子之间的相关都明显地高于异卵双生子之间的相关(同卵双生子为0.71,异卵双生子为0.69)(见表5-6)。

表 5-6 双生子的气质遗传

研究者	方　　法	6 个月数据	2 年数据
马斯尼和多兰(1975)	实验者在游乐场所进行情绪评定		0.66∶0.30*
马斯尼等(1981)	对父母进行访谈:		
	伤害情绪		0.39∶0.13
	发脾气的频率	0.39∶0.26	0.41∶0.15
	易发怒	0.45∶0.29	0.46∶0.28
	哭的情况	0.62∶0.51	0.59∶0.39
戈德史密斯和坎普斯(1982)	父母评定:		
	害怕		0.66∶0.46
	对忧伤的限制		0.77∶0.25
	自慰能力		0.71∶0.69

*前一个数据是同卵双生子的,后一个数据是异卵双生子的。

二、环境因素对气质发展的影响

在气质的培养和改变中,可以清楚地看到环境因素和教育的作用。

巴甫洛夫在实验室中饲养了8只同时出生的小狗。这些狗出生后,4只关在笼子里,另4

① [美]墨森等著,缪小春等译:《儿童发展和个性》,上海教育出版社1990年版,第56页。
② 同上书,第55—56页。

只则在自由条件下长大。两年后,研究人员发现,关在笼子里长大的 4 只小狗没有一只是强型的,它们对外界刺激表现出明显的被动、防御的特点。苏联心理学家富尔顿纳多夫调查了一个中学的女学生瓦莉娅。瓦莉娅年幼时,胆怯、孤僻、害羞,经常烦恼、伤心,甚至哭泣。但是,在学校的教育、引导下,她积极地参加社会活动,并且担任一些领导工作。经过长期的教育,她养成了主动、独立、不怕困难的特点,并且还克服了孤僻、胆怯等带有抑郁质的特点。

刘明和王顺兴等研究了 12 种社会因素对儿童青少年气质发展的影响。[①] 这 12 种社会因素是:性别、城乡、父亲职业、母亲职业、父亲文化程度、母亲文化程度、是否独生子女、家庭管教情况、是否三好学生、是否学生干部、受奖惩情况和学业成绩。研究表明,儿童青少年的气质类型显著地受社会环境影响,但是,社会变量对儿童青少年的气质的影响又都是有限的。某一种具体的社会变量,仅显著影响某种或某几种气质类型的变化,而对另一些气质类型的影响则不显著。有些气质类型较少受社会变量的影响而发生改变(如多血抑郁质、粘液质、胆汁粘液质、多血粘液质),有些气质类型比较容易受社会变量的制约而发生变化(如胆汁多血质、抑郁多血质)。他们将前者称为“与社会变量相关的较稳定的气质类型”,后者称为“与社会变量相关的易变的气质类型”。

三、气质发展的年龄趋势

无论是同卵双生子,还是异卵同性双生子,或异卵异性双生子,遗传因素对气质的影响随着年龄的增长而减小,环境因素对气质的影响则随着年龄的增长而增大。气质随年龄而改变还表现在气质的年龄特征上,即在一定的年龄阶段,个体在气质上具有一般的、典型的和本质的特征。保加利亚皮罗夫等人的研究表明,在 5—7 岁这一年龄阶段的儿童中,神经活动兴奋型多见于 5 岁的儿童。随着年龄增长,神经活动的平衡型人数增加,兴奋型的人数下降,但至青春期(13—15 岁的男孩、11—13 岁的女孩)兴奋型的人数又重新增多。青春期结束,兴奋型人数再次下降。兴奋型随年龄发展,似乎出现一个“U”型的变化趋势。

一般地说,人们在少年期由于兴奋过程强,抑制过程弱,在活动中表现为热情、积极、好动、敏捷;壮年期由于兴奋过程和抑制过程趋向平衡,在活动中表现为活泼、坚毅、深刻、机智;老年期由于兴奋过程弱和抑制过程强,在活动中表现为自信、多疑、沉着、迟缓、安静。

杨丽珠等采用斯特里劳实验室弗里登斯伯格制定的幼儿园儿童反应评定量表(RRS₁)对 560 名幼儿的气质进行研究。结果发现,幼儿气质的反应性,如专注性、耐挫性、主动性、对人的适应性、进取性、对情境的适应性等均显示出随年龄增长而发展的趋势,并表现出年龄组差异和个体差异;幼儿气质发展的速度到 4 岁后渐趋平稳,显示出稳定性;3—4 岁是幼儿气质发展的关键期;幼儿气质主要受个体遗传因素和生理成熟的影响,环境和教育也能制约幼儿气质的改变。[②]

刘明等研究了气质发展变化的年龄趋势。[③] 该项研究表明:随着年龄增长,儿童青少年的

① 朱智贤主编:《中国儿童青少年心理发展与教育》,中国卓越出版公司 1990 年版,第 386—387 页。

② 杨丽珠、刘雯:《幼儿气质发展初探》,《心理科学》,1994 年第 6 期。

③ 朱智贤主编:《中国儿童青少年心理发展与教育》,中国卓越出版公司 1990 年版,第 378—382 页。

气质类型亦发生变化。但各种气质类型的变化是不同的。其中,胆汁质可以认为是对年龄变量比较敏感的气质类型,抑郁质可以认为是对年龄变量十分迟钝的气质类型。该项研究还表明:各种气质类型的具体变化情况也是不同的。他们对各年级四种较典型的气质类型得分(平均分)进行比较,粘液质问题的得分从小学三年级到五年级到初中二年级逐渐减少,初中二年级得分最低,以后又逐渐回升,到大学阶段得分最高。多血质问题的得分,小学三年级最低,以后显著上升,初中二年级得分最高,以后又逐渐下降。胆汁质问题的得分,小学三年级和五年级较高,随年龄增长,其得分有下降趋势,高中二年级和大学阶段,其得分显著低于小学五年级和三年级。抑郁质问题的得分,则普遍较低,其中小学三年级较高,大学阶段得分最低(见图5-3)。

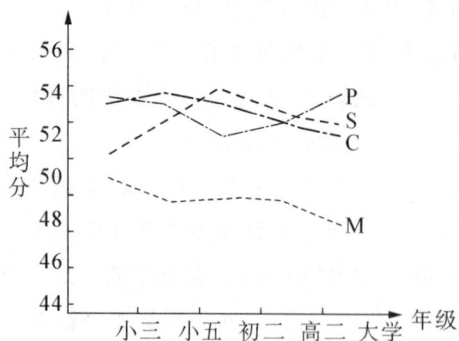

图5-3 各年级儿童青少年四种
气质类型平均分

C表示胆汁质的平均分,S表示多血质的平均分,
P表示粘液质的平均分,M表示抑郁质的平均分

当代心理学工作者一般认为:气质随年龄增长而缓慢地变化,我们应该研究各个年龄阶段的气质特点,以便更好地因材施教和选拔录用。

第六章 气质的测量

由于气质的复杂性,有时个体的行为表现会"掩盖"真实的气质特征。因此,对气质的测量应该综合运用观察、实验、测验、个案研究等方法,多方面收集资料,然后从中综合概括出一个人的气质。

在现代测量理论和统计技术的影响下,大多数研究气质的心理学家超越了类型论的框框,而以气质特质(temperamental trait)作为测量与研究的主要对象。他们认为,人们具有许多共同的特质,人与人之间在气质特质上存在着量的差别,测量个体各种气质特质所具有的量是研究气质的有效方法。

第一节 观 察 法

观察法是研究人的气质的基本方法。人格心理学家奥尔波特曾把观察法作为研究人格的核心方法。观察法是指在自然条件下或预先设置的情境中对人的行为进行观察记录,而后进行分析研究以便获得心理变化发展的规律。张述祖、沈德立教授指出:"所有科学最基本的方法归根到底来说是观察……科学上的最后根据就是来自观察到的事实,谓之论据(data)"。[1]
观察法的优点是:目的明确、深入细致、长期系统、应用方便。由于对被观察者进行直接了解,因此能收集到第一手的资料,获得的资料比较真实。但是,也有不足之处,因为观察者处于被动的地位,只能消极地等待被观察者的行为表现,因此可能是一种比较缓慢的过程。

在观察时可以利用各种仪器,如录音、录像、电影等等。有时为了不使被试者受影响,在观察时可以应用单向透明玻璃等等。

观察要有目的、有计划地进行,而且要反复进行,才能得到规律性的资料,达到观察的目的。由于气质的复杂性,一般对个体气质的观察要求长期进行,这样对气质的观察才能精确,论据才愈有力,所得到规律的科学性就越高。

具有典型气质类型的人,其气质特点在日常生活中比较容易观察出来;用观察法确定气质类型不太典型或混合型的人的气质类型就相当困难了,需要更多的时间观察个体在不同情况下的行为表现,才能把一个人的偶然的表现和稳定的气质特征区分开。

为了便于观察,有的研究人员提出了对四种典型气质类型的观察指标。例如,对多血质类型的人的观察指标是:(1)内心的体验一般会在面部表情和眼神中明显地表现出来。(2)是学

---

[1] 张述祖、沈德立:《基础心理学》,教育科学出版社出版 1987 年版,第 19—20 页。

校一切活动的积极参与者,但表现散漫,有始无终。(3)学习新功课容易产生兴趣,但也会很快厌烦,觉得枯燥无味。(4)学习疲倦时只要稍微休息一下就会立刻焕发精神重新投入学习。(5)理解问题总比别人快,但学习常会见异思迁,注意力不容易集中。(6)希望做难度大、内容复杂的作业,但不够耐心细致,总希望尽快地做完老师布置的作业。(7)容易产生骄傲情绪,觉得自己比别人要机智和灵敏。(8)容易激动,但情绪表现不强烈。(9)情绪变化迅速,遇到稍不如意的事就情绪低落。(10)善于交际,待人亲切,容易交上朋友,但友谊常不巩固,没有知心好友。[1]

第二节 实 验 法

实验法是指人为地、有目的地控制和改变某种条件,使被试产生一定的心理活动,从而进行分析研究。在研究气质时,一般采用自然实验法。即一方面利用自然情境,以便减少被试所产生的紧张情绪,而处于自然状态,因此比较切合实际;另一方面可以采用实验手段来验证和补充。

气质特征与神经过程的基本特性有关,因此,通过实验了解神经过程的基本特性(强度、灵活性、平衡性等)有助于了解人的气质特征和气质类型。巴甫洛夫学派对动物高级神经活动类型和特性的测定,已经有了一套比较严格的标准和具体的方法,并且不断地修正和完善。捷普洛夫和涅贝利岑对人类高级神经活动特性的研究作出了贡献。

感受性、耐受性、速度与灵活性、可塑与稳定性、不随意反应性、内向与外向、情绪兴奋性、情绪和行为特征被认为是构成气质类型的心理特性。通过实验测定这些心理特性有助于了解人的气质特征和气质类型。国外重视测量人的情绪反应。《简明不列颠百科全书》写道:"现代研究气质的方法是:在标准化的紧张情况下测量人的情绪反应,并对测量结果进行统计分析。"[2]

例如,可以通过实验来测定个体高级神经活动的强度。杨博民等用敲击和选择反应时来确定个体的高级神经活动的强度特性。[3] 被试手持金属棒连续迅速地轮换敲击两块金属板。记录被试每分钟敲击金属板的次数,并比较被试在开始时和结束时敲击速度的变化。在选择反应时的实验中要求被试对不同刺激作出不同反应,记录每次的反应时,并且比较实验过程中反应时的变化。完成作业的效率作为测定高级神经活动强度的指标。该项研究表明,被试55人中,测定结果与教练员平时观察相符合的达到75%,并且与运动的成绩相关,强型的比弱型的成绩好。

也有学者通过对儿童的言语活动特性的实验研究来确定个体的神经过程的特点和气质类型。他用言语电波描记法测定儿童言语的反应时、强度和意义内容。实验时,要被试大声朗读普希金的《上尉的女儿》中的三句诗。用言语电波描记器记录他们朗读的时间,分析每一个词的发音长度、间隔和发音强度。结果见表 6-1。

---

① 陈仙梅、杨心德著:《性格心理学》,湖南人民出版社 1988 年版,第 137—138 页。
② 《简明不列颠百科全书》第 6 卷,中国大百科全书出版社 1986 年版,第 604 页。
③ 杨博民等:《一些个性特征的测定和它们与某些运动成绩的关系》,《体育科学》,1982 年第 3 期。

表 6-1　言语活动特性和气质类型

姓名	年龄(岁)	时间(秒)	间隔(秒)	发音时间(秒)	强度(分贝)	特点	类型
Лариса, Н.	11	9.7	2.19	7.51	57.3—77	强、平衡、快	多血质
Сережа, Н.	10	11.83	3.39	8.44	53—80	强、兴奋高、急	胆汁质
Вася, С.	9	15.96	8.53	7.43	52.8—73	强、平衡、慢	粘液质
Валя, И.	14	26.95	17.56	9.39	51.2—66	弱、不平衡、慢	抑郁质

第三节　问　卷　法

一、瑟斯顿气质量表

瑟斯顿(L. L. Thurstone)等人在 1953 年对吉尔福特的几种人格测量进行因素分析,得出七种气质因素。然后,他收集正常人、适应不良者和精神病人的行为资料,以谐度分析法(即每一项目与全量表的相关)抽取出 140 题,构成气质问卷。每一个气质因素有 20 个测题,被试用"是"、"否"、"?"三选一的方式来回答。该问卷用百分等级来说明被试的测验分数,测验时间约 30 分钟。这个问卷在我国已有修订本。据修订者的研究,该量表效度很高。

瑟斯顿气质量表(Thustone Temperament Schedule)是最早建立在因素分析基础上的多变量气质量表。虽然该量表中七种因素不是垂直的,但各因素之间的相关很低。当时报告的分半信度为 0.48—0.77。

瑟斯顿气质量表中的七种因素是:(1)因素 A——活动性,(2)因素 V——健壮性,(3)因素 D——支配性,(4)因素 E——稳定性,(5)因素 S——社会性,(6)因素 R——深思性,(7)因素 I——冲动性。

瑟斯顿气质量表题目举例:

2. 你通常都是工作迅速而且精力充沛吗?(活动性)

7. 你爱体育活动吗?(健壮性)

16. 开会时,你喜欢做主席吗?(支配性)

18. 你能在嘈杂的房间里轻松地休息吗?(稳定性)

21. 你常常称赞和鼓励你的朋友吗?(社会性)

26. 你常因专心思考某一问题,以致忽略其他的事情吗?(深思性)

65. 你喜欢有竞争性的工作吗?(冲动性)

二、吉尔福特—齐默尔曼气质调查表

在瑟斯顿的分析之后,吉尔福特(J. P. Guilford)等人对自己的材料进行因素分析,1956 年发表吉尔福特—齐默尔曼气质调查表(Guilford — Zimmerman Temperament Survey)。该量表共测量 10 种特质,每种特质有 30 题,整个调查表共有 300 题。

该量表中的 10 种特质是:(1)因素 G——一般活动性,(2)因素 R——约束性,(3)因素 A——优势性,(4)因素 S——社会性,(5)因素 E——情绪稳定性,(6)因素 O——客观性,(7)因素 F——友好性,(8)因素 T——思想性,(9)因素 P——人际关系,(10)因素 M——男性化。

吉尔福特—齐默尔曼气质调查表题目举例:

你经常情绪低落:

是　?　否

你总是满腔热情地开始实施新的计划:

是　?　否

你受人奚落已经不止一次了:

是　?　否

三、五态性格测验量表

我国中医研究院薛崇成等根据中医的气质理论,编制了测量气质的五态性格测验量表。该量表包括五个分量表,共 103 题(包括测谎题),每题负荷一个因素(见表 6-2)。

表 6-2　分量表及题数

分量表名称	题目数	分量表名称	题目数
太　阳	20	少　阴	21
少　阳	22	太　阴	22
阴阳和平	10	(测　谎)	8

在量表制定过程中,他们先后四次取样本 15000 余份,实际用来测定常模的样本 11351 份。取样时,考虑了区域、性别(男 6375 人、女 4976 人)、年龄(18—60 岁)、受教育程度和职业。

被试只能回答"是"或"否",答"是"记 1 分,答"否"不记分。施测后,计算各个分量表的总分(原始分),再将其换成 T 分数,并制成剖面图。

薛崇成教授指出:"全体总分常模及各地区都以少阴得分最高,太阴最低。谨慎、细心、稳健、有节制等,是我们中华民族的主要性格,得分反映了实际情况;优柔寡断、悲观失望、孤独、内怀疑忌不是我们民族的主要性格,得分最低,反映的也是实际情况。"(薛崇成、杨秋莉,1988)该量表是我国学者自己编制的,而且和医学实际紧密结合,为医疗事业作出了贡献。

四、EAS 气质问卷

巴斯(A. H. Buss)和普洛明(R. Plomin)1984 年编制了适合成年人的 EAS 气质问卷。按五级记分,他们把情绪性划分为三个部分:悲伤、恐惧和生气。把每一个亚结构得分加起来,可以得到五个分数(活动性、交际性、悲伤、恐惧和生气)。全问卷 20 题。测试时,被试在下列选项中进行选择:(1)根本不像我;(2)有些不像我;(3)既像我又不像我;(4)有些像我;(5)非常像。

> EAS气质问题举例:
>
> 1. 我喜欢跟人打交道。(交际性)
>
> 7. 我喜欢总是忙忙碌碌。(活动性)
>
> 9. 我经常有挫折感。(悲伤)
>
> 13. 许多事情让我心烦。(生气)
>
> 19. 比起同龄人来,我很少害怕。(恐惧)

五、斯特里劳气质调查表[①]

斯特里劳根据巴甫洛夫学派关于神经过程基本特性的理论编制了斯特里劳气质调查表(简称 STI)。他在该研究的初期,对每个神经过程的特性(兴奋过程的强度、抑制过程的强度、神经过程的灵活性)各选用了 50 个问题,全部问卷共 150 题,后来删除了 10 余个题目,剩下 134 题。其中兴奋强度有 44 题,抑制强度有 44 题,神经过程灵活性有 46 题。神经过程的平衡性没有单独项目。被试根据自己的情况回答:"是"、"?"、"否",然后统计得分。该调查表在国际上广泛应用,已被译成中文、英文、俄文、德文、法文、西班牙文等。

> 斯特里劳气质调查表项目举例:
>
> 3. 短时间的休息就能消除你的工作疲劳吗?(兴奋过程强度)
>
> 5. 讨论时,你能控制无理的、情绪性的争论吗?(抑制过程强度)
>
> 11. 你能够十分容易恢复一项停止了几周或几个月的工作吗?(神经过程灵活性)
>
> 51. 噪声会干扰你的工作吗?(兴奋过程强度)
>
> 64. 你转换工作容易吗?(神经过程灵活性)
>
> 90. 如果某人工作很慢,你能适应他吗?(抑制过程强度)

斯特里劳等人还编制了幼儿园儿童反应评定量表(RRS₁)、小学生反应评定量表(RRS₂)、中学生反应评定量表(RRS₃)和时间特质调查表(SSI)。

六、陈会昌的气质调查表

陈会昌等人根据四种气质类型编制了气质调查表,每种气质类型 15 题,共 60 题。测验方式是自陈式,计分采用数字等级制。记分时,很符合自己情况的记 2 分;比较符合的记 1 分;介于符合不符合之间的记 0 分;比较不符合的记负 1 分;完全不符合的记负 2 分。根据得分确定气质类型。该调查表简便易行,信度和效度均较高。

---

① Strelau, J. (1983). *Temperament Personality Activity*. London: Academic Press.

气质调查表举例：

1. 做事力求稳妥，不做无把握的事。

2. 遇到可气的事就怒不可遏，想把心里话全说出来才痛快。

3. 宁肯一个人干事，不愿很多人在一起。

4. 到一个新环境很快就能适应。

······

21. 对学习、工作、事业怀有很高的热情。

22. 能够长时间做枯燥、单调的工作。

23. 符合兴趣的事情，干起来劲头十足，否则就不想干。

24. 一点小事就能引起情绪波动。

······

45. 认为墨守成规比冒风险强些。

46. 能够同时注意几件事物。

47. 当我烦闷的时候，别人很难使我高兴起来。

48. 爱看情节起伏跌宕，激动人心的小说。

······

57. 喜欢有条理而不甚麻烦的工作。

58. 兴奋的事常常使我失眠。

59. 老师讲新概念，常常听不懂，但是弄懂以后就很难忘记。

60. 假如工作枯燥无味，马上就会情绪低落。

七、安菲莫夫检查表

安菲莫夫（Анфимов）检查表由大量的俄文字母组成。在测试时，被试在表格上从左向右一行行看下去，凡看到规定的字母，如 H，便把它划去。第一个测试 5 分钟结束，休息 1 分钟，再进行第二个 5 分钟的测试。后 5 分钟测试时，增加一个条件，除了把"H"划掉外，凡碰到"ИН"在一起时，"H"不划掉。

研究者根据被试的划试结果分析其神经过程特性和神经类型。

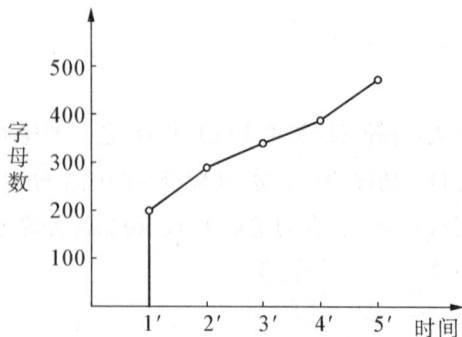

图 6-1　强、平衡、灵活型的曲线

（1）从划去的总字母数，可以反映被试的神经过程的强度。划去 1400 个字母以上者为强型，1200—1400 个为中等强度，1200 个字母以下者为较弱型。

（2）由 5 分钟所划字母的曲线形式可分析被试的神经活动类型。例如，曲线一直上升的，被试可能是强、平衡、灵活型（图 6-1）。

（3）由错误的多少分析被试的分化抑制能力。凡错（漏）字母在 5 个以上者为平衡性差；凡错(漏)划字母在 3—5 个者为中等平衡性;凡错(漏)在 3 个以下者为平衡性好。

安菲莫夫检查表举例:

Е И С Х Н О С Н А Г С Х В И С Г П С С П Д М Н С И С Ф Е В С А Ш О Н Н Н
Г Х О С Н С С Н И С ф Е И Е О А П С О С Е Н Н Н С М Х О П С И С Н З Н А
Г ф Ш Н И С И Х Н С О Н и ф А О С И О Н С И Х Ш И А Х М Х И С Н И Г С
С К Н И И Н О З К С ф М И Н С Е П Х М З К З С Н И С К П А И С З Е К П Я
Д Ш С О Р Ш Д С Н З К А О А И Н К С ф О П И С Е ф Х С Д У С П Р К С Н Ш

八、罗萨诺夫的气质问卷

罗萨诺夫根据涅贝利岑的观点,进一步分离出气质结构的八个方面:(1)对象活力性,(2)社会活动动力性,(3)可塑性,(4)社会可塑性,(5)速度,(6)社会速度,(7)激情,(8)社会激情。

全问卷共计 105 题,其中每个方面 12 题,加上测谎题 9 题。

测试时,研究者要求被试根据头脑中出现的第一个真实的答案回答,回答要快而精确。如果符合实际情况的,在"是"上划"＋"或打个"√";不符合实际情况的,在"否"上划"＋"或打"√"。

罗萨诺夫指出,专家评价与自我评价有高相关(0.6—0.8),因而可以认为此精心设计的问卷有高效度。

罗萨诺夫气质问卷题目举例:

1. 您是一个好动的人吗?(速度、肯定题)

10. 谈话者急速的言语会刺激您吗?(社会速度、否定题)

18. 在谈话时您的思维是否经常从一个话题跳到另一个话题?(社会可塑性、肯定题)

41. 当您的亲近人指出您的缺点时,您容易感到委屈吗?(社会激情、肯定题)

58. 您一般感到自己有过剩的力量,并且想从事一些有难度的事情吗?(对象动力性、肯定题)

第四篇

性　格

第七章　性格概述

第一节　性格的概念

一、性格的含义

性格一词直接来自日语,为日译英语 character 的译名。它的希腊文原意为雕刻,后转意为印刻、标记、特性,广义指人或事物互相区别的特性。

我国心理学把性格理解为一个人在现实的稳定态度和习惯化了的行为方式中所表现出来的个性心理特征。诚实或虚伪、勇敢或怯懦、谦虚或骄傲等都被认为是性格特征,性格就是一个人的许多性格特征所组成的统一体。

性格特征表现在人对现实的态度和行为方式中。人对现实的态度和与之相应的行为方式的独特结合,就构成了一个人区别于他人的独特的性格。一般地说,人对现实稳定的态度和人的习惯化了的行为方式是统一的。人对现实稳定的态度决定着他的行为方式,而人的习惯化了的行为方式又体现了他对现实的态度。

性格是在实践活动中,在人与客观世界相互作用的过程中形成和发展起来的。客观事物的各种影响通过主体的认识、情感和意志活动在个体的反映机构中保存下来,固定下来,构成一定的态度体系,并以一定的形式表现在个体的行为之中,构成个体所特有的行为方式。人的性格并不是一朝一夕形成的,而一经形成就比较稳定,并且贯串在他的全部行动之中。人的性格在类似的情境中,甚至在不同的情境中都会表现出来。因此,个体一时性的偶然表现不能认为是他的性格特征,只有经常性、习惯性的表现才能认为是他的性格特征。例如,一个人经常表现得很勇敢,偶尔地表现出怯懦,那么不能认为怯懦是他的性格特征,他的性格特征是勇敢。又如,一个人在某种特殊的情境下,一反机敏的常态,表现为呆板,那么不能认为呆板是他的性格特征,他的性格特征是机敏。性格是稳定的,但又不是一成不变的,性格是在主体与客体的交互作用过程中形成的,同时又在主体与客体的交互作用过程中发生缓慢的变化。

性格是具有核心意义的个性心理特征,它最能表征一个人的个性差异。我们平时所讲的个性,主要指一个人的性格。文学家总是抓住一个人最本质的性格特征作为典型加以描绘,在读者面前展示出非常生动鲜明、有血有肉、活灵活现的人物,使读者感到这是一个栩栩如生的现实人物。罗贯中笔下的刘、关、张,鲁迅笔下的阿 Q,莎士比亚笔下的哈姆雷特,都是作者抓住人物的性格特征加以形象化而塑造出的典型人物。

二、性格研究的发展

我国学者对性格问题的关注,可以追溯到古代,我国古籍如《四书》、《五经》、《左传》、《史记》等都有关于性格问题的论述。两千多年前孔子把人的性格划分为"中行"、"狂者"和"狷者"三种类型。"狂者"进取,敢作敢为;"狷者"拘谨,什么事都不大肯干;"中行"介乎二者之间,是所谓"依中庸而行"的人,相当于中间型。孔子认为,中行性格最好,既不过分进取,也不过分拘谨。[①]

春秋战国时代百家争鸣的一个重要方面就是关于性善性恶之争。孟子提出性善说,荀子提出性恶说,告子提出性无善无不善说等。关于后天生活环境对性格的影响,有"江山易改,秉性难移"的不变观点和"近朱者赤,近墨者黑"的可塑性观点等。

在西方,可以追溯到古希腊时代。公元前 4 至公元前 3 世纪,西奥菲拉斯塔的《性格》一书,是迄今所知最早的关于性格问题的专著。德国学者班森(L. Bahnsan)是最早以性格学为题著书的人。到了 20 世纪,精神病学得到发展,涉及很多性格问题,推动了性格心理学的发展。一般认为,奥尔波特的研究对性格研究的发展起着很大的作用。

在国外,对性格与个性的关系主要有两种意见:(1)个性与性格是同义词,可以通用;(2)性格是个性的一部分。在日常生活中,个性通常主要指性格。

苏联大部分心理学家把性格包括在个性内,性格作为个性的下位概念。在定义性格时是有分歧的,有些心理学家侧重以"习惯行为方式"来解释性格;有些心理学家则侧重以"稳定的态度体系"来解释性格。

梅尔林的性格定义为较多的苏联心理学家所认同。梅尔林把性格定义为:"个人对周围现实的态度与在典型环境中受这种态度制约的个人行为方式的统一。"[②]

第二节　性　格　的　特　征

性格是一个十分复杂的心理构成物,它包含着各个侧面,具有各种不同的特征。性格特征就是指性格的各个不同方面的特征,它主要有四个组成部分:性格的态度特征、性格的意志特征、性格的情绪特征和性格的理智特征。

一、性格的态度特征

人对客观现实的影响总是以一定的态度给予反应,客观对象和现象是多种多样的,因此,人对客观现实进行反应时,性格的态度特征也是多种多样的。

性格的态度特征主要是在处理各种社会关系方面的性格特征,主要有以下三个方面:

1. 对社会、集体和他人的态度的特征

属于这方面的特征主要有:公而忘私或假公济私;忠心耿耿或三心二意;善于交际或行为

---

① 《论语・子路》。

② [苏]捷普洛夫等著,孙晔等译:《苏联心理科学》第 2 卷,科学出版社 1963 年版,第 49 页。

孤僻;热爱集体或自私自利;礼貌待人或粗暴;正直或虚伪,富有同情心或冷酷无情,等等。

2. 对工作和学习的态度的特征

属于这方面的特征主要有:勤劳或懒惰;认真或马虎;细致或粗心;创新或墨守成规;节俭或浪费,等等。

3. 对自己的态度的特征

属于这方面的特征主要有:谦虚或骄傲;自尊或自卑;严于律己或放任,等等。

二、性格的意志特征

性格的意志特征,是指人在对自己行为的自觉调节方式和水平方面的性格特征。

1. 对行为目的明确程度的特征

属于这方面的特征主要有:目的性或盲目性;独立性或易受暗示性;纪律性或散漫性,等等。

2. 对行为的自觉控制水平的特征

属于这方面的特征主要有:主动性或被动性;自制力或缺乏自制力、冲动性,等等。

3. 在长期工作中表现出来的特征

属于这方面的特征主要有:恒心、坚韧性或见异思迁、虎头蛇尾,等等。

4. 在紧急或困难情况下表现出来的特征

属于这方面的特征主要有:勇敢或怯懦;沉着镇定或惊慌失措;果断或优柔寡断,等等。

三、性格的情绪特征

性格的情绪特征,是指人在情绪活动时,在强度、稳定性、持续性和心境等方面表现出来的性格特征。

1. 强度特征

情绪的强度特征表现为个人受情绪影响的程度和情绪受意志控制的程度。例如,有人情绪体验比较微弱,容易受意志控制;有人情绪体验比较强烈,难以受意志控制。

2. 稳定性特征

情绪的稳定性特征表现为情绪起伏波动的程度。例如,有人不论在成功或失败时,情绪都比较平静,对情绪的控制也比较容易;有人成功时则冲昏头脑,失败时则垂头丧气,对情绪的控制也比较困难。

3. 持久性特征

情绪的持久性特征表现为个人受情绪影响时间长短的程度。例如,有人遇到愉快的事,当时很兴奋,事后很快恢复平静;而有人愉快的情绪则会持续很久。

4. 主导心境特征

主导心境特征表现为不同的主导心境在一个人身上表现的程度。例如,有人经常愉快,有人经常忧伤;有人受主导心境支配的时间长(主导心境的稳定性大);有人受主导心境支配的时间短(主导心境的稳定性小)。

四、性格的理智特征

性格的理智特征,是指人在认知过程中的性格特征。人的认知水平的差异被称为能力特征,人的认知活动特点与风格被称为性格的理智特征。

1. 感知方面的性格特征

人在感觉和知觉方面的个别差异可以区分出:主动观察型和被动观察型;记录型和解释型;罗列型和概括型;快速型和精确型,等等。

2. 记忆方面的性格特征

人在记忆方面的个别差异可以区分出:主动记忆型和被动记忆型;直观形象记忆型和逻辑思维记忆型;在识记上有快慢之分;在保持上有长短之分,等等。

3. 想象方面的性格特征

人在想象方面的个别差异可以区分出:幻想家和"冷静的"现实主义者;具有现实感的幻想家和脱离实际的幻想家;主动想象型和被动想象型;在想象题材选择上的狭窄想象型和广阔想象型,大胆想象的人和想象受限制的人。在想象过程中创造性和再造性成分的多少,往往反映一个人的性格的"独创性"或"依赖性"的特征。

4. 思维方面的性格特征

人在思维方面的个体差异可以区分出:独立型和依赖型;分析型和综合型,等等。

性格的上述各个方面的特征并不是孤立的,而是相互联系着的,在个体身上组合为独特的整体,从而形成一个人不同于他人的、独有的"特征"、"标志"或"属性"。这正是性格一词本来的含义。在上述四个方面的性格特征中,性格的态度特征和意志特征是最主要的,其中又以性格的态度特征更为重要,因为它直接体现了一个人对事物所特有的、稳定的倾向,也是一个人的本质属性和世界观的反映。

第三节 性格的生理基础

性格和其他心理活动一样,也是人脑的机能,但是,由于性格的复杂性,性格生理基础的研究困难较大,目前人们对它了解其少。

巴甫洛夫的高级神经活动学说为了解性格的生理机制提供了启示。在巴甫洛夫看来,性格的生理机制是高级神经活动类型特征和生活环境影响的"合金"。"合金"的意思是指:一方面人在现实生活影响下所建立的暂时神经联系受高级神经活动类型特征制约;另一方面,在现实生活环境影响下所形成的暂时神经联系又掩盖或改变神经类型的特征。但是,高级神经活动类型特征和暂时神经联系系统,在人的性格特征的形成和发展中并不具有同等意义,高级神经活动类型不能预定一个人的性格特征。研究表明,不同的高级神经活动类型的人,可以形成相同的性格特征;相同高级神经活动类型的人,可能形成不同的性格特征。受生活环境影响所形成的暂时神经联系系统更具有直接意义。动力定型(即巩固了的暂时神经联系系统)在性格形成中占有重要的地位。

研究表明,大脑皮层的额叶与人的性格密切相关。额叶受伤的病人在性格上会发生明显的变化。例如,盖奇是一个工头,额叶受伤后,性格发生了很大的变化。他动静无常,无礼,有时爱说最粗俗的下流话(他以往没有这种习惯),对伙伴不够尊重,不能忍受约束或劝告,时而极端顽固却又反复无常而犹豫不决。

第四节　性格的形成和发展

一、遗传与环境的交互作用

人的性格并非与生俱来,而是随着人生的历程而形成和发展的。弗洛伊德特别重视童年的意义,认为一个人的性格在七八岁时已基本定型。我国亦有"三岁看小,七岁看老"之说,但这种观点夸大了童年的作用。我国心理学工作者的研究表明,人的早期经历对性格形成的作用固然十分重要,但其最终形成则要到青年期乃至成人期,而且是从量变到质变、从不稳定到稳定逐步发展形成的。性格一经形成,虽然相当稳定,但也不是恒定不变的,而是会因境遇或身体状况的重大改变而发生一定的变化。

在性格的形成和发展的问题上,历史上有两种极端的观点,一种是遗传决定论,另一种是环境决定论。现在持极端遗传决定论或环境决定论观点的人已经很少了,一般都认为性格是遗传因素和环境因素交互作用的结果。其中,遗传因素是性格形成的自然基础和发展的潜在因素,遗传为性格发展提供可能性或遗传潜势。在遗传与环境的交互作用过程中,环境,特别是教育把这种可能性转化为现实性。因此,环境因素在性格的形成和发展中起决定作用。性格是人在实践活动中,在人和环境的交互作用过程中形成和发展起来的。

美国心理学家阿纳斯塔西(A. Anastasi)指出:遗传与环境的关系过去曾经是人们激烈争论的中心,但这已经为当今许多心理学家所忘却。现代科学认为,性格是多元因素决定的,是多种基因与多种环境以多种方式不断交互作用的结果。在性格的形成和发展中,遗传因素和环境因素无法分离,即一方面不能离开另一方面而单独起作用,它们相互依存、彼此渗透。心理学家普汶曾指出:环境和遗传总是交互作用的。没有环境,遗传不起作用;没有遗传,环境也不起作用。中国哲学家、教育家荀子指出:"无性,则伪之无所加;无伪,则性不能自美。"[①]将遗传与环境对性格的作用分开阐述,仅仅是为了研究和行文的方便。

遗传对人的不同特质所起的作用是不同的,一般认为:在生理、智力、气质等的形成和发展的过程中,遗传因素较为重要;理想、信念和世界观则明显受环境因素的影响。

二、遗传因素

双生子研究法是常用于研究性格形成中遗传因素和环境因素作用的方法。这种方法由高尔顿首创。双生子分同卵双生子(monozygotic twins)和异卵双生子(dizygotic twins)。同卵

---

① 《荀子·礼论》。

双生子的遗传因素完全相同,异卵双生子则如同胞兄弟姐妹。比较同卵双生子和异卵双生子的人格特质,就能大致看出遗传因素和环境因素的作用。

领养研究(adoption studies)是研究性格形成中遗传因素和环境因素作用的另一种方法。领养的孩子与其亲生父母的相似性大体上表明了遗传因素的作用;领养的孩子与其养父母的相似性大体上表明了环境因素的作用。

人格心理学中经常运用遗传率(heritability, h^2)。遗传率并不表示一种特征受遗传决定的程度,而是某个群体中遗传引起的变异在所有变异(包括环境和遗传)中所占的比率。遗传率指数只是对一种特质变异比率的估计。

(一) 明尼苏达大学的研究

1979 年,美国明尼苏达大学对大量被试作了系统的研究。结果表明,孪生兄弟姐妹虽然长期生活在不同的环境中,但在某些方面非常相似。

(二) 林崇德等人的研究

林崇德研究了性格特征各个方面的遗传作用。研究表明:同卵双生子对社会、集体和他人的态度方面的相关系数是 0.61,异卵双生子的相关系数是 0.54,二者差异是显著的;同卵双生子对自己态度的相关系数是 0.71,异卵双生子的相关系数为 0.60,二者的差异也是显著的;同卵双生子在性格的情绪特征方面的相关系数是 0.72,异卵双生子的相关系数是 0.57,二者存在非常显著的差异;同卵双生子在性格的意志特征方面的相关系数为 0.67,异卵双生子则为 0.61,二者没有显著的差异;同卵双生子和异卵双生子在品德方面也不存在显著差异,没有发现品德不良与遗传因素有关。由此可见,遗传因素对性格特征的各个方面影响程度是不同的。

(三) 拉什顿等人的研究

拉什顿(J. P. Rushton)等人研究了成年人同卵双生子与异卵双生子的五种特质。研究表明:同卵双生子的每一项特质的相似性都高于异卵双生子。同卵双生子得分的相关系数平均在 0.50 左右,异卵双生子得分的相关系数则介于 0.04—0.25 之间(见表 7-1)。

表 7-1　双生子研究中的相关系数

	同卵双生子	异卵双生子
利他	0.53	0.25
同情	0.54	0.20
照顾别人	0.49	0.14
攻击性	0.40	0.04
果断性	0.52	0.20

行为遗传学家普洛明等将这些数字代入公式后估计,成年人的性格特质中,大约 40% 来自遗传因素。

(四) 双生子研究和领养研究

1987 年,罗(D. C. Rowe)把双生子与领养儿童结合起来研究。有些同卵双生子一出生就离开父母,与在同一家庭中长大的同卵双生子相比,他们有相同的基因和不同的环境。研究结果表明,分开抚养的同卵双生子与一起抚养的同卵双生子,在性格特质上都很接近(见表7-2)。

表7-2　分开抚养与一起抚养的同卵双生子相关系数

	分开抚养的同卵双生子	一起抚养的同卵双生子
外向	0.61	0.51
神经质	0.53	0.50
智力	0.72	0.86

三、环境因素

环境因素包括自然环境因素和社会环境因素。

(一)自然环境

1. 胎内环境

从受精卵到胎儿的出生,大约需要270天,这是人的生命的开端。胎儿生活的胎内环境是一个自然环境,孕妇的营养、情绪和健康状况都影响着胎儿的发育。

有人认为,胎儿不仅有感觉、知觉、记忆和思维活动,而且还能够与母亲交流情绪信息。并指出,母亲的心理活动对胎儿的发育有很大的影响,"母爱"对胎儿来说是非常重要的。"子宫是胎儿最初接触到的'世界',在这个'世界'中的体验将直接影响到胎儿性格的形成。"[1]斯托特指出:"婚后生活不和睦的夫妻所生的孩子,因恐惧心理而出现神经质者,比婚后生活美满的夫妻所生的孩子高4倍。"[2]

2. 地理环境

地理和气候等自然条件对个性发展也有一定影响。

我国北方的姑娘和南方的姑娘的性格特征有明显的差别。北方气候干燥,多平原、山川。长期生活在北方的姑娘一般具有大方、开朗、坚强和吃苦耐劳等性格特征。南方气候温和湿润,多河流。长期生活在南方的姑娘一般具有温柔、活泼和灵巧等性格特征。[3]

有些影响性格发展的自然环境也不是"纯粹"自然的,其中也"渗透"着社会文化的影响,不能把自然因素和社会因素绝对分开,影响性格发展的各种因素是紧密联系和相互渗透的。

(二)社会环境

社会环境在性格形成和发展中起着决定性的作用。因此,分析社会环境中的几个主要方面与性格发展的关系对培养良好的性格特征具有重要意义。

[1] [美]托马斯·伯尼著,盛欣等译:《神秘的胎儿生活》,知识出版社1985年版,第20页。
[2] 同上书,第19页。
[3] 荆其诚、林仲贤编:《心理学概论》,科学出版社1986年版,第554页。

1. 家庭

家庭对一个人的性格形成和发展具有重要而深远的影响。国内外研究表明:家庭是制造人类性格的工厂。家庭把遗传基因传递给后代,是儿童生活的最初环境。弗洛姆说:"家庭是社会的精神媒介,通过使自己适应家庭,儿童获得了后来在社会生活中使他适应其所必须履行的职责的性格。"社会和时代的要求,都通过家庭在儿童心灵上打下深深的烙印。许多心理学家都认为,从出生到五六岁是人性格形成的最主要的阶段。在这个阶段中,绝大多数儿童在家庭中生活,在父母爱抚下长大。从教育顺序上看,首先是家庭教育,然后才是学校教育。

(1) 亲子关系

亲子关系是儿童最早建立的人际关系,这种关系的好坏不仅直接影响儿童身心发展,而且也影响到儿童以后形成的各层次的人际交往关系。1979 年,帕克(G. Parker)等人编制了亲子关系量表以了解被试童年期父子和母子的关系。量表包括以"关心"和"约束"两个维度划分出的四个象限,代表四种亲子关系类型:(1)关心多—管束多;(2)关心少—管束多;(3)关心少—管束少;(4)关心多—管束少。一些研究表明,关心不够和管束过严的亲子关系影响儿童性格的健康发展。

苏联教育家克鲁普斯卡娅(Н. К. Крупская)指出:"母亲是天然的教师。她对儿童、特别是幼儿的影响最大。"[1]日本心理学家松原达哉指出:"婴儿生长的环境,是由母亲准备的,但同时必须认识到,整天都在照料并同婴儿说话的母亲本身,也是重要环境之一。……对婴儿的未来而言,母亲的存在和家庭生活方式的重要性是无法估量的。"[2]母爱在儿童的性格形成和发展中起着重要作用,是儿童性格健康发展的必要条件。纽顿(Newton)在 1950 年调查了 100 位自己哺乳的母亲,发现:凡是持积极态度的母亲,以后自己哺乳有 74% 取得良好效果;凡是持消极态度的母亲,以后自己哺乳取得良好效果的只有 24%。缺乏母爱的儿童会形成不合群、孤僻、任性和情绪反应冷漠等不良性格特征。

父亲对儿童在性别角色发展上起着重要作用。父亲为男孩提供模仿同化的榜样,为女孩提供与异性成人交往的机会。幼年没有与父亲接触过的儿童,在性别的社会化方面,往往是不完全的。[3] 近期的一项研究表明:"从子女个性成长来看,女儿受母亲教养影响高于父亲,儿子受母亲和父亲的教养影响无显著差异。"[4]

父母对子女的教养态度,是影响儿童性格形成和发展的重要原因。包德温(A. L. Baldwin)等人研究了父母教养态度和子女性格之间的关系,其中母亲的养育态度和孩子性格的关系见表 7-3。

① 《克鲁普斯卡娅文选》(俄文版),俄罗斯联邦教育科学院 1948 年版,第 252 页。
② [日]松原达哉著,王树本等译:《从零岁开始的教育:培养优秀儿童的要点》,北京出版社 1984 年版,第 14—15 页。
③ 朱智贤、林崇德著:《儿童心理学史》,北京师范大学出版社 1988 年版,第 390 页。
④ 郑林科:《父母教养方式:对子女个性成长影响的预测》,《心理科学》,2009 年第 5 期。

表7-3　母亲的养育态度和孩子性格的关系

母亲的态度	孩子的性格
支配	消极、缺乏主动性、依赖、顺从
干涉	幼稚、胆小、神经质、被动
娇宠	任性、幼稚、神经质、温和
拒绝	反抗、冷漠、自高自大
不关心	攻击、情绪不稳定、冷酷、自立
专制	反抗、情绪不稳定、依赖、服从
民主	合作、独立、温顺、社交

日本性格心理学家诧摩武俊研究了母亲的教养态度与孩子性格的关系,结果见表7-4。

表7-4　母亲的态度与孩子的性格①

母亲态度	孩子性格
支配	服从、无主动性、消极、依赖、温和
照管过甚	幼稚、依赖、神经质、被动、胆怯
保护	缺乏社会性、深思、亲切、非神经质、情绪稳定
溺爱	任性、反抗、幼稚、神经质
顺应	无责任心、不服从、攻击性、粗暴
忽视	冷酷、攻击、情绪不稳定、创造性强、社会性
拒绝	神经质、反社会、粗暴、企图引人注意、冷淡
残酷	执拗、冷酷、神经质、逃避、独立
民主	独立、爽直、协作、亲切、社交
专制	依赖、反抗、情绪不稳定、自我中心、大胆

另有研究表明,小学生的自尊心与他们家庭的贫富和社会地位无关,而与父母的教养态度和方法有关。自尊心强的男孩,其家庭的气氛是民主的,孩子在处理自己的事情上有发言权,像成人一样受到尊重。父母对他们是关心的、爱护的。父母对孩子要求严格,但严而不厉,经常用奖励的办法来引导孩子的行为,而不是用惩罚的方式来约束孩子的行为。父母待人接物都有一定的规则,并要求孩子有良好的行为表现。缺乏自尊心的男孩,父母对他们的行为是放纵的,没有一定的规则,但他们经常受到父母严厉的惩罚。

北京大学许政援教授与全国10个地区进行协作研究,用问卷法调查了2254名3—6岁幼儿的父母,研究其教育方式与幼儿性格特征之间的关系。研究表明:教育总均分与性格总均分之间相关显著,良好的教育方式对儿童优良性格品质的形成起积极作用;该项研究还表明:几种教育方式与所调查的性格有较高的相关(见表7-5)。

---

① [日]堀内敏著,谢艾群译:《儿童心理学》,湖南人民出版社1980年版,第126页。

表 7 - 5　家庭教育方式与性格特点相关

	性格	好奇心	对人态度	自尊心	独立性	自制力	对困难态度	对劳动态度
教育总分	.43**	.20*	.22*	.23*	.19	.44**	.26**	.32**
权威	.45**	.08	.26**	.24*	.15	.46**	.21*	.36**
取得权威方式	.39**	.19	.20*	.21	.16	.35**	.21*	.36**
关心孩子	.26**	.08	.12	.13	.10	.25*	.15*	.18
注意智力发展	.39**	.03	.01	.00	.00	.00	−0.3	.00
培养独立性	.42**	.16	.17	.19	.27**	.39**	.23*	.32**
尊重孩子	.39**	.29**	.17	.18	.22*	.29**	.25*	.26**
要求一致	.33**	.17	.13	.14	.12	.22*	.15	.16
表率作用	.39**	.25*	.22*	.22*	.18	.35**	.22*	.28**
公正处理纠纷	.04	.07	.03	.05	−0.1	.05	.02	.05

*P < .05　　**P < .01

（2）家庭结构

大家庭、核心家庭和破裂家庭被认为是三种主要的家庭结构。

大家庭是指几代同堂的家庭。生活在大家庭中的孩子，大家庭中长期形成的家风、家规等自然地传给年轻一代，有助于他们形成良好的性格特征。但由于可能存在隔代溺爱，家长在教育孩子问题上看法不一致，孩子往往难以形成一致的是非标准，并且会感到无所适从，可能会形成焦虑不安、恐惧等不良的性格特征。

核心家庭指一对夫妇和一个孩子组成的家庭。在这种家庭里没有传统的隔代溺爱，但由于年轻的父母缺乏教育孩子的经验和方法，对孩子可能有时放纵，有时管教过严。核心家庭中的夫妇一般都是双职工，可能缺少教养和爱抚孩子的时间。

许多研究表明，破裂家庭会对孩子的性格带来不良的影响。破裂家庭可能是父母中有一人死亡或被判刑监禁，也可能是父母离婚（离异家庭）所致。有人认为，父母离婚甚至比父母死亡对孩子性格的影响更大。破裂家庭的孩子由于父母死亡或离婚而得不到家庭的温暖和正常的教育，容易形成悲观、孤僻等不良性格特征，行为问题也较多。一些研究表明，丧父的破裂家庭对孩子性格（特别是男孩）会产生极其不良的影响。在只有母亲的破裂家庭中长大的男孩，由于母亲把一切爱都倾注在他身上，给予其过多的保护、关心，并且原谅孩子的缺点，因此他们容易形成冲动、缺乏自制力等不良的性格特征，在青少年期犯罪率也较高。另一些研究表明，早年丧父会影响男孩形成男子汉性格，依赖性强，缺乏果断性，攻击性少，多采用语言攻击，少用身体攻击，等等。这种家庭对女孩的影响，主要表现在青春期与异性交往的问题上。但是，如果有良好的教育，破裂家庭的孩子也可以形成坚强等良好的性格特征。

（3）家庭气氛和父母榜样

家庭情绪气氛可以划分为融洽与对抗两种类型。家庭中的情绪气氛是由家庭中全体成员所造成的，但主要由夫妻关系所造成。家庭中的夫妻关系影响着家庭其他成员之间的关系，影响孩子性格的形成和发展。宁静愉快家庭中的孩子与气氛紧张及冲突型家庭中的孩子在性格上有很大的差别。宁静愉快家庭中的孩子有安全感、愉快、生活乐观、信心十足、待人和善、能很好地完成学习任务。气氛紧张及冲突型家庭中的孩子缺乏安全感、情绪不稳定、容易紧张和焦虑、长期忧心忡忡、担心家庭悲剧将要发生、害怕父母迁怒于自己而受严厉的惩罚、对人不信任、容易发生情绪与行为问题。

父母是孩子的第一任教师，是孩子最早学习的榜样。社会信仰、规范和价值观等首先通过父母的"过滤"而传给子女。父母的一言一行都会潜移默化地影响孩子性格的发展，孩子也随时模仿和学习父母的行为。因此，孩子与父母的性格往往十分相似。

（4）出生次序

出生次序影响孩子性格的形成和发展。这种影响并不是由孩子出生的先后所决定，而是由父母对孩子的态度和孩子在家庭中的地位及其变化所决定的。

1880 年代以来，很多心理学家就儿童的出生次序和在家庭中所处的地位对性格和智力发展的影响进行了许多的研究。阿德勒特别强调出生次序对儿童性格的影响。他认为，儿童在家庭中的出生次序和所处的地位影响着儿童的生活风格，对性格的形成和发展起重大作用。

高尔顿研究了著名科学家的出生次序，发现长子和独生子女的比例相当高。贝尔蒙特（L. Belmont）研究表明，长子在瑞文智力测验上所得的成绩比其他孩子要高。在美国阿波罗登月工程技术人员中，长子和独生子女占一半以上。

出生次序对性格的影响受到心理学家的关注，但大家目前还没有取得一致的结论。美国心理学家墨菲总结了几位心理学家研究的结果（见表 7-6）。

表 7-6　出生次序与性格特征

研究者	研究结果
伯德尔（I. E. Berder）	独子和长子显示出稍高的支配性，末子显示出较低的支配性
加曼（A. Garman）	男孩出生次序早对痛苦的感受性大
艾森伯格（P. Eisenberg）	长子或独子比中间的孩子或末子更具有优越感
埃利斯（H. Ellis）	中小家庭中长子成为名人的多，大家庭中后面的孩子成为名人的情况多
福斯特（S. Foster） 罗斯（B. M. Ross）	嫉妒性较强的儿童中长子较多
古迪纳夫（F. L. Goodenough） 莱希（A. M. Leahy）	长子有较少的攻击性、指导性和自信心，比较内向。中间的孩子没有长子那样缺乏攻击性，而且问题最少。末子往往畏首畏尾，内向性次于长子，攻击性仅次于独子 独生子更显示出攻击性和自信心
维特（G. E. Vetter）	在过激的人中，独子所占的比例较大。在保守的人中，长子较多，末子也相当多
伯曼（H. H. Berman）	躁郁症患者100例中，长子占48例，中间的孩子占30例，末子占22例

（5）独生子女

早在 19 世纪末，美国儿童心理学家霍尔和他的学生博哈农（E. W. Bohannon）就对独生子女进行了研究。霍尔说过："独生子女本身就是一种疾病。"博哈农发表了世界上第一篇关于独生子女问题的论文《家庭中的独生子女》。博哈农指出，独生子女在特殊儿童中占的比例大,而且社交性差。后来美国的芬顿(N. Fenton)的研究否定了博哈农等人所提出的独生子女在性格上的特异性问题。芬顿研究了从幼儿园到小学的 193 名儿童中的 34 名独生子女,用 12 项指标进行研究,结果没有发现显著差异,而在"自信"上,独生子女比非独生子女优越。

美国心理学家福尔博(T. Falbo)等人,1986 年在美国《心理学通报》上发表论文,分析了1925—1984 年期间所发表的 200 余篇有关独生子女的报告,并对其中的 115 篇报告的结果用统计方法进行再次分析。结果表明:在成就、智力、性格、适应和社会性几个方面,独生子女优于非独生子女,或没有显著差异。这项研究被视为美国近年来对独生子女问题的一项重要和新的研究。

日本保育会会长、东京都立大学教授山下俊郎指出:"从整个独生子女来说,……虽然看不到有什么特异性,但根据家庭成员构成的类型加以划分,就会显示出这种特异性。"[1]山下俊郎还引用了梅田的研究。梅田研究了父母亲教养态度和独生子女的特异性之间的关系,他把父母的教养态度分为:民主型、溺爱型、严格型、放任型和矛盾型。梅田的研究表明:溺爱型、严格型和放任型家庭的独生子女存在着一定的特异性,民主型家庭的独生子女不存在特异性,反而具有相当多的好的性格特征。这一研究再一次表明,父母对子女的教养态度在儿童性格的形成和发展中起着极其重要的作用。

我国的社会学、心理学和教育学工作者研究了 10 项行为特征(合群—孤僻,友善—攻击,利他—利己,温顺—任性,独立性—依赖性,适应—娇气,自制—无意志,爱劳动—懒惰,诚实—说谎,勇敢—胆小)和七个性格特征(好奇心,对人态度,自尊心,独立性,自制力,对困难的态度,对劳动的态度),结果没有发现独生子女与非独生子女之间有显著差异。[2]

傅安球和林崇德等在 1980 年开始调查了 120 名独生子女(中学生、小学生、幼儿园儿童各40 名,城乡、性别的比例大致相当),研究内容包括八个方面,其中独生子女对自己的态度的研究结果如表 7-7[3]。

表 7-7　独生子女对自己的态度

被试	人数分配														
	谦虚			自信心			自尊心			独立性			自私		
	√	—	×	√	—	×	√	—	×	√	—	×	√	—	×
幼儿园	8	12	20	10	24	6	26	8	6	10	14	16	12	18	10
小　学	17	9	14	28	10	2	36	3	1	17	15	8	11	6	21
中　学	16	14	10	21	16	3	33	4	3	21	9	10	13	7	20
合　计	41	35	44	59	50	11	95	15	10	48	38	34	36	31	51

"√"表示肯定　"—"表示一般　"×"表示否定

从表中可以看出,独生子女自尊心比较强,自信心也比较足,但谦虚精神稍差些,依赖性较

① 〔日〕山下俊郎著,骆为龙、陈耐轩译:《独生子女的心理与教育》,上海教育出版社 1982 年版,第 76 页。
② 荆其诚、林仲贤编:《心理学概论》,科学出版社 1986 年版,第 561 页。
③ 傅安球、林崇德著:《怎样教育独生子女》,科学普及出版社 1982 年版,第 54—55、58—59 页。

大,接近三分之一的独生子女缺乏独立性,而不自私的占多数。

良好的性格特征在教育影响下逐步发展,而对独生子女心理发展的趋势的影响,关键在于教育。此外,独生子女对自己的态度及其各方面的表现,有明显的个别差异。

近年来的研究否定了独生子女是"问题儿童"的观点;也否定了忽视家庭与社会条件对独生子女成长的影响,认为独生子女自然优越的观点。独生子女的性格特点是由儿童生活的环境和教育影响所形成的。

2. 学校

卢梭说:"植物的形成,由于栽培;人的形成,由于教育。"欧文也说过:"教育人就是要形成人的性格。"学校教育对人的性格的形成和发展具有重要意义。学校不仅对学生传授科学文化知识,进行思想政治教育,还促进学生性格的形成和发展。学生在学校里形成了良好的性格,就能顺利地走向社会,适应社会生活;反之,则会发生各种问题。

与健康人格相反的是人格的适应不良。人格适应不良最初是受不良的亲子关系影响的,然而学校在教育上的不得法也会造成学生适应不良。学生的适应不良具有一定的普遍性。

(1) 课堂教学

学生通过课堂教学接受系统的科学知识。学习是一种艰苦的劳动,通过学习可以发展学生的坚持性、自制力、主动性和独立性等良好的性格特征,在接受系统的科学知识的过程中,学生形成科学的世界观。众所周知,科学的世界观的形成对发展学生良好的性格特征具有重要的意义。

(2) 班级集体

学生在集体中学习和生活,学校的基本组织形式是班集体。班集体、少先队、共青团组织对学生性格的形成具有很大的影响。班集体使学生习惯于系统和有目的的学习,得到克服困难的锻炼,并且品尝到集体生活的乐趣。集体生活有利于培养学生的合群、组织性、纪律性、自制、利他、勇敢和顽强等优良的性格特征,也有利于克服孤独、自私等不良的性格特征。马卡连柯(A. C. Makapeнко)指出,要在集体中,通过集体进行教育。

每个学生在班级里都处于一定的位置,在活动中扮演着各种各样的角色,这种角色地位必然影响学生的性格发展。心理学家研究了学校指导对"角色"加工的作用。教师在小学五年级学生中挑选出在班级中地位较低的8名学生,要他们担任班委,并且在工作中给予指导。半年以后,这些学生在班级里的地位发生了显著变化,其中有些人在自尊心、责任心、安全感等性格特征的测验得分上都有所提高,整个班级的风气也有所改变。

(3) 教师

教师对学生性格发展的影响首先体现在教师的榜样作用上。教师在学校中的言行都是学生学习的榜样,会潜移默化地影响学生性格的发展。学生年龄越小,受教师的影响越大。教师不仅要对学生进行"言教",还要进行"身教"。

教师和学生间的关系也影响学生性格的发展。梅伊(Mark A. May)和哈特雄(Hugh Hartshorne)在研究学生诚实这个性格特征时发现,喜欢教师的学生说谎少,容易形成诚实的特征;不喜欢教师的学生则经常说谎。

勒温等人把教师管教学生的方式划分为三种类型:专制的方式、民主的方式和放任的方式。研究表明,教师对学生的管教方式,影响学生性格的发展(见表7-8)。

表7-8　教师的管教方式和学生的性格特征

管教方式	学生的性格特征
民主的	情绪稳定、积极、态度友好、有领导能力
专制的	情绪紧张、冷漠或带有攻击性、教师在场时 毕恭毕敬,不在场时秩序混乱缺乏自制性
放任的	无团体目标、无组织、无纪律、放任

3. 社会实践

不论是遗传决定论,还是环境决定论,它们的主要问题,除了片面性外,还在于都没有认识到实践活动在性格发展中的作用。

劳动是人的最基本的实践活动。学生走上工作岗位后,职业的要求对性格的发展也有重要作用。人长期地从事某种特定的职业,社会要求他反复地扮演某种角色,进行和自己职业相应的活动,他就会相应地形成不同的性格特征。职业对人的性格发展影响很大,如科技工作者实事求是、善于独立思考、一丝不苟,文艺工作者活泼开朗、富于想象、情感丰富,医务工作者耐心细致、慈善同情,等等。

对运动员性格的研究表明,各种运动项目需要一定的性格特征,也培养着一定的性格特征(见表7-9)。

表7-9　各项运动与性格特征

运动项目	主要性格品质	次要性格品质	更次要性格品质
跑步、滑冰、滑雪、骑自行车、游泳、划船	顽强性	自我控制 坚定性	主动性、独立性、果断性、勇敢
艺术体操、举重、田径、跳跃、投掷、花样滑冰、射击	顽强性 自我控制	勇敢	主动性、独立性、果断性
滑雪、跳水、障碍、骑马、登山、摩托车、跳伞	勇敢、果断	顽强性 自我控制	主动性 独立性
球类运动	主动性 独立性	顽强性、果断性、勇敢	自我控制 坚定性
击剑、摔跤	主动性 独立性	果断性、勇敢	自我控制 顽强性、坚强

4. 主观因素

个体的性格是在人和环境相互作用的实践活动中形成和发展的,但是,任何环境因素都不能直接形成人的性格特征,它们必须通过人已有的心理发展水平和心理活动才能发生作用。正如布特曼(Bultmann)所说:“每一个人都是他自己个性的工程师。”社会的各种影响,首先要为个人接受和理解才能转化为个体的需要和动机,才能推动他去行动。个体已有的心理发展水平对性格形成的作用,随着年龄增大而日益增强,个体已有的理想、信念和世界观等对接受社会影响的程度有决定性的作用。

5. 社会风尚

儿童和青少年善于模仿,各种传媒和课外读物等通过不同的渠道,潜移默化地影响着儿童和青少年的兴趣、爱好、道德评价和行为习惯。例如,电影、电视、网络和文学读物等,其中的一些英雄人物的形象,都会鼓舞着儿童和青少年,并使他们养成良好的行为和性格。

四、性格的发展

刘明、王顺兴等研究了我国青少年性格特征的年龄发展趋势[①],他们用问卷法对 2127 人(城乡比例、男女比例大致为 1:1)的性格中的情绪特征、意志特征和理智特征进行研究,并在三种性格特征中,分出四种主要的性格因素(见表 7-10)。

表 7-10 性格特征的结构模型

特　　征	情绪特征(E)[*]	意志特征(W)	理智特征(R)
构成性格特征的因素	稳定性(E_1)	独立性(W_1)	思维水平(R_1)
	强度(E_2)	自制力(W_2)	求知欲(R_2)
	持久性(E_3)	坚持性(W_3)	灵活性(R_3)
	主导心境(E_4)	果断性(W_4)	权衡性(R_4)

* 括号中的外文字母是代表情绪特征的符号。

该项研究表明:我国青少年性格(EWR)发展的水平随年龄的增长而逐渐升高,表现出由低到高的发展趋势。但是,发展的速率是不平衡、不等速的,小学二年级至四年级发展较慢,四年级至六年级发展较快,小学六年级至初中二年级发展尤其缓慢,甚至出现相对停滞状态,初中二年级至高中一年级,又出现快速发展趋势(见图 7-1)。

研究还表明:性格特征的各个方面发展趋势又是有差异的(见图 7-2)。

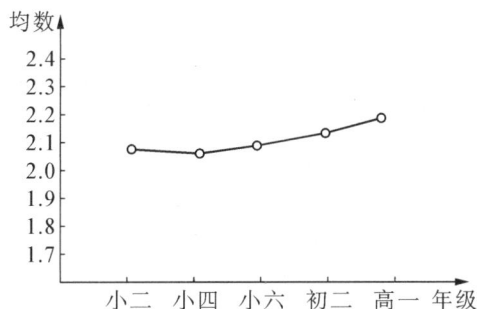

图 7-1 我国中小学生性格发展总趋势

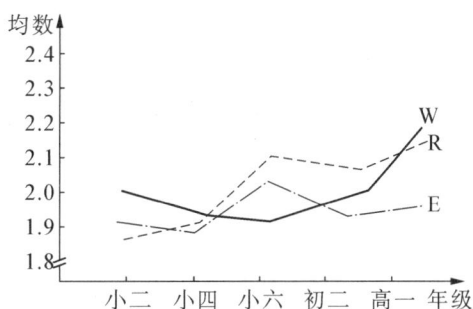

图 7-2 我国中小学生性格三特征(EWR)发展总趋势

---

① 朱智贤主编:《中国儿童青少年心理发展与教育》,中国卓越出版公司 1990 年版,第 396、400、409 页。

第八章　性格的类型理论和特质理论

性格的类型理论(亦称类型论)和性格的特质理论(亦称特质论)是两种主要的性格理论。类型论是用一种或少数几种主要特质来说明人的性格;而特质论同时用人的多种特质来说明人的性格。例如,类型论的人说某人是外向的人;特质论的人说某人是活泼、开朗、爱交际、当机立断且不拘小节的人。类型论是一种性格分类的理论,特质论是一种性格分析的理论。

由于性格的复杂性,研究者划分的标准不同,所以,存在多种类型论和特质论,下面是几种主要的类型论和特质论。

第一节　性格的类型理论

一、我国古代学者对性格的分类

我国古籍中有许多关于性格的论述。在春秋战国时期,第一个论述性格的是孔子,孔子说:"性相近也,习相远也。"[1]意思是人性是在先天"相近"的自然本性的基础上,由于后天习得而发展起来的不同的社会本性。《尚书》中提出"九德",实际上把人的性格分为九类(表8-1)。

表8-1　《尚书》中的九种性格类型

序号	性格类型	序号	性格类型
1	宽宏大量又严肃谨慎	6	正直不阿又态度温和
2	性格温柔又坚持主见	7	大处着眼又小处着手
3	行为谦虚又庄重自尊	8	性格刚正又不鲁莽行事
4	具有才干又谨慎认真	9	坚强勇敢又诚实善良
5	柔顺虚心又刚毅果断		

公元3世纪,受《尚书》的影响,三国时刘劭在《人物志》一书中,对人的性格作了系统的论述。他认为人与人之间在性格上的个别差异很大,他将人的性格划分为12种类型(表8-2)。[2]

---

[1]《论语·阳货》。
[2]《中国大百科全书·心理学》,中国大百科全书出版社1991年版,第203页。

个性心理学(第四版)

96

表 8 - 2　刘劭所划分的性格类型和性格特征

类型	性格特征	优缺点
强毅之人	狠刚不和	厉直刚毅,材在矫正,失在激讦
柔顺之人	缓心宽断	柔顺安恕,每在宽容,失在少决
雄悍之人	气备勇决	雄悍杰健,任在胆烈,失在多忌
惧慎之人	畏患多忌	精良畏惧,善在恭谨,失在多疑
凌楷之人	秉意劲特	强楷坚劲,用在桢干,失在专固
辩博之人	论理赡给	论辩理绎,能在释结,失在流宕
弘普之人	意爱周洽	普博周洽,弘在覆裕,失在溷浊
狷介之人	砭清激浊	清介廉洁,节在俭固,失在拘扃
休动之人	志慕超越	休动磊落,业在攀跻,失在疏越
沉静之人	道思迴复	沉静机密,精在玄微,失在迟缓
朴露之人	申疑实硌	朴露劲尽,质在中诚,失在不微
韬谲之人	原度取容	多智韬情,权在谲略,失在依违

二、荣格的类型理论

在国外心理学类型论中,以瑞士心理学家荣格(1875—1961)所提出的内倾型(内向型)和外倾型(外向型)*最为有名,并为许多心理学家所认同。

1913 年,荣格在慕尼黑国际精神分析会议上提出了内倾型和外倾型性格,后来,他又在1921 年发表的《心理类型学》一书中系统阐明了这两种类型。他在该书中论述了一般态度类型和机能类型。

1. 一般态度类型

荣格根据力比多(libido)①流动的方向决定人的性格类型。个体的力比多的活动倾向于外部环境,就是外倾型的人;力比多的活动倾向于自己,就是内倾型的人。外倾意指力比多的外向转移。内倾意味着力比多的内向发展。外倾型(外向型)的人,重视外在世界、爱社交、活跃、开朗、自信、勇于进取、对周围一切事物都很感兴趣、容易适应环境的变化。内倾型(内向型)的人,重视主观世界、好沉思、善内省、常常沉浸在自我欣赏和陶醉之中、孤僻、缺乏自信、易害羞、冷漠、寡言、较难适应环境的变化。

有人研究了内向型人格和外向型人格,每种类型还能分出五种亚型(见表 8 - 3 和表8 - 4)。弗赖德(M. Freyd)等人指出,内向型的人有 54 种特征。例如,难以决断、怕面临危险、固执、感受性高、喜欢写日记,等等;外向型的人则相反。

表 8 - 3　内向型的亚型

内向型的亚型	对应的人格特征
孤独型	沉默寡言、谨慎、消极、孤独
思考型	善于思考、深入钻研、提纲挈领

---

* 心理学工作者也有把内向型和外向型认同为"气质特质",本书作者认同为"性格特质"。
① 荣格认为,凡来自本能的力量均可称为力比多,既可是性方面的,也可是非性方面的。

内向型的亚型	对应的人格特征
丧失自信型	自卑、自责、罪恶感强
不安型	规矩、清高、小心
冷静型	小心谨慎、沉着、稳重

表 8-4　外向型的亚型

外向型的亚型	对应的人格特征
社交型	爽朗、积极、能言善辩、顺应
行动型	现实、说干就干、易变化、好动
过于自信型	瞧不起人、过高估计自己
乐天型	胆量大、大方、不拘小节
感情型	敏感、喜怒哀乐变化无常

2. 机能类型

荣格指出，个人的心理活动有感觉、思维、情感和直觉四种基本机能。感觉（感官知觉）告诉我们存在着某种东西；思维告诉你它是什么；情感告诉你它是否令人满意；而直觉则告诉你它来自何方和向何处去。一般地说，直觉在荣格看来是允许人们在缺乏事实材料的情况下进行推断。

按照两种态度类型与四种机能的组合，荣格描述了性格的八种机能类型。

（1）外倾思维型（the extroverted thinking type）

这种类型的人，既是外倾的，又是偏向于思维的，他们的思想特点是一定要以客观的资料为依据，以外界信息激发自己的思维过程。例如，机器是怎样开动的？为什么水加热到一定温度就会变成蒸汽？等等。科学家是外向思维型，他们认识客观世界，解释自然现象，发现自然规律，从而创立理论体系。荣格认为，达尔文和爱因斯坦这两位科学家在思维外向方面得到了最充分的发展。外倾思维型的人，情感压抑，缺乏鲜明的个性，甚至表现为冷淡和傲慢等人格特点。

（2）内倾思维型（the introverted thinking type）

这种类型的人，既是内倾的，又是偏于思维功能的。他们除了思考外界信息外，还思考自己内在的精神世界，他们对思想观念本身感兴趣，收集外部世界的事实来验证自己的思想。哲学家属于这种类型。荣格指出，德国哲学家康德是一个标准内倾思维型的人。内倾思维型的人，具有情感压抑、冷漠、沉溺于玄想、固执、刚愎和骄傲等人格特点。

（3）外倾情感型（the extroverted feeling type）

这种类型的人，既是外倾的，又是偏于情感功能的，他们的情感符合客观的情境和一般价值。荣格指出，外倾情感型的人在"爱情选择"上，表现得最为明显。他们不太考虑对方的性格特点，而考虑对方的身份、年龄和家庭等方面。外倾情感型的人思维压抑，情感外露，爱好交际，寻求与外界和谐。

（4）内倾情感型（the introverted feeling type）

这种类型的人，既是内倾的，又是偏向于情感功能的。他们的情感由内在的主观因素所激发。内倾情感型的人，思维压抑，情感深藏在内心，沉默，力图保持隐蔽状态，气质常常是忧郁的。

（5）外倾感觉型（the extroverted sensation type）

这种类型的人，既是外倾的，又是偏向于感觉功能的。他们头脑清醒，倾向于积累外部世界的经验，但对事物并不过分地追根究底。外倾感觉型的人，寻求享乐，追求刺激，他们一般情感是浅薄的，直觉是压抑的。

（6）内倾感觉型（the introverted sensation type）

这种类型的人，既是内倾的，又是偏于感觉功能的。他们远离外部客观世界，常常沉浸在自己的主观感觉世界之中。外倾感觉型的人，知觉来自外部世界，是客观对象的直接反映；内倾感觉型的人，知觉深受自己心理状态的影响，似乎是从自己的心灵深处产生出来的。他们艺术性强，直觉压抑。

（7）外倾直觉型（the extroverted intuitive type）

这种类型的人，既是外倾的，又是偏于直觉功能的。他们力图从客观世界中发现多种多样的可能性，并不断地寻求新的可能性。他们对于各种尚孕育于萌芽状态但有发展前途的事物具有敏锐的洞察力，并且不断追求客观事物的新奇性。外倾直觉型的人，可以成为新事业的发起人，但不能坚持到底。

（8）内倾直觉型（the introverted intuitive type）

这种类型的人，既是内倾的，又是偏于直觉功能的。他们力图从精神现象中发现各种各样的可能性。内倾直觉型的人，不关心外界事物，脱离实际，善幻想，观点新颖，但有点稀奇古怪。荣格认为，艺术家属于内倾直觉型。

荣格并没有截然地把人格简单地划分为八种机能类型，他的心理类型学只是作为一个理论体系用来说明性格的差异，实际生活中，绝大多数人都是兼有外倾型和内倾型的中间型。上面用来说明每一种类型的模式都是典型的极端模式。纯粹的内倾型的人或外倾型的人是没有的，只有在特定场合下，由于情境的影响而一种态度占优势。每个人也能同时运用四种心理机能，只不过各人的侧重点不同，有些人更多地发挥这一种心理机能，另一些人则更多地发挥另一种心理机能。此外，外倾型或内倾型也并不影响个人在事业上的成就。例如，李白具有较明显的外向性，杜甫具有较明显的内向性，但是，他们都是唐代的伟大诗人。

由于荣格的性格类型的划分是根据他的力比多学说，而力比多是本能的力量，所以这一理论忽视了人格的社会性，并且带有神秘色彩。另外，荣格提出的八种机能类型，并不是从实际生活中归纳出来的，而是用数学的综合方法凭主观演绎出来的，各种类型之间界限不清，几种类型的特征也说不清楚。不过，他对内倾型和外倾型两种态度类型的论述部分内容是符合实际的，这种理论已广泛地应用到教育、管理、医学和职业选择等领域，因为这种简单划分带来了使用上的方便。现在已有许多研究证实内外倾是人格的主要特质（维度），心理学家编制了测量内外倾的量表，在 *EPQ* 和 *MMPI* 等量表中也都包含有内外倾分量表。近年来,心理学家通过因素分析,发现内倾性与外倾性具有复杂的结构,它们由许多特质构成。

三、威特金的类型论

美国心理学家威特金(H. A. Witkin)等人,在场依存性的研究中作出了贡献。威特金等人在研究知觉时发现,有些人很难从视野中离析出知觉单元,有些人较易从视野中离析出知觉单元。他根据场的理论,将人划分为场依存性和场独立性两种类型。场依存性的人,较容易受当时环境中的其他事物(包括知觉者本身的状况)的影响,很难离析出知觉单元;场独立性的人,较少受知觉当时的情境影响,较易于离析出知觉单元。许多研究表明,大多数人处于场依存性和场独立性之间,或多或少受当时情境影响,处于中间状态。因此,大多数人是相对场依存性的人或相对场独立性的人,但为了表述上的简明,也称之为场依存性的人或场独立性的人。场依存性和场独立性是认知方式中的一个主要的方面,也是研究得最多的方面。威特金指出,场依存性的人和场独立性的人,是按照两种对立的信息加工方式工作的,场依存性的人,倾向于以外在参照(客观事物)作为信息加工的依据;场独立性的人,则倾向于更多地利用内在参照(主体感觉)。

1. 场依存性和场独立性具有普遍性和稳定性

(1) 普遍性

认知方式的场依存性和场独立性维度不仅存在于知觉过程中,而且普遍地存在于思维和性格等领域中。

场依存性的人,独立性差,并且容易受暗示;场独立性的人,有较大的独立性,并且不易受暗示。

场依存性的人,对于需要找出问题的关键成分和重新组织材料的任务感到困难;场独立性的人,比较容易完成要找出问题的关键成分和重新组织材料的任务。

场依存性的人,更多地利用外在参照,用外在的社会参照来确定自己的态度和行为,他们的行为是社会定向的;场独立性的人,更多地利用内在参照,他们的行为是非社会定向的。具体地说,场依存性的人,社会敏感性强,容易注意他人提供的社会线索,并且容易受他人的影响;场独立性的人,社会敏感性差,不大注意他人提供的社会线索,比较独立、自信、自尊心强。场依存性的人注意他参与的人际关系;场独立性的人喜欢孤独的非人际情境。场依存性的人对他人有兴趣;场独立性的人关心抽象的概念和理论。场依存性的人善于并爱好社交,社会工作能力较强;场独立性的人不大善于社交。

(2) 稳定性

许多实验表明,个人在场依存性和场独立性连续维度上的相对位置是相对稳定的。人类的认知方式和性格特征在发展上具有一致性。威特金等人自 1967 年起对 1584 名大学生(男女各半)进行为期十年的追踪研究。他们发现,场独立性的学生比较一贯地偏爱需要认知改组技能的、与人联系较少的学科(如自然科学);场依存性的人比较一贯地对认知改组不感兴趣,偏爱人际关系的学科。此外,进入大学时所学学科与认知方式不符合的学生,在大学毕业或进入研究院时,大多转向与自己认知方式一致的学科;而认知方式与所学学科符合的学生,一直保持原来所选择的学科,他们的成绩也是比较好的。

2. 评定场依存性和场独立性的测验

（1）身体顺应测验

早期这个测验主要用来测试当外在视野线索与内在线索（身体垂直知觉）不一致时，个体主要参照哪一种线索进行垂直判断。后来，人们发现这种测验上的个别差异在许多心理活动中都存在，具有稳定性，因此，它就成为测定场依存性的一项测验。测验时，被试坐在一间小的斜屋内，要求他把身体调正。结果发现，场独立性的人，在调正身体时，主要不考虑屋子的位置，更多地利用身体内部的经验作为参照；场依存性的人，往往调正身体以与斜屋看齐，即他在确定身体位置时，以环境作为主要参照物。

（2）棒框测验

测验时，被试坐在暗室内，面前放着一个可以调节倾斜度的亮框，框中心装有一个能够转动度数的亮棒，要求被试把亮棒调到垂直。结果表明，场依存性的人，倾向于外在参照，他们调节亮棒与亮框看齐，即根据框的主轴来判断垂直；场独立性的人，倾向于更多地利用内在参照，他们往往利用感觉到的身体位置，把亮棒调成接近于垂直。

（3）镶嵌图形测验

简单图形暗含在复杂图形中，要求被试把简单图形分离出来，这需要重新组织材料的能力。场独立性的人比场依存性的人容易分离出简单图形。

这是一个简单的镶嵌图形测验的例子，它测量你从复杂图形中发现某种简单图形的能力。图8-1中左图是一个叫作a的简单图形，右图是一个复杂图形，其中隐藏着图形a，请你在这个复杂图形中找到a，并用笔把它描出来。被试要在复杂图形的线条上描绘出简单图形，不仅大小要相同，而且方向也要一致。

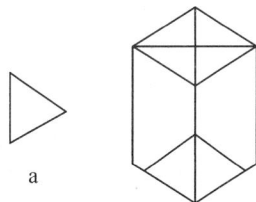

图8-1 镶嵌图形
测验举例

关于场依存性和场独立性与内外向性格的关系，存在着两种不同的观点。艾温斯（F. L. Evans）、托尔斯塔（P. T. Towrstud）等人的研究表明，二者相关程度很高，很可能是性格的一种特质的反映。费恩（B. L. Fine）、塞格里斯（J. A. Cegalis）等人的研究表明，二者不相关，它们是性格的两种不同的特质。张厚粲等认为："场依存性—独立性认知方式与内外向性格有着本质的区别，二者无显著相关，可以认为是人格的两种不同特质（维度）。但是，二者之间存在着某种程度上的一致性，因此，它们在人格表现中互相影响，互相制约，共同存在于人格这样一个统一体之中。"[①]

场依存性的研究是现代研究性格问题的一大趋势，在国外很受心理学界的重视。场依存性是性格的一个重要维度，他们的研究丰富了性格心理学理论，对教育、医学和管理等具有重大的实践意义。例如，场依存型人适合于学文科，场独立型人适合于学理科等。威特金等人所运用的几种测验，使用方便，与实际情况对照，有相当高的符合程度。

---

① 谢斯骏、张厚粲编：《认知方式：一个人格维度的实验研究》，北京师范大学出版社1988年版，第71—72页。

四、文化—社会价值类型论

德国教育家和哲学家斯普兰格曾任莱比锡大学和柏林大学的教授。主要著作有《社会科学概论》(1905年)、《生活方式》(1914年)和《人本主义与青年期心理学》(1922年)等。他认为,人以固有的气质为基础,同时也受文化的影响。他在《生活方式》一书中提出,社会生活有六个基本领域(理论、经济、审美、社会、权力和宗教),人会对这六个基本领域中的某一个领域产生特殊的兴趣和价值观。据此,他将人的性格分为六种类型(理论型、经济型、审美型、社会型、权力型和宗教型)。这是理想(理论)模型,具体的个人通常是主要倾向于一种类型并兼有其他类型的特点。

1. 理论型的人

这种类型的人以追求真理为目的,认识是精神生活的主要活动,情感退到次要地位。他们总是冷静而客观地观察事物,关心理论方面的问题,力图根据事物的本质,根据自己的知识体系来评价事物的价值,但碰到实际问题时往往束手无策。他们对实用和功利缺乏兴趣,以追求真理为生活目的。理论家和哲学家属于这种类型。

2. 经济型的人

这种类型的人总是以经济的观点看待一切人和事物,把经济价值提到一切价值之上。他们根据实际功利来评价人和事物的价值,以获取财产和利益为其生活主要目的。实业家属于这种类型。

3. 审美型的人

这种类型的人以追求美为最高人生意义,不大关心实际生活,总是从美的角度来评价事物的价值。自我完善和自我欣赏是他们的目的。艺术家属于这种类型。

4. 社会型的人

这种类型的人重视爱,认为爱他人是人生的最高价值和意义所在,有献身精神,有志于增进社会和他人的福利。社会型的最高和最普遍形式是母爱。努力为社会服务的慈善、卫生和教育工作者都属于这种类型。

5. 权力型的人

这种类型的人重视权力,并努力去获得权力,凡是他人的所作所为总是由自己决定。

6. 宗教型的人

这种类型的人坚信宗教,生活在信仰中,总感到上帝的拯救和恩惠。他们富有同情心,以慈善为怀,以爱人爱物为目的。神学家属于这种类型。

奥尔波特指出,每个人或多或少地具有这六种价值倾向,并不表示真有这六种价值类型的人存在。

五、其他重要的类型论

(一) 弗洛姆的类型论

弗洛姆(1900—1980)是当代新弗洛伊德主义的理论权威。弗洛姆指出,弗洛伊德学说的基础是家庭,阿德勒、沙利文、霍妮等人虽然强调文化因素和社会因素,但最后仍然归结于家庭。弗洛姆与他们不同,他把文化与经济、政治、社会意识形态等结合起来,强调社会中的大的切面对性格的影响。他把性格分为两个部分:"社会性格"和"个人性格"。"社会性格"是性格结构的核心,为同一文化群体中一切成员所共有;"个人性格"是同一文化群体中各个成员之间行为的差异。人的性格主要由社会性格决定,在此基础上表现出个人性格的差异。他的一个十分重要的观点是"性格的形式受社会和文化形态影响"。他指出,性格是由气质和体格受生活经验的影响所决定的。

弗洛姆将性格类型划分为两大类型:生产倾向性①和非生产倾向性。前者是健康的性格,后者是不健康的性格。

具有生产倾向性的人与马斯洛提出的自我实现的人相似。弗洛姆认为,具有生产倾向性是人类发展的一种理想境界或目标,但任何社会中都没有人能够达到这一点。获得生产倾向性的唯一方法,就是生活在健全的社会中,生活在促进创造性的社会中。具有生产倾向性的人,会充分发挥潜能,成为创造者,对社会作出创造性的贡献。

他们首先创造了自我。这是最重要的产物。他们的另外四个方面是创造性的爱、创造性思维、幸福感和道德心。

(1)创造性的爱

纯正的爱是以创造性为基础的,因此称为"创造性的爱"。弗洛姆重视爱的力量在性格培养中的作用,认为在创造性的爱中,自我会得到充分发展。他指出,人——属于不同时代、不同文化的人——都面临着同样的需要解决的问题:如何克服孤独感而结合在一起? 如何超越个人的独自生活而找到共同和谐的愉快生活? 生存问题全部或完善的答案在于用爱达到人与人之间的结合以及同另一个人的结合。

他还指出,成熟的爱是双方在保持一个人的完善性和个性的条件下的结合,是人类的一种积极力量。爱首先是给予,而不是接受;创造性的爱除了给予外,还包括四个基本因素:关心、责任、尊重和了解。这充分体现了爱的积极主动性。

(2)创造性思维

创造性思维是由对客体的强烈兴趣和关心促成的。其特征是客观性,即个体对客体的尊重,对事物如实的了解。创造性思维是客观性与主观性的统一,集中在事物的整体上,而不是一个方面。

(3)幸福感

具有生产倾向性的人是愉快的。他指出,幸福感是一个人在生活艺术中取得成功的证明,幸福是最伟大的成就。幸福不仅是一种愉快的感觉和状态,也是一种有机体增强的状态。它给人带来活力的日益增长、身体的健康和个人潜能的实现。

(4)道德心

具有生产倾向性的人的道德心是自我的呼声,而不是外部代理人的声音。他们的人格是自我指导和自我调节的。健康人格对行为的指导是内在的,"我愿意做这件事,因为我应该如此"。

———————————
① 倾向性(orientation),指一个人的普遍的态度或观点。

除了生产倾向性外，弗洛姆又提出了几种非生产倾向性，他认为，这些只是"理想类型"。在实际生活中，每一个人的性格结构中并非只有一种倾向性，而是几种倾向性的混合。

(二) 霍兰的类型论

美国学者霍兰(J. L. Holland)是著名的职业指导专家，他提出了性格—职业匹配理论。他指出，学生的性格类型、学习兴趣和将来的职业准备密切相关。人们在不断寻求能够获得技能、发展兴趣的职业。经过几十年的研究和一百多次的实验，他提出了系统的职业指导理论。他把性格划分为六种类型：社会型、调查型、现实型、艺术型、企业型和传统型，并认为社会上的每一个人都可以划分出一种主要的性格类型。每一种性格类型的人，对相应的职业感兴趣。

1. 社会型的人

这种类型的人喜欢社会交往，关心社会问题，对教育和宗教活动感兴趣，相应的职业有：护士、教师、教授、社会学家、社会工作者等。

2. 调查型的人

这种类型的人喜欢智力活动和抽象的工作，相应的职业有：数学、物理、化学和生物学等自然科学工作者，电子学工作者，计算机程序编制者等。

3. 现实型的人

这种类型的人喜欢有规律的具体劳动和需要基本技能的工作，相应的职业有：修理工、机械工、电工、制图员和农民等。

4. 艺术型的人

这种类型的人喜欢文学和艺术，善于用艺术作品来表现自己，感情丰富、爱想象，富有创造性，相应的职业有：作家、艺术家、雕刻家、音乐家、管弦乐队指挥、编辑、评论家等。

5. 企业型的人

这种类型的人富有冒险精神、性格外向、喜欢担任领导工作，具有说服、支配、使用语言等能力，相应的职业有：董事长、经理、营业部主任、推销员等。

6. 传统型的人

这种类型的人喜欢有条理和系统性的工作，具有友好务实、善于控制和保守等特点，相应的职业有：办事员、办公室人员、打字员、档案工作者、会计、出纳、秘书、接待员等。

霍兰研究了各种性格类型之间的关系。他指出，除了大多数的人可以主要划分为某一种性格类型外，每一种性格类型又都有两种相近的性格类型、两种中性关系的性格类型，还有一种相斥的性格类型(见表8-5)。

表8-5　性格类型关系

性格类型	关　系				
	相　近		中　性		相　斥
社会型	艺术型	企业型	传统型	调查型	实际型
调查型	艺术型	实际型	传统型	社会型	企业型

性格类型	关 系				
	相 近		中 性		相 斥
实际型	调查型	传统型	艺术型	企业型	社会型
艺术型	调查型	社会型	企业型	实际型	传统型
企业型	社会型	传统型	实际型	艺术型	调查型
传统型	实际型	企业型	社会型	调查型	艺术型

各种性格类型之间的相关可用六角模型来表示(见图8-2)。

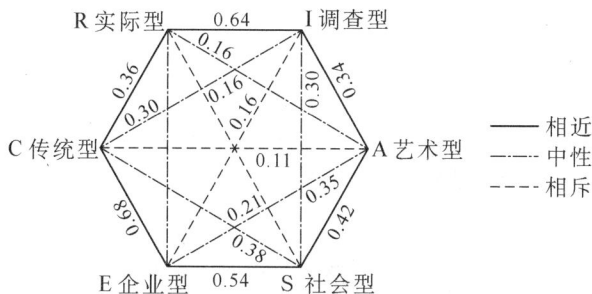

图8-2 霍兰的性格类型六角模型

交叉线上的数字是类型间的相关

(资料来源:Holland等,1970年)

霍兰认为,在性格类型和职业类型匹配上主要有三种模式。

1. 协调

性格类型和职业类型相重合。例如,艺术型的人在艺术型的职业环境中工作;传统型的人在传统型的环境中工作。在这种模式中,个人会感到有兴趣和内在的满足,并能最充分地发挥自己的聪明才智。

2. 亚协调

性格类型和职业类型相近。例如,实际型的人在调查型的职业环境中工作。在这种模式中,个人经过一段时间的努力工作,也能适应这种职业,并且能够做好工作。

3. 不协调

性格类型和职业类型相斥。例如,艺术型的人在传统型的职业环境中工作。在这种模式中,个人对职业毫无乐趣,并且不能胜任工作。

霍兰从实际经验出发,并经过长期的实验研究把人的性格类型主要划分为六种,并指出各种性格类型之间的相近、中性和相斥的关系,具有科学性。他把性格类型与职业指导结合起来,致力于性格类型和职业的匹配,对职业指导具有重大意义。但是,心理学的研究表明:一个人对某一种职业很感兴趣,并不意味着他就一定能胜任这项工作,对工作有兴趣是做好工作的前提,影响职业的心理因素是多种的和复杂的,而且研究表明:兴趣是可以在工作中培养的。

性格的类型理论为数众多,除上述几种外,比较著名的还有:

(1)英国心理学家培因(A. Bain)和法国心理学家李波(T. Ribot)根据个体的智力、情绪、意志三种心理机能何者占优势,来确定性格类型。他把人的性格类型划分为:理智型、情绪型和意志型。理智型的人以理智支配行动,依理论思考而行事;情绪型的人不善于思考,凭感情办事;意志型的人目的明确,主动追求和憧憬未来。此外,还有一些中间类型,例如,理智—意志型等。

(2) 奥地利心理学家阿德勒(A. Adler)根据个体的竞争性不同,把人的性格类型划分为:优越型和自卑型。优越型的人好强,总想胜过别人;自卑型的人有很重的自卑感,在活动中表现为退让、不与人竞争等特点。

(3) 苏联心理学家列维托夫(Н. Д. Девитов)根据社会方向性和性格的意志特征,把学生划分为四种性格类型。

① 目的方向明确和意志坚强型。

② 目的方向明确,但坚持性、自制力有某些缺陷型。

③ 缺乏目的方向性,但意志坚强型。

④ 缺乏目的方向性且意志薄弱型。

评 价

性格类型论根据某种原则,把所有的人划归为某些类型,以便能直观地了解人的性格。类型论具有重大的理论价值和实践意义,它的研究成果,已被许多学科所采用,它的产生最早是由于临床医学实践的需要,现在已广泛地应用到教育、医疗、管理、军事和人才选拔等领域。类型论是群体间个性差异的描述指标,可以通过对人的行为直接观察得到。但是,类型论把人的极端复杂的性格概括为少数几个类型,必然会忽视中间型。与此相关,如果将一个人划入某种性格类型,就会只注意这种类型中相关的特征,而忽视其他特征,即只注意一个人一个方面的特征,而忽视其他方面的特征,这样就会导致简单化和片面性。另外,类型论也容易将人的性格固定化、静止化,忽视性格的变化和发展,特别是容易忽视影响性格形成和发展的环境因素。因此,我们应该把偏重于从质和整体上理解人的类型论与从量上分析性格的特质论结合起来。事实上,目前多数心理学家在他们的研究中已经这样做了。

第二节　性格的特质理论

特质理论是西方主要的性格理论。与前节所述的流行于欧洲大陆的类型理论不同,流行于美国和英国的特质理论是用"特质"来解释性格(个性)的。特质一词是英语 trait 的译名,亦可译作特性。

在西方心理学家中,主张和赞同特质理论的人很多,虽然迄今为止尚未有统一的特质理论,但已经形成了三点基本共识:(1)性格是由个体的特质所组成的,特质是构成性格的基本单位,特质决定个体的行为;(2)性格特质在时间上具有稳定性,在空间上具有普遍性;(3)通过对性格特质的了解,可以预测个体的行为。性格特质论者认为,性格特质是所有的人共有的,但每一种特质在量上是因人而异的,这就造成了人与人之间在性格上的差异。情绪稳定性、活动性、支配性、内倾性、外倾性和社交性等,都被认为是性格特质。图8-3描绘的是人格特质曲线。

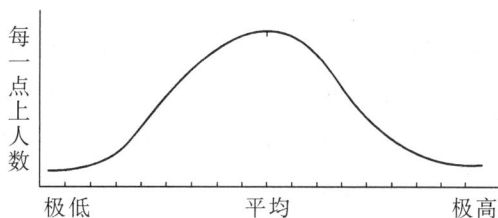

图8-3 人格特质曲线

一、奥尔波特的特质理论

奥尔波特(1897—1967)是美国著名心理学家、现代个性心理学创始人之一,也是特质理论的始创者。他在1929年的第九届国际心理学大会上发表了题为《什么是个性(人格)特质》的论文,提出将特质作为个性的基本单位。

(一) 什么是特质

1. 特质的含义

奥尔波特在总结当时个性多种解释的基础上,在他的名著《个性:心理学的解释》中提出个性就是一个"真实的人"。后来又进行了补充,1937年,他提出"个性是个体内在心理物理系统中的动力组织,它决定一个人对环境独特的适应性"。1961年他又把"对环境独特的适应性"改为"独有的行为和思想"。

奥尔波特把特质看作个性的基本结构单位。1958年,他提出了10个个性基本单位:智能、气质特点、潜意识动机、社会态度、认知方式和图式(看世界的方式)、兴趣和价值、表述特点、语体特点等。

奥尔波特指出,特质是一种神经心理结构(neuropsychic structure)。他认为:特质除了能够对刺激产生行为外,还能主动地引导行为,使许多刺激在机能上等值起来,使反应具有一致性,即不同的刺激能导致相类似的行为。人是以特质来迎接外部世界的,以特质来组织经验。世界上没有两个人有完全相同的特质,因此,每个人对待环境的反应是不同的。例如,一个具有"谦虚"特质的人,对不同的情境会作出相似的反应(见表8-6)。

表8-6 特质使刺激和反应趋于一致的模型

刺 激	特 质	反 应
与领导一起工作→		→留意、小心、顺从
访友→		→文雅、克制、依从
遇见陌生人→	谦虚	→笨拙、尴尬、害羞
与母亲共进餐→		→热情迎合
同伴给予赞扬→		→不露面、不愿为人注意

反之,具有不同特质的人,即使对同一个刺激物,反应也会有所不同。性急的人和性慢的人在等待朋友时态度是不同的。性急的人往往比较焦躁,性慢的人则会比较平和。奥尔波特指出:"同样的火候使黄油融化,使鸡蛋变硬。"

奥尔波特认为,特质是概括的,它不只是和少数的刺激或反应相联系。一个特质联结着许许多多的刺激和反应,使个体行为产生广泛的一致性,使行为具有跨情境性和持久性。但是,特质又具有焦点性,即它与现实的某些特殊场合联系着,只有在特殊的场合和人群中才会表现出来。例如,具有攻击性特质的人,不会在任何场合对任何人进行攻击,如对亲戚朋友,一般就不会表现出攻击行为。

2. 特质的特点

(1) 特质不是有名无实的,而是一种实际存在于个体内的神经心理结构。

(2) 特质比习惯更具有一般性。习惯比特质更特殊,它常常是特质的具体表现,特质是对习惯整合的结果。例如,父母亲鼓励孩子刷牙,孩子天天早上和饭后刷牙,这是习惯。以后,刷牙这一行为融化于更为广泛的习惯系统中,进一步又整合于个人的清洁倾向中,清洁就成为个人的特质了。

(3) 特质具有动力性。特质具有指引人行为的能力,它使个人的行动具有指向性。特质是行为的基础和原因,它支撑着行为。奥尔波特认为,特质可以与动机等同。

(4) 可以由个体的外部行为来推测特质的存在,并且从实际中得到证明。特质不能直接观察到,但可以通过观察一个人多次重复的行为推测并证实特质的存在。

(5) 特质与特质之间只是相对的独立。奥尔波特指出个性是一种网状的和重叠的特质结构,在特质和特质之间仅仅只是相对的独立,而不能把特质看作"孤岛"。特质与特质之间没有严格的分界线。

(6) 特质和道德判断或标准不能混为一谈。

(7) 行为或习惯与特质不一致时,并不能表明这种特质不存在。这是因为一种特质在不同个体身上可能具有不同程度的整合。同一个人可能具有相反的特质,由于刺激情境和一时的态度会左右人的行为,所以人的行为在短时间内可能表现得和特质不一致。

特质具有独特性和普遍性两个方面,从特质的独特性来探讨,就是研究这种特质在某一个人的性格结构中的作用和意义;从特质的普遍性来探讨,则要确定人与人之间在性格方面的个别差异。

3. 特质的分类

奥尔波特首先把特质分为共同特质和个人特质两类。共同特质(common trait)是同一文化形态下群体都具有的特质,它是在共同的生活方式下所形成的,并普遍地存在于每一个人身上,这是一种概括化的性格倾向。个人特质(individual trait)为个人所独有,代表个人的性格倾向。他认为,世界上没有两个人具有相同的个人特质,只有个人特质才是表现个人的真正特质。他主张心理学家应该集中力量研究个人特质。

奥尔波特又把个人特质按照它们对性格的影响和意义的不同,区分为三个重叠交叉的层次:(1)首要特质(cardinal trait)。这是个人最重要的特质,代表整个个性,往往只有一个,在个性结构中处于支配地位,影响一个人的全部行为。(2)主要特质(central trait)。这是性格的"构件",性格是由几个彼此相联系的主要特质所组成的,主要特质虽不像首要特质那样对行为起支配作用,但也是行为的决定因素。(3)次要特质(secondary trait)。这是个人无足轻重的特质,只在特定场合下出现,它不是个性的决定因素。

(二) 机能自主

机能自主(functional autonomy)也可译为"机能独立",它的全称是"动机的机能自主"。这是有关动机的一种独特的看法,是奥尔波特个性理论中最著名也是最引起争论的概念。简单地说,机能自主就是一个成年人现在从事这一活动的原因,而不是他原来行动的原因,过去的动机与现在的动机在机能上没有联系。奥尔波特指出,每种动机都有特定的起始点,这种起始点可能是假设的本能或者是器官的紧张和弥散性兴奋。理论上,所有成年人的意图都能追溯到婴儿期的这些起始状态,但随着个体的成熟,联结被打破,联系成为历史,而非机能。例如,一个大学生开始修读一门课程时是因为它是必修课,或者因为时间充裕而选修。后来,他被这门课的内容吸引了,对这门课产生了浓厚的兴趣,这时原发性动机已经平息了,手段变为目的,即"为读书而读书"了。这样,后来的动机已经与过去的动机没有机能上的联系了。

奥尔波特认为,动机是个性心理学研究的重点,也是心理学中的难点。他指出,理想的动机理论应该达到下列四个要求:(1)动机必须是现实的。反对那种认为儿童时期的动机能够决定人一生的行为的观点。他指出,动机作为个人行动的动力必须是现实的,过去的动机只有现在还存在,才能解释个人的行为。(2)几种动机是同时存在的。反对把动机归纳为一种因素,他指出,动机的种类是十分广泛的,很难发现普遍的共同特性。(3)认知过程的重要性。强调动机和认知过程的密切联系。他认为,人总是有愿望和价值观的,不了解个人的计划、愿望和价值观等,就不能真正了解人的动机。因此,为了了解一个人的动机,最好的方法是问他本人现在在想什么。(4)个人动机模式的独特性。正如两个人不会有相同的特质结构一样,两个人也不会有相同的动机结构,每一个人都有自己独特的动机模式。特质能够激发行为,所以特质能够与动机等同。他指出:"动机因素和性格因素的关系如何呢?我认为,所有的动机因素同时也是性格因素。"

奥尔波特指出,当动机成为自我的一部分时,对这些动机的追求是它们的本身,而不是外部的强化。因为这些自我独立、自我维持的动机已经是个人的一个组成部分了。

奥尔波特认为有以下两类机能自主的动机。

1. 持续性的机能自主

持续性的机能自主指个人盲目从事的重复活动,这种活动过去曾经为实现某种目的起作用,但现在已经不再发生作用了。这种活动不依赖于奖励和过去的经验,是毫无意义的低水平的活动。例如,一个人虽然已经退休,但是仍然每天早上6点起床。

2. 自我统一的机能自主

自我统一的机能自主指个人的目标、价值观、兴趣、态度和情操等。奥尔波特认为,并不是所有的行为都是为机能自主的动机所驱使的,人类有许多行为由生物内驱力、强化、习惯和反射活动所引起。不过,个性心理学家应该主要研究人类所特有的机能自主的动机。

(三) 自我统一体

自我统一体(proprium)指个性的不同部分具有延续性和组织性,表明存在着一个个性组织结构。又称"统我"。奥尔波特认为,自我的概念也过于狭窄,只涉及个体自我感的一部分,因此,他主张用自我统一体来代替自我。自我统一体是个性统一体的根源,是个性特质的统帅。奥尔波特把自我统一体定义为包括个性中有利于内心统一的所有方面。

(四) 健康的人

奥尔波特对人性的看法是乐观的。他选择健康成人作为主要的研究对象,很少涉及精神病人,他的理论体系是面向健康人的。他认为,健康人在理性和有意义的水平上活动,激励他们活动的力量完全是能够意识到的,是可以控制的。健康人的视线向前,它指向当前和未来的事件,而不是向后看,指向童年的事件。

奥尔波特指出,健康的人具有下列特征:

1. 自我广延的能力

心理健康的人活动性很强,他们参与丰富多彩的活动,活动范围很广。他们会参加到人际关系和对自己有意义的工作中去。他们有许多好朋友,有多种多样的爱好,对政治和宗教活动也积极参加。

2. 人际交往能力

心理健康的人和他人的关系是亲密的,能够容忍他人的缺点和不足,并且富有同情心。这种人对他人温暖、理解,没有嫉妒心理和占有的欲望。

3. 情绪上有安全感和自我认同感

心理健康的人能够接受生活中的斗争,容忍挫折,对自己也有积极的看法,他们具有一个积极的自我意象。这与那些充满自卑感和自我否定的人是不同的。

4. 具有现实的知觉

心理健康的人能够准确、客观地知觉周围现实,而不是把它们看作自己所希望的东西。这种人善于评价情境,作出判断。

5. 专注地投入自己的工作

心理健康的人拥有自己的技能,能全心全意地投入高技术水平的工作。许多心理学家都指出,专注地投入自己的工作是心理健康的一个重要标志。

6. 现实的自我形象

心理健康的人能够准确理解真实自我和理想自我之间的差别,也能知道自己对自己和别人对自己的看法之间的差别。心理健康的人的自我形象是客观的、公正的,他们能够准确知道自己的优点和缺点,全面地了解自己。

7. 统一的人生观

心理健康的人具有统一的人生观和价值观,并能够把它们应用到生活的各个方面。他们面向未来,行为的动力来自长期的目标和计划。健康的人一生都遵循着经过考虑和选择的目标前进,有一种主要的意向。

奥尔波特的健康的人和马斯洛的自我实现的人有许多相似之处。

二、卡特尔的特质理论

卡特尔(R. B. Cattell, 1905—1998)是出生于英国的美国心理学家,是著名的个性心理学家和特质论者。奥尔波特开创的特质理论发展到 1940 年代,面临着两个问题:(1)决定个性的是哪些特质? (2)用什么方法来确定特质? 卡特尔在这两个方面都作出了独特的贡献。

(一) 特质的分类

卡特尔除了深受奥尔波特特质分类的影响外,麦独孤的本能说和情操说,以及门捷列夫的化学元素分类说,都对他的特质分类产生了很大的影响。

卡特尔认为:特质是个性的基本元素。特质是一种心理结构(mental structure)。他认为在个性中,各个特质并不是松散地存在着。所有的特质相互关联,从而构成个性(图8－4)。

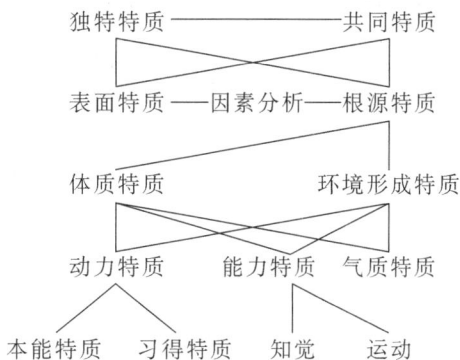

图8－4 卡特尔的个性特质层次

1. 独特特质和共同特质

卡特尔首先将特质分为独特特质和共同特质(相对于奥尔波特的个人特质和共同特质)。他认为共同特质是用因素分析法得到的共同因素;独特特质是用因素分析法得到的独特因素。共同因素指人类所有社会成员所共同具有的特质;独特特质指单个个体所具有的特质。虽然社会所有的成员具有某些共同特质,但共同特质在社会各成员身上的强度是不同的。即使同一个人身上的共同特质在不同时间里在强度上也是不相同的,个体的各种特质随环境的变化而表现出不同的强度。一个人在不同的时间里由于环境变化,特质在强度上的表现也不同。卡特尔与奥尔波特不同,他重视共同特质的研究,而不重视对独特特质的研究。

2. 表面特质和根源特质

卡特尔认为奥尔波特所列举的特质数目过于繁多,他通过群集分析法得到特质群,将其称为表面特质。他进一步对 35 个表面特质进行因素分析,得出 16 个根源特质。卡特尔认为,表面特质直接与环境接触,常常随环境的变化而变化,是从外部可以观察到的行为。根源特质隐藏在表面特质的后面,深藏于个性结构的内层,必须通过表面特质的媒介,用因素分析法才能发现。它是制约表面特质的潜在基础和个性的基本因素,是"建造个性大厦的砖石"。例如,大胆、独立和坚韧等个性特质可以在个体身上直接表现出来,都是表面特质,但它们在统计学上彼此有高的相关,经过因素分析可以得出它们的共同根源特质是"自主性"。图8－5表示自我、根源特质和表面特质之间的关系,自我居于中心位置,自我的外围是根源特质(5、6),根源特质的外围是表面特质(1、2、3、4)。卡特尔认为,根源特质各自独立,相关极小,并且普遍地存在于各种不同年龄的人和不同社会环境的人身上,但在每个人身上的强度是不同的,这就决定了人与

图8-5 自我、根源特质和表面特质

人之间个性的不同。他进一步指出，各个根源特质的深度也不一样，根源特质越深刻，这些特质就愈稳定，对行为的效应也就愈全面。把特质划分为表面特质和根源特质是卡特尔对个性心理学的一个重大贡献，得到许多心理学家的赞同。卡特尔及其同事经过长期的研究，确定了16种根源特质，并据此编制了16种个性因素问卷来测定每一个人的特质（见表8-7）。

表8-7　卡特尔的16种根源特质

因素	特质名称	低分者特征	高分者特征
A	乐群性	缄默孤独	热情外向
B	聪慧性	智力较低	智力较高
C	稳定性	情绪激动	情绪稳定
E	恃强性	谦逊顺从	好强固执
F	兴奋性	严肃稳重	轻松兴奋
G	有恒性	权宜敷衍	有恒负责
H	敢为性	畏缩退缩	冒险敢为
I	敏感性	理智、着重现实	敏感、感情用事
L	怀疑性	信赖随和	怀疑、刚愎
M	幻想性	合乎实际	富于幻想
N	世故性	坦白直率、天真	精明能干、世故
O	忧虑性	安详沉着	忧虑抑郁
Q_1	实验性	保守	勇于尝试实验
Q_2	独立性	依赖、附和	自立、当机立断
Q_3	自律性	矛盾冲突	自律严谨
Q_4	紧张性	心平气和	紧张困扰

用"卡特尔16种个性因素测验"可以得到被试的剖面图（图8-6是对三种职业人员测试后的剖面图）。

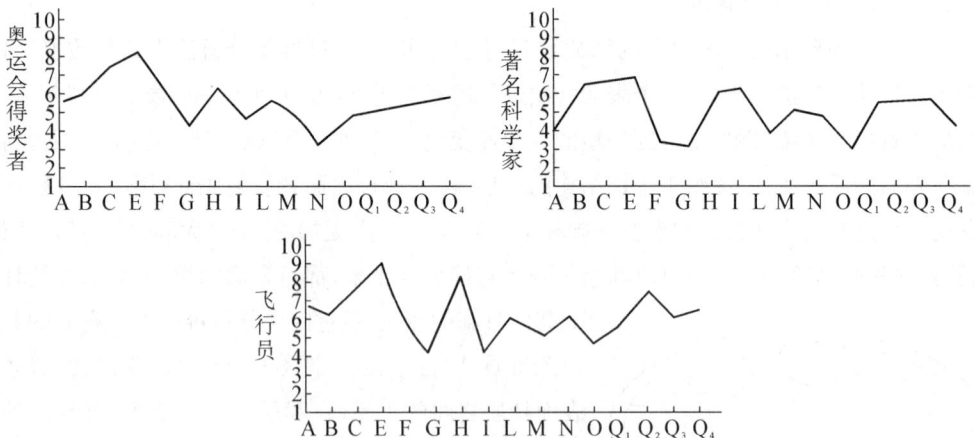

图8-6　三种职业人员"16种个性因素测验"比较

3. 体质特质和环境形成特质

卡特尔认为，在根源特质中，有些特质是由遗传决定的，称为体质特质；有些特质是由环境决定的,称为环境形成特质。例如,因素 A(乐群性)是体质特质;因素 Q_1(实验性)是环境形成特质。卡特尔指出,一个根源特质不可能既归因于遗传,又归因于环境,而是非此即彼,只受一个方面的影响。16 种根源特质有些是由遗传决定的,有些是文化决定的。

4. 能力特质、气质特质、动力特质

(1)能力特质

卡特尔认为,能力是决定一个人如何有效地完成某一任务的特质,是个性的认知表现。卡特尔认为智力是最重要的特质。

他用多因素分析法,发展了斯皮尔曼和瑟斯顿的智力理论。他和他的同事发现了一般智力不是 1 个,而是两个,即流体智力和晶体智力。还发现了 3 种较小因素(视觉能力、记忆检索和作业速度)。流体智力和晶体智力的发现有重大的理论和实践意义(本书将在"能力"篇中阐述)。

(2)气质特质

气质特质是描绘一个人在接近他的目标时如何行动的特质。它决定了一个人的一般"风格与节奏",决定一个人的行动是温和的还是暴躁的,决定一个人的情绪色彩,是个性的情绪表现。卡特尔认为气质特质属于体质根源特质。

(3)动力特质

动力特质使人朝着某个目标行动,它是个性的动机因素。卡特尔又从动力特质中区分出本能特质和习得特质等。

5. 本能特质、习得特质

卡特尔认为,本能特质和习得特质都是趋向于事物的动机倾向,只是来源不同。本能特质是与生俱来的,习得特质是由环境塑造的。

(二)研究方法

1. 因素分析

卡特尔早年在伦敦大学曾师从著名心理统计学家斯皮尔曼,后来,他在人格研究中广泛地使用了因素分析的方法。

卡特尔通过心理测量的三个维度(被试、时间、测验)的组合提出了六种因素分析的技术,分别用 O、P、Q、R、S、T 表示(见图 8-7)。

O 技术是对某一被试在两个不同的时间进行多种测验,经统计处理后可获得在两个时间之间进行多种测验的共同因素。

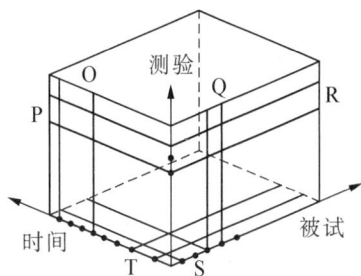

图 8-7 卡特尔因素分析 6 种
技术模式图

P 技术是对某一被试在较长时期内重复进行两种测验,经统计处理后可以获得两种测验之间在时间方面的共同因素。这是一种求得测验效度的方法。

Q 技术是对两个被试在某一时刻一起进行多种测验,经统计处理后可获得两个被试之间进行多种测验的共同因素,由此可以对两个被试的个性进行比较。

R技术是对很多被试在某一时刻进行两种测验,经统计处理后可获得两种测验之间被试的共同因素,即求得人格的各种特质。这是卡特尔运用因素分析方法的最基本技术。他获得的12种人格特质即缘于此法。

S技术是对两个被试在较长期时间内进行某一测验,经统计处理后可获得两个被试之间在时间方面的共同因素。

T技术是对很多被试在两个不同的时间进行某一测验,经统计处理后可获得两个时间之间被试的共同因素,即求得某一测验的信度。

卡特尔因素分析方法的程序是:(1)以多种方法对大量个体进行测量;(2)求出每个测量结果与其他各测量结果的相关系数,并列出一个相关矩阵;(3)求出每个测验与各因素的相关系数,即因素负荷。一般认为,负荷在0.30以上者为显著因素,可将此确定为人格的某一特质。

2. 素材的来源

卡特尔十分重视从人的行为的各个方面收集人格研究的素材,其来源有三:(1)生活记录材料(L-date),简称L材料;(2)问卷材料(Q-date),简称Q材料;(3)客观测验材料(OT-date),简称T材料。

L材料来源于日常生活,包括个人在家庭、学校和社会等各种场合中所发生的事件及各方面的记录等个人行为的原始材料。卡特尔在奥尔波特研究的基础上从L材料获得了描述人格的表面特质,然后运用因素分析R技术求得了12种根源特质。

Q材料是被试对问卷的回答。卡特尔从Q材料获得的根源特质有四种与L材料得到的不同,在此基础上,他编制了闻名于世的"卡特尔16种个性因素问卷测验"。

T材料是被试在各种心理实验的测验(如反应时、联想、注意广度等)中的反应。卡特尔从T材料获得了21种根源特质。

卡特尔所确定的特质主要来源于L材料,这也是他所制定的问卷及实验的主要依据。从Q材料和T材料所得到的结果既是对既得特质的鉴定,又是对它的补充。

(三) 特征方程式

卡特尔认为,行为并不是单独由个性因素所决定,也不是单独由环境因素所决定,而是二者相互影响的结果。个体的反应是个性因素和情境因素的函数,这可以用特征方程式(specification equation)表述如下:

$$R = f(s, p)$$

在上述方程式中,R代表个体反应,p代表个性因素,s代表情境因素。卡特尔认为,个体在特定情境中的行为,由下述因素决定:本能特质、习得特质和情境中的暂时变量。他认为,情境中的暂时变量随时间和情境而变化。状态(state)可以成为这种暂时变量,如焦虑状态就会影响一个人的行为。角色(role)是影响行为的另一个变量,人在不同的角色情况下,会变得不同,甚至会变成另一个人。例如,教师在课堂内外对于儿童同样的行为可能作出不同的反应,这是因为,在课堂内外他扮演着不同的角色。

卡特尔认为:个性因素会使行为在不同情况下表现一定的稳定性。但是,一个人的状态和角色等情境中的暂时变量也会影响他的行为。

三、艾森克的特质理论

艾森克(H. J. Eysenck，1916—1997)是出生于德国的英国心理学家，以研究个性而著称，他也是一个著名的特质论者。他运用精神病临床诊断、问卷测验、客观性动作测验、身体测量等各种可能的方法收集素材，并对这些材料进行因素分析，提出了他独特的个性理论。

(一) 个性维度

艾森克和同事威尔逊(G. D. Wilson)等人对个性维度做了深入研究。他指出，维度代表一个连续的尺度，每一个人都可以或多或少地具有某种特质，而不是非此即彼，通过测定，每一个人都可以在这个连续尺度上占有一个特定的位置。他曾提出五个维度(外内向、神经质、精神质、智力和守旧性——激进主义)，但主要的维度是三个。他认为外内向、神经质和精神质是个性的三个基本维度，这不仅为数学统计和行为观察所证实，而且还得到实验室内许多实验的证实(见图 8-8)。他在《个性的科学研究》一书中指出："到目前为止所得出的维度都近似互相垂直，但在适当的时候，无疑是会分离和派生出其他的维度。"艾森克对个性维度的研究受到各国心理学家的重视，并且已广泛地应用到医疗、教育和司法等领域。

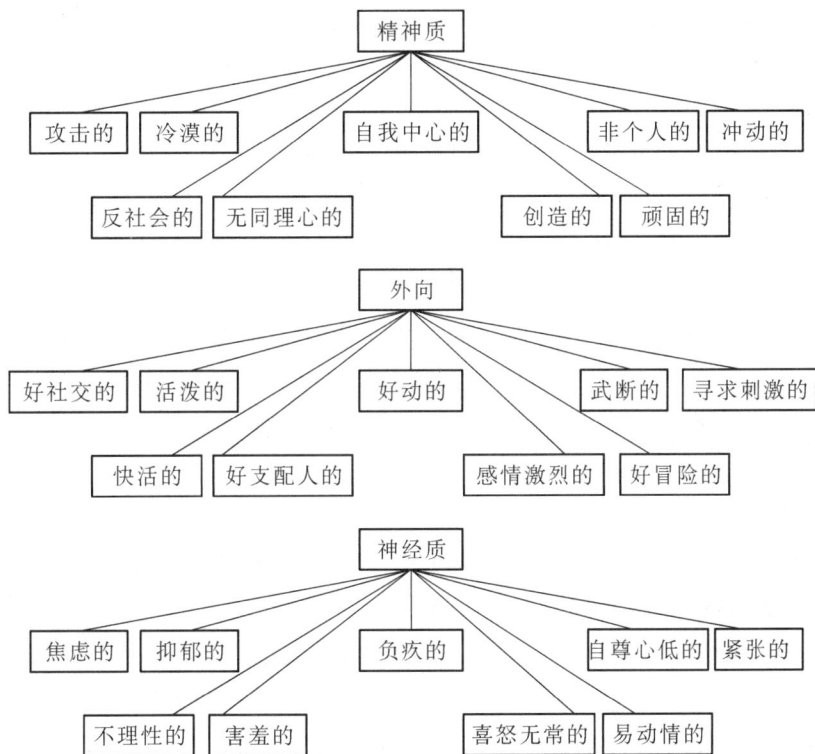

图 8-8　个性的三个维度的含义

(资料来源：H. J. Eysenck，1990)

1. 外内向

艾森克的外内向(extroversion-introversion)与荣格的外内向含义不完全相同。多年来他对外内向维度做了广泛和深入的研究,取得了许多创造性成果。外向的人不容易受周围环境影响,难以形成条件反射,在个性上具有情绪冲动、好交际、渴望刺激、冒险、粗心大意和爱发脾气等特点。外向的人从外表看似乎是不大可靠的人。内向的人容易受周围环境影响,非常容易形成条件反射,在人格上具有情绪稳定、好静、不爱社交、冷淡、不喜欢刺激、深思熟虑、喜欢有秩序的生活和工作、极少发脾气等特点。内向的人从外表上看似乎是一个略带悲观色彩而可靠的人。

艾森克把外内向这一个性维度与大脑皮层的兴奋过程和抑制过程相联系(见表8-8)。

表8-8 外内向与神经过程

向 性	神经过程	
	兴奋过程	抑制过程
外向的人	慢·弱·短	快·强·长
内向的人	快·强·长	慢·弱·短

从上表可以看出,外向的人兴奋过程强度弱,发生慢,持续时间短,因此难以形成条件反射;内向的人兴奋过程强度强,发生快,持续时间长,因此容易形成条件反射。

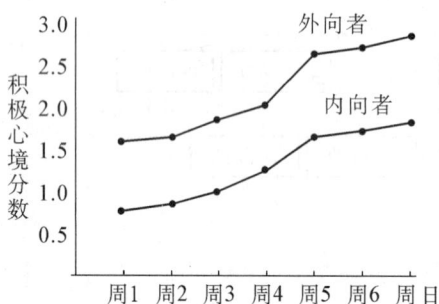

图8-9 外向和内向的人对快乐的评价
(资料来源:Larsen & Kasimatis, 1990)

心理学家拉森(R. J. Larsen)等人的一项研究表明:外向型的人自我报告幸福程度比内向型的人高。要求被试报告自己84天里的情绪状态,无论哪一天,外向型的人的积极情绪水平都比内向型的人高(见图8-9)。这一特点在时间上相当稳定。外向型的人的得分可以预测他几年后的快乐情况。

研究表明:外向者的大脑皮层唤醒水平通常要比内向者低,这种生理上的差异在人的一生中相当稳定,并发展成成年人外向或内向的风格。艾森克在1988年进行了12项相关研究,其中5项研究都表明,内向者的成绩显著高于外向者;7项研究表明,二者间差异不显著。1983年,盖尔(Gale)研究了内向者和外向者的脑电图,在33项研究中,其中22项研究显示内向者的生理唤醒水平显著高于外向者,另外5项研究则得到相反的结果。

一种非常有趣的螺旋后效实验也表明了外内向与大脑皮层的兴奋过程和抑制过程有关。人们注视着一个转动的螺旋,注视一定时间后螺旋停止转动,这时会看到与螺旋运动相反方向的运动现象。这在心理学中称为螺旋后效。艾森克等人发现向性不同的人,螺旋后效的持续时间有明显差异,越是外向的人螺旋后效时间越短。这是由外向的人的兴奋过程的特点所决定的。

1976 年雷维尔等人(Revelle, Amaral & Turriff)做了一项研究,他们推论内向的人在正常条件下,大脑皮层已经具有高度的兴奋水平,如果进一步提高他们的兴奋水平,那么就会降低被试的工作效果。外向的人在正常条件下,大脑皮层兴奋水平相对较低,若提高他们的兴奋水平,就会提高被试的工作效果。实验结果支持了艾森克的观点。内向的人在做言语能力倾向测验时,在放松的条件下(如果不限制时间),他们的得分会很高;但是当给他们服用提高大脑皮层兴奋性的药物(如咖啡因)或在时间上加以限制后,他们的得分就急剧下降。而外向的人则大不相同,他们在放松的条件下得分低,在时间压力(时间上加以限制)和兴奋性药物作用下,他们的得分就会提高。

外向的人追求刺激,内向的人回避刺激。我们在日常生活中经常能发现这种情况,外向的人一般喜欢吃刺激性和口重的食物,他们抽烟多喝酒也多,参加冒险性的活动。外向的人和内向的人在审美活动方面也有显著差别,外向的人一般喜欢深色,内向的人一般喜欢淡色。在药物作用方面,兴奋剂的作用相当于内向者的人格特点,抑制性药物的作用相当于外向者的人格特点。

心理学家研究了内外向维度中的遗传成分。

弗洛德鲁斯—麦克德(B. Floderus-Myrhed)研究了 12898 对瑞典的成年双胞胎;罗斯(R. J. Rose)等人研究了 7144 对芬兰的成年双胞胎。这两个样本几乎包括了 1958 年前出生的现在还在的两国所有双胞胎,结果见表 8-9。

表 8-9 双胞胎中的遗传成分研究

国家	男 性		女 性	
	同卵双生	异卵双生	同卵双生	异卵双生
瑞典	0.47	0.20	0.54	0.21
芬兰	0.46	0.15	0.48	0.14

2. 神经质

神经质(neuroticism)又称情绪性。艾森克指出,情绪不稳定的人,表现出高焦虑。这种人喜怒无常,容易激动。情绪稳定的人,情绪反应缓慢而且轻微,并且很容易恢复平静。这种人稳重、温和,并且容易自我克制,不易焦虑。当外向性和情绪不稳定性同时出现在一个人身上时,很容易在不利情境中表现出强烈的焦虑。艾森克进一步指出,情绪性与植物性神经系统特别是交感神经系统的机能相联系。

外内向和情绪性这两个维度,不是臆想出来的,已经得到了证实。近年来,卡特尔和吉尔福特等人的研究都强有力地支持这两个互相垂直的维度。艾森克指出,现在有理由说,实验研究几乎完全认可在人格测量描述系统中这两个因素处于醒目和稳定的地位。

艾森克认为外内向和情绪性是两个互相垂直的维度。他以外内向为纬,情绪性为经,组织起他认为基本的 32 种特质,并且与古希腊的四种气质类型相对应,建立了许多个性心理学家所赞同的个性二维模型(见图 8-10)。

表 8-10 反映了个性类型与气质类型之间的关系。

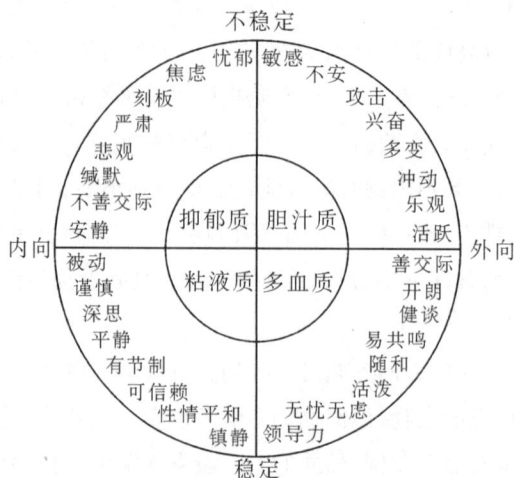

图 8-10 艾森克的个性二维模型

表 8-10 个性类型与气质类型的关系

个性类型	气质类型	包括特质
稳定外向型	多血质	善交际、开朗、健谈、易共鸣、随和、活泼、无忧无虑、领导力
稳定内向型	粘液质	被动、谨慎、深思、平静、有节制、可信赖、性情平和、镇静
不稳定外向型	胆汁质	敏感、不安、攻击、兴奋、多变、冲动、乐观、活跃
不稳定内向型	抑郁质	忧郁、焦虑、刻板、严肃、悲观、缄默、不善交际、安静

从上面的图表中还可以看出,稳定外向型包括善交际、开朗、健谈、易共鸣、随和、活泼、无忧无虑、领导力八种特质;稳定内向型包括被动、谨慎、深思、平静、有节制、可信赖、性情平和、镇静八种特质;不稳定外向型包括敏感、不安、攻击、兴奋、多变、冲动、乐观、活跃八种特质;不稳定内向型包括忧郁、焦虑、刻板、严肃、悲观、缄默、不善交际、安静八种特质。如果一个人在活泼的特质上得分高,就可以认为这个人属于稳定外向型;如果一个人在有节制的特质上得分高,就可以认为这个人属于稳定内向型。

艾森克指出,特定的个性维度的结合与特定的行为类型相联系。例如,情绪不稳定与内向维度相结合可能会出现焦虑不安的人格问题;情绪不稳定与外向维度相结合可能会出现进攻好斗等行为问题。

3. 精神质

精神质(psychoticism)又称倔强性,并非暗指精神病。研究表明,它在所有的人身上都存在,只是程度不同而已,但是,如果个体表现出明显的精神质,则容易导致行为异常。如果在精神质项目上得分高,个体就会表现倔强、固执、粗暴强横和铁石心肠的特点;低分则会表现温柔的特点。精神质强烈的人,性情孤僻,对他人漠不关心,心肠冷酷,缺乏人性,缺乏情感和同情心,攻击性强,甚至对很亲密的人,也会常常表现出恶意。

(二) 个性层次模型

艾森克不仅采用特质的概念,而且还采用了类型学的观点。在心理学史上,墨菲和詹生

(Jensen)都试图把特质论和类型论统一起来,他们认为,个性类型由特质之间必要的联系所构成。艾森克则认为,特质是观察到的个体的行为倾向的集合体,类型是观察到的特质的集合体。他把类型看作某些特质的组织。许多心理学家认为,在特质和类型关系问题上艾森克处理得相当出色。他在对个性进行广泛研究的基础上,提出了个性层次模型(见图8-11)。

图8-11中,人的行为分为类型、特质、习惯性反应和特殊性反应四个水平。外向或内向是上位概念,特质是下位概念,在特质之下又有习惯性反应和特殊性反应。

特殊性反应水平(specific response level)。这是个体在一次实验性试验时的反应或对日常生活经验的反应,可能是个体的特征,也可能不是个体的特征。

习惯性反应水平(habitual response level)。这是在同样环境中可以导致再次发生的特定反应,如重复实验就会产生同样的反应;如果生活情景重新出现,有机体会以相似的方式反应。

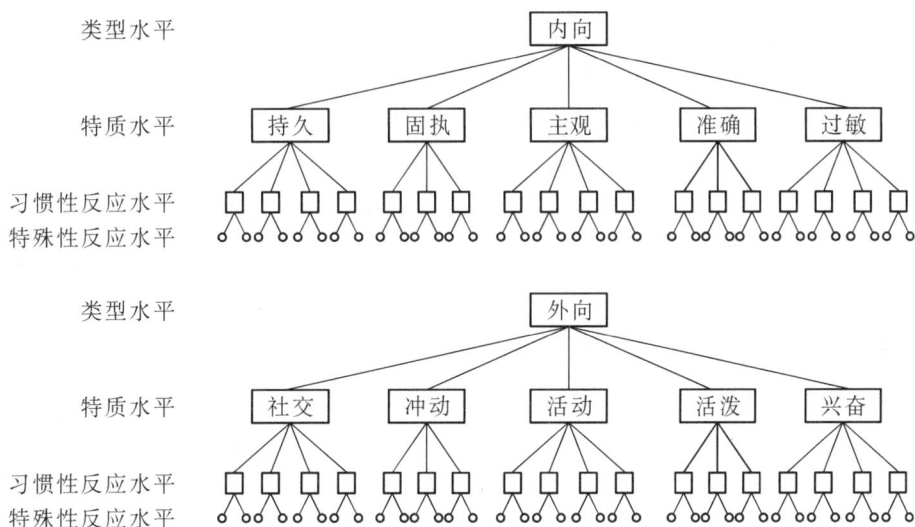

图8-11 个性的层次模型

特质水平(trait level)。这是在观察一些不同的习惯反应的相互关系基础上得出来的。

类型水平(type level)。这是在观察一些不同特质的相互关系基础上得出来的。

因素分析是为了发现为数最少的独立因素或独立变量,这些因素能对心理特征进行描述和分类。艾森克提出四种不同类型的因素:(1)普遍因素(general factors)。这些因素对所有的试验都是共有的。(2)群因素(group factors)。这些因素在某些试验中是共有的,在另一些试验中并不出现。(3)特殊因素(specific factors)。在特殊情况下才出现的因素。(4)误差因素(error factors)。只有在某一偶然机会才出现的因素。行为的四种水平和四种类型的因素是一致的(见表8-11)。

表 8-11　行为水平与因素的对应

层次	行为水平	因素
1	类型	普遍因素
2	特质	群因素
3	习惯性反应	特殊因素
4	特殊性反应	误差因素

四、吉尔福特的特质论

吉尔福特(J. P. Guilford,1897—1987)是美国心理学家。他是一位著名的个性测量学家,在特质分类上作出了贡献,在智力和个性上也作出了贡献。

图 8-12　吉尔福特的个性模型

(一) 个性和个性特质

1959 年,吉尔福特指出,个性是各类特质的模式,特质是个体间有所不同的可以辨认而持久的特性。他把特质划分为七类:需要(need);兴趣(interest);态度(attitude);气质(temperament);才能(aptitude);形态(morphology);生理(physiology)。个性就是由这几类特质组成的统一体(图 8-12)。可以看出,吉尔福特对个性的理解是广义的。既包括心理方面的特点,又包括身体方面的特质。

吉尔福特提出 12 个有关特质的问题:(1)是否忧郁,容易悲伤? (2)情绪是否容易变化、不稳定? (3)自卑感的大小? (4)是否容易担心某种事情或容易烦躁? (5)是否容易空想、而不能入睡? (6)是否信任别人,与社会协调? (7)是否不听别人的意见而自行其是? 是否爱发脾气,有攻击性? (8)是否开朗,动作敏捷? (9)慢性子还是急性子? (10)是否喜欢沉思、愿意反省? (11)是否能当群众领袖? (12)是否善于交际? 在这 12 种特质中,前面四种是情绪稳定性指标,中间四种是社会适应性指标,后面四种是向性指标。

吉尔福特把特质概括为三个水平:

单一特质。个体在少数情境中表现出来的某种一致性倾向。

基本特质。一定范围内表现出来的一致倾向。

类型。由基本特质组成,他认为一个人可以有几种类型。

五、五因素模型

五因素模型(five factor model,简称 FFM),是目前心理学中的一种重要的个性结构模型。

(一) 五因素模型概述

基于词汇进行的研究假设:大多数与社会相关的和显著的个性特征都会在自然语言中进行编码,许多研究者通过抽取词典里的个性特质词汇,建立个性的因素分类系统,对个性进行探讨。

在早期词汇研究(Klages, Baumgarten, Allport, Odbert & Cattell)的基础上,有研究者(Tupes & Christal)在对八组被试重新分析时发现了"五个相对显著和经常出现的因素"。此后,不少研究(Norman, Borgatta, Digman, Takemoto-Chock, Goldberg & Saucier)也都重复得

到了非常类似的五个因素。因此,研究者们认为,英语中用于描述特质的术语主要由五个维度组成(Goldberg,John)。

但名称不统一。珀文(L. A. Pervin)和约翰(O. P. John)主编的《人格手册:理论与研究》(1999 年版)一书,将大五特质的名称和符号等定为:

因素Ⅰ:外向性。活力、热情(E)*

因素Ⅱ:宜人性。利他性、爱(A)

因素Ⅲ:责任性。克制、拘谨(C)

因素Ⅳ:神经质。消极情绪、神经过敏(N)

因素Ⅴ:开放性。独创性、思想开放(O)

这些因素最终被称为"大五"(big five)(Goldberg),借以强调其中的每一个因素都极为广泛,每一个因素都概括了大量不同的、更具体的人格特质。而且,五个因素单词的首字母的重新排列可以使人们更容易地记住它们——OCEAN(海洋)(John)。

由于以上有关"大五"的研究主要是在英语语言中进行的,为了判断五因素模型的普遍性和稳健性,不少研究者还进行了跨语言和跨文化的研究。较早的跨文化研究是在荷兰和德国进行的,其中,荷兰语的研究结论与英语的研究结论非常类似(Hofstee),德语的研究也非常类似地得到了"大五"(Ostendor)。近年来,在汉语(Yang & Bond)、捷克语(Hrebickova & Ostendorf)、希伯来语(Almagor)、匈牙利语(Szimark & De Raad)、意大利语(De Raad)、波兰语(Szarota)、俄语(Shmelyov & Plkhilko)和土耳其语(Somer & Goldberg)等诸多语言中也进行了"大五"的研究,结果在大多数情况下都发现了类似"大五"的因素,总的结论都比较支持"大五"的普遍性,但开放性的可重复性表现较弱。

许多现代特质心理学家围绕"大五"或五因素模型正在形成一种共识。支持的证据有:基于等级评定和问卷所得到的因素具有跨文化一致性,自我等级评定和他人等级评定之间具有一致性,特质分数与动机、情感和人际行为的相关,特质分数与人格异常的关系,以及特质遗传性研究方面的结果等(Pervin)。

(二) 五因素的含义

为了正确地理解五个因素的意思,不少研究者(Costa & McCrae;John;Tellegan 等)认为有必要对五个因素下一个简短的定义。

外向性,指对社会现实世界的积极看法,包括社会性、活跃性、果断性和正向情绪等特质。外倾者爱好交际,通常表现为精力充沛、乐观、友好和自信;而内倾者这方面的表现不突出。有研究者(Costa & McCrae)指出:"内倾者含蓄而不是不友好,自主而不是追随他人,稳健而不是迟缓。"

宜人性,指亲社会和集体的取向,与对抗性相反,包括利他主义、体贴、信任和谦逊等特质。在宜人性上得高分的人,是乐于助人的、可信赖的和富有同情心的,他们注重合作而不强调竞争;而得低分的人,为人多疑,他们经常为了自己的利益和信念而争斗。有研究发现,宜人性高

---

* EACNO 分别是外向性(extraversion)、宜人性(agreeableness)、责任性(conscientiousness)、神经质(neuroticis)、开放性(openness to experience)的第一个英文字母。

分者在社会交往中更愉悦,与别人的争吵更少(Jensen-Campbell & Graziano;Berry & Hansen;Cote & Moskowitz)。

责任性,指能促进任务和指向目标的,合乎社会规范的,控制冲动的特质,包括先思后行、遵守规范和规则、有计划、有条理和工作优先等。在责任性上得高分的人,做事有条理、有计划,并能持之以恒;得低分的人马虎大意,容易见异思迁,表现较不可靠。

神经质,指与情绪稳定相反的消极情绪,如感到焦虑、烦躁、悲伤和紧张等。神经质高分者经常感到忧伤,情绪容易波动,更容易因为日常生活的压力而感到心烦意乱;神经质低分者多表现为平静、自我调适良好,不容易出现极端的或不良的情绪反应。

开放性,指与思想封闭相反的特质,如独创性、思维开放性,对多样性、新颖性和变化的需要等。在开放性上得高分的人是不依习俗、独立的思想者;而得低分者大多比较传统,喜欢熟悉的事物。有研究发现,创新的科学家和艺术家在这一维度上得高分(Feist)。

(三)儿童青少年方面的研究

以上研究大多都是在成人中进行的,而较少对儿童青少年进行研究。为了进一步验证"大五"模型,有研究者(Digman)开始将个性五因素的研究扩展到儿童青少年,其研究表明儿童的个性结构也有与成人类似的五因素。此后,许多研究者开始对儿童青少年个性五因素结构进行探讨。为了与成人个性的"大五"因素相区别,研究者将儿童青少年个性的五因素结构称为"小五"(John 等)。

在儿童青少年个性五因素的研究中,主要采用了量表评定法、问卷法、Q 分类法和访谈法等方法,并常由父母和教师对儿童进行评定。多项研究结果表明,儿童人格结构中有与成人类似的五个因素,五因素能较好地解释儿童的人格特点(Digman, Graziano & Ward;Donahue, Victor, Digman & Shmelyov;Scholte, Havill, Allen, Halverson & Kohnstamm 等;张雨青,林薇,Kohnstamm,陈仲庚,钮丽丽等)。

但同时,不少研究发现了"小五"之外的其他因素。如运用加州儿童 Q 分类程序(California Child Q-Set, CCQ 程序),有研究者确定出五个与成人"大五"非常一致的维度,但研究中还发现了另外两个维度,易激怒性(irritability)和活动性(activity)(John 等)。另外的研究也发现除了五因素外,还增加了其他的因素,如依赖性(dependency)和活动性(activity)(Van Lieshout & Haselager),创新性(Digman & Inouye),自主性(张雨青)。

这些结果表明个性特质结构在儿童期可能比在成年期有更大的差异。将五因素的研究扩展到儿童青少年期,有利于个性发展的各个阶段的比较。

(四)五因素模型的应用研究

五因素模型是目前最为流行的人格结构模型之一,近期在实践中的应用较多见于管理心理学方面的研究。研究发现,"大五"与工作场所的重大事件有关,责任性(conscientiousness)在一定程度上可以预测工作绩效。宜人性和神经质预测雇员分组工作的绩效,外倾性预测销售和管理岗位上的绩效(Barrick & Mount, Mount 等);责任性和情绪稳定性(Visewesvaran & Schmidt),或宜人性和情绪稳定性(McDenial & Frei)能预测上级对工作绩效的评价;外向性是预测管理人员、销售人员工作绩效的有效指标(Hough);责任性和宜人性与人际促进和工作奉献有显著相关,外向性与人际促进有显著相关,五因素能有效预测周边绩效(Scotter & Motowidlo);五因素模型的所有人格维度都能有效地预测职务绩效(Tett 等);责任性和情绪稳定性对研究中的所有职务和所有绩效的效标都有很高的预测效度(Salgado)。另外,还有人研究了五因素与团队绩效(Barrick 等;Barry;Stewart;Neuman;Wright)、领导行为(Timothy)、工作满意感(Timothy;Piers;Denis)等的关系。

在临床心理、精神病理学、生理健康等方面,研究表明五因素模型对诊断临床障碍和治疗心理疾病有价值(Costa & McCrae;Costa;Widiger);因素Ⅳ可能是重度抑郁的易感性因素,而因素Ⅰ能较好地预测治疗效果(Bagby 等);低神经质得分和高责任性得分均与较好的治疗效果有关,而低责任性的病人常因不能坚持所布置的作业或脱诊较多而影响疗效(Miller);高责任性的个体所过的有规律的、有条理的生活有利于健康和长寿,而低宜人性和高神经质不利于身体健康。另外,外向性、神经质、宜人性均与健康心理有关,而责任性和开放性则在健康心理中显得不重要(Marshall);外向性能预测主观幸福感,神经质导致负性情绪(Costa & McCrae)。

研究表明,五因素模型还可以帮助我们理解具有理论性、社会性和发展性的重大生活事件。例如,低宜人性和低责任性有青少年犯罪的可能性;神经质和低责任性有内部失调的可能性;责任性和开放性预示着学业成绩(John 等;Robins 等);五因素中的责任性和开放性可能预测儿童青少年的行为问题和学业成绩(Victor 等)。

(五)五因素模型的内涵和遗传率研究

心理学工作者研究了大五人格特质的内涵和遗传率估计(表8-12)(表8-13)。

表8-12　大五因素的内涵

因素	命名	领域
Ⅰ	外向性	生理
Ⅱ	宜人性	人际
Ⅲ	责任性	工作
Ⅳ	神经质	情绪
Ⅴ	开放性	智力

(资料来源:许燕,2009)

表8-13　大五因素的遗传率估计

大五因素	遗传率	大五因素	遗传率
外向性	0.36	神经质	0.31
宜人性	0.28	开放性	0.46
责任性	0.28	平均数	0.34

(资料来源:J. C. Loehlin,1992)

(六)"大七"因素模型

尽管五因素模型在心理学中引发了大量的研究,得到了广泛的认同,但研究者们也发现并不是所有的结果都与五因素模型相一致。研究中有时出现三四个因素,有时又出现六七个因素。

我国王登峰教授等系统地收集了词典、文学作品和被试运用的形容词等,通过对词表的化简和被试的评定,得到了中国人的人格结构,由七个因素构成(外向性、善良、情绪性、才干、人际关系、行事风格和处世态度)。并制成了中国人人格量表。

"大七"因素模型研究者指出,"大五"研究进行因素分析前的选词标准主观随意性大,五因素并不能代表自然语言中人格的所有方面。于是,他们采取非限定的选词标准,尽量按照自然语言的原貌进行分层抽样,结果得到了七个维度:正情绪性(positive emotionality, PEM)、负价(negative valance, NVAL)、正价(positive valence, PVAL)、负情绪性(negative emotionality, NEM)、可靠性(dependability, DEP)宜人性(agreeableness, AGR)和因袭性(conventionality, CONV)(Tellegen & Waller,1987)。在"大七"模型中,正价和负价是两个新增加的维度,其余的五个维度:负情绪性、正情绪性、因袭性、宜人性和可靠性与"大五"基本对应,但不完全一致。

(七) 对五因素模型的简单评价

五因素模型从一出现便伴随着大量的争议,如不少研究者认为五因素模型是一个描述性的,而不是解释性的模型;五因素模型没有一个明确的理论假设,五因素出自因素分析,是在没有什么理论前提的情况下,从技术角度得到的,这是五因素模型的最根本的缺陷;五因素的含义存在争议;五因素不能包括所有的特质,等等。

尽管如此,五因素模型的出现,对个性结构提供了一个良好的描述性分类,在一定程度上改变了人格心理学中长期以来概念和构想过多所造成的混乱局面。许多研究者已经认同人格的因素少于卡特尔的16个,多于艾森克的三个。大量证据支持人格存在着五个主要因素的观点。五因素模型得到了广泛的研究和应用,是目前最为流行的模型,有些研究者称之为"心理学中静悄悄的革命"。大五因素具有跨时间的稳定性和跨文化的一致性。

评　价

特质论在20世纪40年代后盛行一时,但也有不少人对它提出批评。起初是特质创始者阿尔波特对特质论提出了批评。他认为:(1)特质论仅代表人的一般的综合画面,而不是代表单个的个体;(2)在混合的统计中,人们失去了个体性,因为特质论者是把多个人的特质进行相关的研究;(3)特质论者对鉴定的特质很难命名,因为这些特质是共同的抽象的东西,因此只能用英文字母代替,这样很难确定人格差异。

美国心理学家费斯特认为,特质论可以指导人们研究,指导人们创立新的理论,但很难指导人们的实际活动,很难帮助精神病治疗家、教师、父母等解决实际问题。另外,他们的理论内部并不统一,几个理论家的观点各有特点,结论也不一致。

艾森克也是一个特质论者,他对特质论作了评述:

(1) 由于人们的"特质"的不同,使人产生了个别差异。

(2) 人格特质可以通过相关研究(因素分析)的方法来测定。

(3) 人格特质主要是由遗传决定的。

(4) 人格特质可以通过问卷法来测定。

（5）特质与环境的相互作用构成了交互影响的内部状态称为"心理状态"。

（6）人格是可以通过问卷法来测定的。

（7）特质和状态是解释人的行为的个别差异的中介变量。

（8）特质和行为的联系是间接的。

近年来，美国心理学家卡弗(C. S. Carver, 2011)等也批评了特质论。他们认为没有跨情境的一致性，一个特质不会在任何时候都起作用，仅在相关的情境时才起作用。他们提出"交互作用论是一种新的特质观"，特质并非行为的独立倾向性，而是情境与行为之间的联系模式。得到心理学工作者的赞同。

过去，米歇尔(W. Mischel)批评特质论的特质"跨情境一致性"。事实上个人与情境都与行为相关联，既了解人格变量又了解情境，比仅了解一方面的信息好得多。鲍尔斯(Bowers，1973)等人指出："争论人格还是情境谁更重要是毫无意义的，按照交互作用的理论，行为取决于人格与情境的交互作用。"这种研究特质、情境和行为的关系的方法称为人格与情境交互作用研究法(person-by-situation approach)。阿特金森(J. W. Atkinson)等人已经发展出几种可能交互作用的形式。

总之，特质论者运用客观观察、主观问卷、实验和统计分析等方法直接研究人本身的行为特点，具有一定的客观性。特质论者编制的大量的个性问卷，为研究个性提供了一个富有吸引力、简便易行的方法，已为各国广泛使用。根据已出版的《心理测验》(第三版)(TIP-Ⅲ)的报导，用英文出版的测验有2875种，其中个性测验576种，在各种测验中占第一位。近期，他们发展出五大个性问卷，这是一项大量研究的宝贵结晶。他们探讨了人格的遗传变量，为全面了解个性发展作出了贡献。

特质论者缺乏对特质的理论探讨。有些特质论者对遗传因素强调过多，对特质的稳定性、不变性强调过多，没有强调社会环境、社会生活对人类个性发展的作用。从系统论观点看，个性是彼此联系的成分所构成的多因素、多层次、多水平的统一体，是一个"完整的构成物"，并不是几个特质的简单结合。特质论者虽然也涉及复杂的个性结构，提出了几种模型，还指出了这些特质的某些联系。但是总的看来，他们还是倾向于用分离的特质来解释个性，没有指出这些特质究竟是如何有机地组织在个性结构之中的，忽视了个性的整体性，还缺乏统一的理论框架。

第三节　相关研究：特质与情绪

在艾森克二维模式中，情绪性就是一个维度。孟昭兰教授指出："人格特质是由情绪组成的。"[①]"艾森克排列的人格特质显然就是情绪特质。是情绪状态在人格结构中的'沉

---

① 孟昭兰著：《人类情绪》，上海人民出版社1989年版，第182页。

积'。"[1]普拉切克(R. Plutchik)指出:"如果把人格特质确定在人际关系这个范畴内,那么在人格特质与复合情绪之间,应当说没有什么不同。"[2]

布洛克(J. Block)运用语义分析法研究人格特质。经过因素分析法得出的相关,排列在圆形图式上,并且也显示出两极性。例如,谦虚和骄傲,满意和悲痛等(见图8-13)。

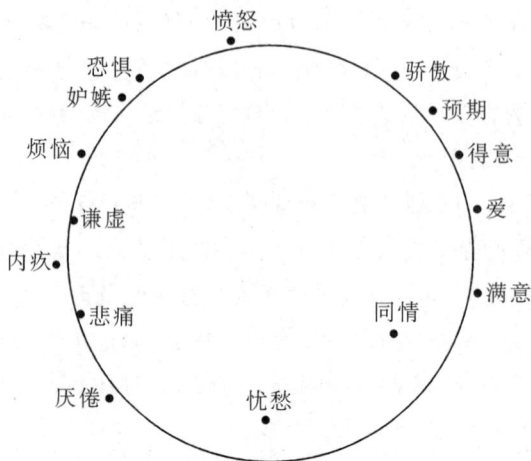

图8-13　布洛克的情绪特质分布模式图

(资料来源:R. Plutchik, 1980)

普拉切克进一步研究,结果得出,情绪方阵相关形成一个圆形图,许多同义的词排列的位置也比较接近(见图8-14)。例如:信赖、容纳、接受,期待、快乐、希望,悲痛、悲伤、厌倦,等等。

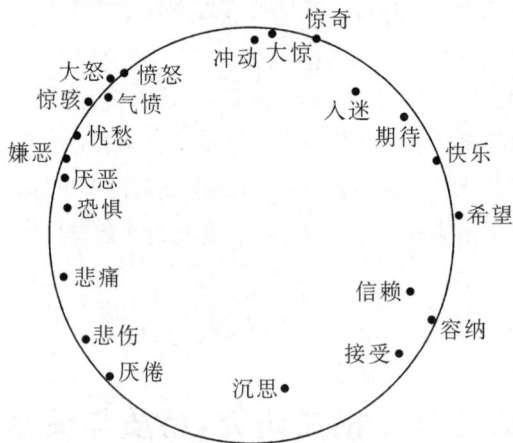

图8-14　普拉切克的情绪特质分布模式图

(资料来源:R. Plutchik, 1980)

① 同上书,第184页。

② Plutchik, R. (1980). *Emotion: A Psychoevolutionary Synthesis.*

史通等人作了一个包括 40 个情绪词的圆形图(见图 8 - 15),从图上也可以看出相似的情绪排列在相近的位置上。例如:好争论的、好争辩的、好战的;社交的、亲切的、愉快的,等等。

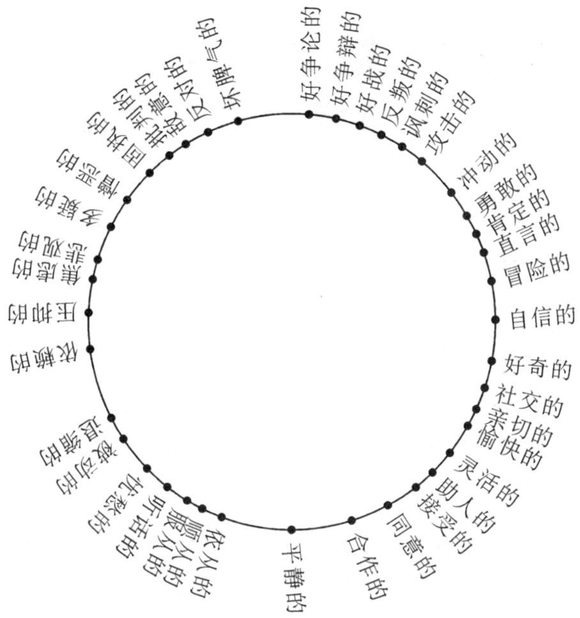

图 8 - 15　人格结构环形模式图

(资料来源:R. Plutchik, 1980)

社会认知理论家米歇尔最近提出了人格的新理论:认知—情感系统理论(Cognitive-Affective Systen Theory),也强调了情感在人格结构中的作用。他认为,每一个人都是一个独特的认知—情感系统,与社会环境发生交互作用,产生个人特有的行为模式。

孟昭兰教授指出:"它们都说明了这样一个共同的问题:人格特质能被复杂情绪所概念化。"①

———————————
① 孟昭兰著:《人类情绪》,上海人民出版社 1989 年版,第 187—188 页。

第九章　精神分析和新精神分析的性格理论

　　奥地利心理学家弗洛伊德是精神分析学派的创始人。弗洛伊德等人的著作不仅影响心理学,而且几乎影响现代人类文化的各个方面,但是由于该理论本身的缺陷,批评他的人也很多。古典精神分析学派指的是弗洛伊德和他的直接门人。阿德勒和荣格虽然是弗洛伊德的直接门人和信徒,但后来因为各自观点不同,都与弗洛伊德分道扬镳,自立门户。新精神分析学派是1930年代以后欧洲的一批精神病学家和精神分析学者,从欧洲到美国之后逐渐形成起来的。新精神分析学派并不是一个紧密而统一的学派,各人在理论上都有所侧重。

　　新精神分析的共同特征是:强调社会和文化因素对人的心理和行为的影响,大都强调家庭环境和童年经验对个性发展的重大作用,重视自我的整合和调节作用,对精神病的治疗持乐观态度。但他们仍然保留了弗洛伊德学说中的一些最基本的概念,虽然提出了一些新的概念,但归根结底,仍然是潜意识的驱力和先天潜能在起主要作用,不过表现于社会环境和文化背景中而已。[①]

第一节　弗洛伊德的性格理论

　　弗洛伊德(Sigmund Freud,1856—1939),生于摩拉维亚的弗莱堡(现属捷克共和国),父母都是犹太人。弗洛伊德早年就表现出远大志向,17岁考入维也纳大学医学院。1881年获得医学博士学位。从1902年开始在维也纳的"星期三心理学研究会"上讨论精神分析的理论和应用。1908年首次召开世界精神分析大会,精神分析的声誉在国际上逐渐建立起来。1909年他去美国克拉克大学作了五次演讲,把精神分析理论带到了美国。

　　他1913年前的理论称为早期理论。最后20年他修正了自己的早期理论,形成后期理论。弗洛伊德以潜意识研究为中心的精神分析理论对心理学产生了空前巨大的影响,这种影响涉及整个西方文化,成为西方学术和社会文化领域中的一种重要思潮。1995年菲什(Fisher)指出:弗洛伊德的潜意识理论对当代电影、戏剧、小说、政治运动、广告、法庭辩论,甚至宗教都有巨大的影响。

一、性格的动力

　　弗洛伊德是第一位将物理学的动力概念引入心理学的人,他认为人的一切精神活动都是心

---

① 《中国大百科全书·心理学》,中国大百科全书出版社1991年版,第457—458页。

个性心理学(第四版)

128

理能的作用。弗洛伊德认为人体是一个复杂的能量系统,人从大自然中获取能量,又为某种目的而消耗能量。人类的行为就是能量释放的结果,能量是以做功的方式表现出来的。他认为,循环、呼吸和消化等过程消耗生理能,记忆、思维和感知等过程消耗心理能。根据能量不灭定律,心理能可以积累、贮存、释放和扩张或受阻,但它是不灭的,心理能和生理能可以互相转化。

有机体的内环境,通常处于一种平衡状态,如果内外刺激引起扰乱,有机体就会产生一种企图恢复平衡状态的倾向。本能的目标就在于发泄能量来满足需要或消除兴奋,以恢复原来的平衡状态。

在早期理论中,弗洛伊德提出两种本能:性本能和自我本能(如饥饿、害怕等)。如果性本能长期受阻会导致人格变化,如果自我本能长期受阻导致死亡。后来,他把性本能和自我本能合为"生的本能",并提出"死的本能"与之相对立。

(1)生的本能

生的本能在于追求个体的生存和种族的延续,它代表爱和建设的力量,包括饥、渴和性等本能。弗洛伊德认为,在文明社会中,饥和渴的本能容易得到满足,而性本能常常因为社会原因而得不到满足,成为影响性格的主要原因。弗洛伊德特别重视性本能,认为性本能具有灵活性,它可以被抑制而不活动,也可以升华而转向,形成多种多样的性格。在人生的不同阶段中,性本能具有不同的特点。

(2)死的本能

生命是从无机物演化而来的,人的生命一开始就有一种返回无机状态(毁灭生命)的欲望。死的本能体现为恨和破坏的力量。弗洛伊德认为,死的本能体现为恨和爱的力量,他指出死的本能可以是向内的,表现为自责、自罚和自杀等动机;也可以向外,表现为恨、攻击、破坏和征服别人等动机。他认为,攻击驱力是从死的本能中派生出来的,外部的攻击驱力受挫而转向自我内部,攻击自己,成为一种自杀倾向。

生的本能和死的本能,相互交叉,这两种力量的合作和对抗塑造成形形色色、极其复杂的性格,构成一首变幻无常的生命乐章。

二、个性结构

(一)两部个性结构

弗洛伊德早年把个性划分为三个部分:意识、前意识和潜意识。意识(conscious)包含正意识到的那部分人格;前意识(preconscious)包含容易进入意识的那部分人格;潜意识(unconsious)包含不容易进入意识的那部分人格。弗洛伊德认为,人格中有两大系统:一个是潜意识系统;另一个是前意识系统(包括意识)。意识仅仅处理很少的信息,大量可再现的信息构成前意识,潜意识为人格结构中的核心成分,它是我们内心想法的主体,图9-1是这两大系

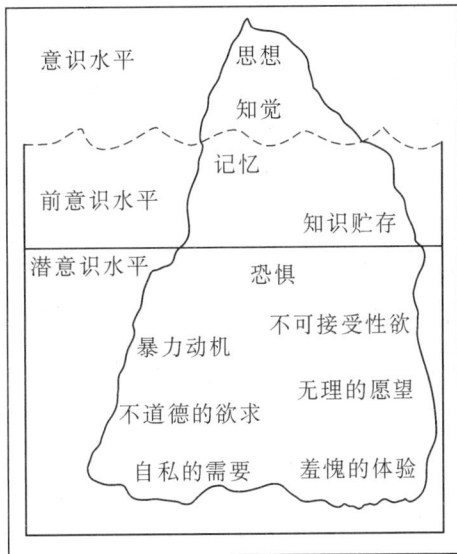

图9-1 弗洛伊德个性结构观:心理冰山

统的结构示意图。

（二）三部个性结构

弗洛伊德后期对人格结构作了修正，提出个性由本我（id）、自我（ego）和超我（superego）三大系统所构成，称"三部个性结构"。

1. 本我

本我（id）是个性中与生俱来的最原始的潜意识结构部分。它是人格形成的基础，自我和超我都是从本我中分化出来的。本我由先天的本能、基本欲望所组成，它和肉体联系着，肉体是它的能量的源泉，它是心理能储存的地方。弗洛伊德指出："我们便可称之为一大锅沸腾汹涌的兴奋。"①本我代表生物性的内在世界，它完全无视外在世界，不能容忍内外刺激所形成的紧张状态，要求立即释放能量以消除不愉快，恢复原来的舒适状态。所以本我受快乐原则所支配，因为紧张是一种痛苦的或不舒服的体验，而消除紧张则是一种愉快和满足的体验。

在本我中，个体达到满足是通过反射作用（reflection action）和初级过程②（primary process）两种方式来实现的。反射作用是与生俱来的各种不自觉的反应，如打喷嚏、打呵欠、眨眼等，通过反射可以使个体立即消除紧张或不愉快的感觉。初级过程是一种原始性的思维过程，其特征是现象与想象混淆不分，其功能是立即去除不愉快和获得快感。弗洛伊德认为，正常人的梦、幻想和精神病人的幻觉都是初级过程。例如，一个饥饿的人，如果不能获得食物，他可能靠食物的心象来暂时减低紧张。

弗洛伊德也承认他对本我的了解很不够。本我在个性系统中还是模糊不清的部分。

2. 自我

个体出生后，从本我中逐渐分化出自我（ego）（弗洛伊德认为，自我是意识的结构部分）。有机体必须与周围的现实世界相接触，相交往，以适当的手段来满足需要，解除紧张，就在这种适应环境的过程中，自我逐渐从本我中分化出来。自我的活动受现实原则的支配。例如，饥饿使本我有原始性的求食行动，但何处有食物、怎样才能取得食物等现实问题必须依靠自我与现实接触才能解决，心理能大部分消耗在对本我的控制和压抑上。

自我是个性结构中最主要的系统，是处在本我、超我和外在环境之间的中介物，它的主要功能有：(1)获得基本需要的满足，以维持个体的生存。(2)调节本我的原始需要，以符合现实环境的条件。(3)抑制不能为超我所接受的冲动。(4)调节和解决本我与超我之间的冲突。弗洛伊德指出："他要伺候三个苛刻的主人，并且还要尽力调和三个主人的要求和主张，这些要求总是有分歧的，往往看来是难以调和的，难怪自我在执行任务的时候，常常让步。这三个暴君，就是外在世界、超我和本我，……自我觉得自己处在三面包围中，受到三种危险的威吓，当被逼得过紧的时候，就发展焦虑来对待。"③

3. 超我

超我（superego）即道德化了的自我，即通常讲的良心、理性等，它是个性结构中最高的监

---

① ［奥］弗洛伊德著，高觉敷译：《精神分析引论新编》，商务印书馆 1987 年版，第 57 页。

② 也可译为"原发过程"。

③ ［奥］弗洛伊德著，高觉敷译：《精神分析引论》，商务印书馆 1987 年版，第 103 页。

督和惩罚系统。良心，负责对违反道德标准的行为进行惩罚。自我理想，它是习俗教育的产物，以现实原则为基础，它确定道德行为的标准。

本我寻求快乐；自我追求现实，受到现实环境的限制；超我则衡量是非善恶，它代表理想，而非现实，追求完美，而非快乐。超我的主要职能是指导自我，去限制本我的活动。它是本我和自我的监督者，具有下列三种功能：(1)抑制本我的不容于社会要求的各种行动，特别是性欲和攻击行动，因为这两种行动最受社会谴责。(2)诱导自我，用合乎社会规范的目标代替较低级的现实目标。(3)使个人向理想努力，达到完善的个性。

个性的三个系统不是孤立的，而是相互作用构成一个整体。其中本我是个性中的生理成分，自我是个性中的心理成分，超我是个性中的社会成分。如果这三个系统保持平衡，个性就得到正常发展，但是，三者的行动原则是各不相同的，所以冲突是无法避免的。三个系统的平衡关系遭到破坏时，个体往往产生焦虑，导致精神病和个性异常。

弗洛伊德提出了两种人格结构，相隔20多年。他指出，本我几乎完全活动在潜意识水平上，自我和超我则在所有的水平上活动(见图9-2和表9-1)。

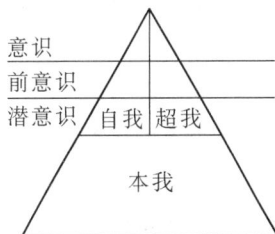

图9-2 意识、前意识、潜意识与本我、自我、超我的关系

(资料来源：J. M. Burger, 1997)

表9-1 弗洛伊德个性结构理论与意识理论的联系

	本 我	自 我	超 我
意识		自我活动的主要层面	超我活动的重要层面
前意识		自我活动的重要层面	超我活动的重要层面
潜意识	本能活动的主要层面	自我活动的重要层面	超我活动的重要层面

(资料来源：M. Eysenck, 2000)

三、性格的发展

弗洛伊德十分重视个体早期经验在性格形成和发展中的作用，他认为性格的形成可以追溯到儿童早期的经验。他说："儿童是成年人的父亲。"一个人的性格在儿童早期，即5岁前后就已经形成了。

弗洛伊德认为，性格发展的基本动力是本能，尤其是性本能。性格伴随着性的发展而发展，性格发展的阶段受性的因素支配。弗洛伊德是泛性论者，他所指的"性"含义是很广泛的，除了与生殖活动有关以外，还包括能直接或间接引起有机体快感的一切活动。因此，在弗洛伊德看来，个体的许多活动都被认为与性有关，如接吻、触摸等等。力比多是一种贮存在本我里的心理能，尤其是性本能的能，它驱使人们去寻求快感。力比多要达到成熟，真正行使生殖职能须要经历一系列的发展阶段，每个阶段力比多集中投射的身体部位是机体获得快感的重要区域，这一区域被称为"性感区"。按力比多主要投射的身体部位，性格发展可依次分为下列五个阶段。

1. 口唇期

从出生到1岁左右称为口唇期(oral stage)，婴儿的活动大部分以口唇为主，这一区域成为快感中心。口唇期的需要如果没有满足就可能形成一种紧张和不信任的性格特征,如果过度满足,就可能形成一种依赖和纠缠别人的性格特征。弗洛伊德认为,婴儿口唇活动如果没有受到限制,成人的性格就会倾向于乐观、慷慨、开放和活跃等积极的性格特征;婴儿口唇活动如果受到限制,成人的性格就会倾向于依赖、悲观、被动、猜疑和退缩等消极的性格特征。

2. 肛门期

肛门期(anal stage)出现在出生后的第二年,幼儿由于对排泄解除压力而感到快感,肛门一带成为快感中心。这个时期的关键是"便溺训练"。如果训练过严,儿童在情绪上受到威督恐催,将会影响他的性格发展,可能导致冷酷无情、顽固、刚愎、吝啬、暴躁和好破坏等性格倾向。

3. 性器期

3 岁到 6 岁是性器期(phallic stage),力比多这时主要投射到生殖器上,性器官成为儿童获得快感的中心。这个时期,男女儿童在行为上开始有了性别之分,并且对自己的性器官发生兴趣。这个时期的儿童的行为,一方面模仿父母中的同性别者,另一方面又以父母异性别者为"性恋"的对象。男孩在行为上模仿父亲,以母亲为爱恋的对象,具有"恋母情结",即所谓"俄狄普斯情结"(Oedipus complex)。女孩则相反,具有"恋父情结",又称"爱勒克屈拉情结"(Electra complex)。

弗洛伊德认为,以上三个时期并不能截然划分开来,它们之间可能有重叠,也可能同时存在。前两个时期,儿童所寻求的快乐来源是口唇和肛门,从性器期开始,儿童已经能够组织快乐的来源,这种组织功能到生殖期便完全建立起来了。

4. 潜伏期

6 岁后,儿童进入潜伏期(latency stage),一方面由于超我的发展,另一方面由于活动范围的扩大,他将以父或母为对象的性冲动转移到环境中的其他事物上去。这时期的儿童在小学学习,个体性冲动进入暂停活动的时期,他们对性缺乏兴趣。男女儿童界线清楚,团体活动也常常男女分开进行,在游戏中以同性者为伴,甚至男女同学间不相往来。这种现象持续到青年期才有转变。

5. 生殖期

生殖期(genital stage)约在 12—20 岁左右这个阶段。男女儿童一旦进入青春期,在身体上和性上都开始成熟,性的能量和成年人一样涌现出来。生殖器成为主要的快感区,异性恋的行为明显。个体这个时期的最重要任务是力图从父母那里摆脱出来,必须与父母分开,以建立自己的生活。但独立不是轻而易举的,和父母分离在感情上是痛苦的。对大多数人来说,真正的独立,从来没有实现过。

弗洛伊德认为,个体生殖期的性格发展是在前面几个阶段的发展基础上的发展。儿童这时已从一个自私的、追求快感的孩子转变成具有异向选择配偶或抚养子女的异性爱权利的、现实的和社会化的成人。

个体要达到成熟,并不是容易的。力比多在发展过程中会遇到两种危机:固着(fixation)和倒退(regression)。固着是部分力比多停滞在比较初期的发展阶段上,倒退是力比多倒流到初期的发展阶段。如果在发展过程中,部分力比多停滞在某个发展阶段,就会形成与该阶段密切相关的性格。例如,固着于口腔期,则形成"口腔性格"(oral character),个体就显示依赖、悲观、被动等性格;如果固着于肛门期,则形成"肛门性格"(anal character),个体显示冷酷无情、顽固和刚愎等性格。

第二节　阿德勒的性格理论

阿德勒(Alfred Adler,1870—1937)是奥地利精神病学家,个体心理学创始人。他生于维也纳的一个小康家庭,从小物质生活优越。但幼年多病,身材矮小,是在他哥哥的阴影下度过的。1895 年他获得维也纳大学医学博士学位,由于对弗洛伊德的生物学观点很感兴趣,1902 年加入了维也纳精神分析协会,1910 年任该协会主席,后来因为轻视性因素而强调社会因素为弗洛伊德所不满,自创"个体心理学"(individual psychology)。他强调每个人以其独一无二的方式发展自己的生活风格。

一、追求优越

追求优越是阿德勒个体心理学和性格理论的核心。他认为个性是不可分割的统一整体。人生而具有一种把个性统一于某个总目标的内驱力。他把这种内驱力称为"追求优越"。具体地说,每一个人生下来都存在着身心缺陷,因而会产生补偿这种缺陷的欲求,而且补偿往往是超额的,即不仅抵偿了缺陷,而且还发展为优点。

叔本华和尼采的哲学对阿德勒影响很大。受尼采"超人哲学"的影响,他认为人的一切行为都受"向上意志"的支配,实际上也受所谓"权力意志"的支配。向上意志促使人要做一个没有缺点的"完善的人",因此,羡慕别人、胜过别人、征服别人等都是追求优越的人格表现。

阿德勒把追求优越作为他理论中的主导动机,他把追求优越称为生活的基本事实。他指出,追求优越既能成为向上的动力,又能危害社会。如果一个人一心一意追求自己个人的优越,而忽视他人和社会的需要,这个人就会形成一种自尊情结。这种人会变得骄傲、专横、爱虚荣、自高自大、自以为是、缺乏社会兴趣,成为一个不受社会欢迎的人。

二、自卑与补偿

阿德勒认为,人追求优越的欲望来自人的自卑(inferiority),人的自卑感使人产生对优越的渴望。阿德勒早期强调生理缺陷或功能不足。他指出,人的器官特别容易患病,病症使这些器官不能够得到发展,或较其他器官低劣。例如,有些人天生心脏有病,有些人天生视力不好。器官的缺陷阻碍了个人作用的正常发挥,必须通过补偿加以解决。补偿有两个基本途径:(1)发展机能不足的器官,如体弱者通过体育锻炼使身体强壮;(2)发展其他器官的机能来补偿有缺陷器官的机能。例如,失明的人可以通过发展听力来补偿。他认为自卑感的主要表现就是对缺陷的补偿。

后来,阿德勒把补偿概念从生理学领域扩展到心理学领域,并且认为幼儿就有自卑感,儿童与成人相比,显得虚弱和无能,自卑感激起儿童获得能力的强烈欲求,从而克服自卑感,以便能够达到优越的目标。

阿德勒认为,自卑感是每一个人所共有的,没有自卑感就不会有补偿,儿童对自卑感的对抗就叫做"补偿作用"。补偿作用是推动一个人去追求优越目标的基本动力。补偿作用是人类极普遍的心理现象,在向上意志的驱使下,人们的这种补偿作用一直继续到生命的最后时刻。个体感到自卑,就会发奋图强,力争上游,取得成就。他成功以后,就会产生优越感,但是,在他人的成就面前,再会产生自卑感,再推动他去取得新的更大的成就,永无止境。

在阿德勒看来,自卑感是人共有的,是一种激励因素,对个人和社会都有利,并能引导个性的改善。但是,它也可能成为人的活动的障碍因素。沉重的自卑感可以使人垮掉,使人心灰意冷,无所事事。可见,自卑感可以产生成就动机,也可以造成神经病。

三、生活风格

阿德勒认为,每一个人都有追求优越的独特方式,称为生活风格(style of life),它是个体追求成就的工具。个体在追求优越目标时,可以采用各种行为模式,生活风格也就是指一个人早期的生活道路所形成和固定下来的行为方式(模式),人借助于它便可以战胜自卑感,并且追求完美。所以要想了解一个人,首先应该了解他的生活风格。

生活风格分为健康的生活风格和错误的生活风格两种。健康的生活风格使人趋向完美,有利于促进社会目标的实现,并且使他和别人和睦相处。错误的生活风格与社会目标相违背,是建立在自私自利的基础之上的,它是指不包括社会兴趣的生活风格。阿德勒认为,儿童在四五岁时,生活风格就已经完全定型了。错误的生活风格在童年期与健康的生活风格同时形成。可能形成错误的生活风格有下列三个条件:(1)忽视,(2)溺爱,(3)生理自卑。

四、社会兴趣

阿德勒认为,社会兴趣是全人类和谐生活、相互友好、渴望建立美好社会的天生的需要。心理学家批评阿德勒早期的理论,因为阿德勒将人看作是被自私所推动、为个人优越而奋斗的个体。当他提出社会兴趣的理论时,这种批评就平息了,因为他已经把个体实现完美的社会作为首要动机,代替个体自身的完美。阿德勒第一次把精神分析引上与社会兴趣相结合的道路。可以说,他是精神分析学派中第一位社会心理学家,他的工作推动了社会心理学的发展。

社会兴趣是个人对自卑感的一种最根本的补偿,它使每一个人更好地为社会贡献力量,在为社会服务的工作中感到自己的价值。

阿德勒认为,一个人能否获得充分发展的社会兴趣主要取决于母亲。母子相互作用的性质决定了儿童社会兴趣的发展,这是因为儿童最初的、主要的社会环境是与母亲接触。母子关系是其他社会关系的雏形。如果母亲经常把儿童束缚在家中,儿童就会与他人"隔离",从而形成低级的社会兴趣。如果母亲在家庭中保持一种合作的气氛,儿童就易形成社会兴趣。

1935年,阿德勒根据个人的社会兴趣的程度,把人划分为四种类型:(1)支配型。这种类型的人缺乏正确的社会兴趣,他们倾向于统治和支配别人。(2)索取型。这种类型的人缺乏正确的社会兴趣,他们竭力从他人那里索取一切他所能索取的东西。(3)逃避型。这种类型的人缺乏正确的社会兴趣,他们企图通过回避问题而取胜,这种人通常只能以碌碌无为的方式来避免失败。(4)社会利益型。这种类型的人有正确的社会兴趣,他们试图以有益于社会的方式来解决问题。

五、创造性自我

阿德勒认为,创造性自我使个体能在可供选择的生活风格和目标之间进行选择。这是人格的自由成分。创造性自我是一种个人的主观系统,它是塑造人格的一种有意识的主动力量。

在西方心理学史上,阿德勒是第一个提出人类行为不完全由遗传和环境所决定的个性心理学家。霍尔(G. S. Hall)等人把阿德勒的创造性自我称为"作为个性理论家所取得的最辉煌的成就"。霍尔和林赛(G. Lindzey)认为,阿德勒最早提出创造性自我的概念。这个概念对心理学家影响很大,阿德勒与弗洛伊德不同,弗洛伊德认为人类的行为完全由遗传和环境所决定,没有任何选择的自由。阿德勒认为,个体并不是环境因素和遗传因素的消极承受者,每个人都能对自己的发展作出选择。遗传因素和环境因素仅仅是提供创造性自我塑造的结构,生活的许多可能性展示在个体面前,个人完全可以从中自由选择。每一个人都有决定自己生活的自由。阿德勒的创造性自我的概念,深刻地影响了当代人本主义心理学家。奥尔波特、马斯洛和罗杰斯等人都在他的创造性自我概念影响下,发展出各自的自我概念。

创造性自我不仅为了实现目的,而且还为每个人创造各自的个性。它给生活带来了意义,并确定了目的和达到目的的方法。创造性自我使个人的个性和谐、统一,并且具有独特性。阿德勒认为,创造性自我是人类生活的积极原则。

六、出生次序

阿德勒特别强调出生次序(birth order),他认为儿童在家庭中的出生次序和所处的地位影响着他们的生活风格,对性格的形成发展起着重大作用。

儿童的向上意志很强烈,和兄弟姐妹相处,一切都想争夺优越地位,特别是想独占父母的爱。年龄较大的以哥哥、姐姐自居,向弟弟妹妹发号施令,甚至仗势欺人。弟弟妹妹自知年幼体弱,却能以柔取胜,他(她)们对父母亲表现出恭敬和听话,以博得父母亲的欢心。总之,儿童都以争取优势为目的,但达到目的的方式和方法是不同的。阿德勒研究了长子、次子、幼子和独子的性格特点,他认为长子在第二个孩子出生前一直是父母关怀的中心人物,但第二个孩子出生后,他的地位就会迅速下降。他深感因弟妹出生而带来的苦恼,容易产生妒忌和不安全感,比较孤独或倔强,对人有敌意,这是因为父母对自己的爱容易被老二夺去。次子常常雄心勃勃,有远大抱负,这是因为他要赶超长子,常常怀有野心,表现为反抗和妒忌。他们容易适应环境。在有长子的家庭中,次子是最幸福的,因为有赶超的对象、竞争的伙伴。次子总想制服老大,制服父母亲。幼子在家庭中没有弟妹,始终被看作婴儿,永远受人宠爱,总是希望得到别人的帮助。他们处境比长子还糟,行为上容易发生问题。独子在家庭中的地位是没有人会取而代之的,也没有人分享其权利,很容易养成过分依赖和专横的性格。

出生次序对儿童的影响是一种普遍倾向,因为有些儿童可以把不利因素变为有利因素,相反,也有些儿童会把有利因素变为不利因素。

阿德勒重视环境的作用是正确的,但单纯以出生次序来解释性格的发展是不全面的。儿童出生次序对心理的影响,几十年来一直是心理学研究中的重要课题,但还没有得出一致的结论。有些研究表明,儿童的出生次序决定着某社会角色与特质。也有些研究表明,在智力方面,出生次序与儿童智商有递增的趋势。推孟发现,天才儿童中长子长女所占的比例最多。行为治疗表明,没有哪一个出生次序是最坏的,在每一个次序中的儿童都有困扰,而且困扰的人数亦大体相等。

阿德勒的性格理论与弗洛伊德有重大的分歧,其中主要的分歧见表9-2。

表9-2　两种性格理论的比较

弗洛伊德的性格理论	阿德勒的性格理论
强调潜意识的作用	强调意识的作用
未来的目标并不重要	未来的目标是形成动机的重要本原
生物动机是重要的	社会动机是重要的
对人类表示悲观	对人类表示乐观
梦是探索意识的工具	梦是解决问题的手段
人类完全由遗传因素和环境因素决定	人类至少能部分地决定自己的个性
夸大性的作用	轻视性的作用
治疗的目的在于发现压抑的早期记忆	治疗的目的在于形成一个具有社会兴趣的生活风格

第三节　荣格的性格理论

荣格(1875—1961)是瑞士心理学家,分析心理学的创始人。他早年与弗洛伊德在一起合创了国际精神分析学会,本是精神分析运动的继承人,有"王储"之称,但后来在学术观点上与弗洛伊德发生分歧。1914年,荣格辞去国际精神分析学会主席职务,并且退出协会,创立分析心理学(analytical psychology)。荣格一生中获得了很多荣誉称号,他被称为"苏黎世圣人",苏黎世、伦敦和纽约等地先后建立"荣格学院"。

一、个性的结构

荣格把个性称为精神(psyche),他说,心理学不是生物学,不是生理学,也不是任何别的科学,而恰恰是关于精神的知识。他认为个性的功能在于使个体适应社会环境和自然环境。他强调,个性一开始就是完整的,具有整体性。在人的整个一生中,只是在人所固有的完整个性基础上,进一步促使它多样、连贯、和谐,并且防止它的分裂。精神病医生的任务就在于帮助病人恢复他们已经失去的完整个性,抵御未来的分裂,促使个性整合。

荣格认为个性是一个极其复杂的结构。它包括三个层次:意识、个人潜意识和集体潜意识。他认为,过去人们对意识强调过多,而潜意识比意识更重要,但他也指出弗洛伊德将潜意识看得太狭窄了。他认为,潜意识不仅可追溯到个体婴儿时期,而且还可追溯到人类漫长的历史发展过程中。人类亿万年历史所获得的经验按拉马克的习得性遗传的原则遗传下来,储存在心灵的深处,构成庞大的潜意识。这样,他把潜意识分为两大部分:个人潜意识和集体潜意识。

荣格形象地指出,个性的意识方面,如一个岛的可以看见的部分。意识的下一层,即岛的可见部分的下面的大部分是未知的,称个体潜意识,可以由于潮汐运动而露出水面。第三层是集体潜意识,在岛的最下层,属于广大基地的海床。

（一）意识

意识包括能意识到的一切心理活动,是人心中能被个人直接知道的部分。意识出现较早,对儿童的观察表明,儿童在认识父母、玩具和其他事物时,都运用着意识。他认为意识是通过个体的感觉、直觉、思维和情感逐渐发展起来的。

个性化和意识是同步的。意识的开端也是个性化的开端,意识发展了,就有放大的个性化。个人的意识逐渐变得不同于他人,富有个性。这个过程叫作个性化。意识在个性化过程中,产生出新的因素,称为自我。自我使个体适应环境,并且是和环境保持联系的通道,使个体的日常机能正常运转。

荣格的自我概念与弗洛伊德的自我概念非常相似,自我构成意识领域的核心。自我对心理材料的选择和淘汰,保证了个性具有同一性和连续性。

决定自我对心理材料进行选择的因素有下面四种:(1)个体占主导地位的心理机能。如果个体是思维型的人,那么思维比较容易进入意识;如果个体是直觉型的人,那么直觉比较容易进入意识;如果个体是情感型的人,那么感觉比较容易进入意识。(2)个体焦虑状态。凡是要引起焦虑状态的心理材料,常常被拒绝在意识之外。不引起焦虑的心理材料容易进入意识。(3)个体个性化程度。个性化程度高的个体,将会有较多的心理材料进入意识;个性化程度低的个体,进入意识的东西就少。(4)刺激物引起个体体验的强度。刺激物所引起的个体的体验强烈,可以攻入自我的大门;微弱的体验,则轻而易举地被拒绝在自我之外。

（二）个人潜意识

个人潜意识(personal uncoscious)是由曾经被意识而后被压抑的经验,或一开始就没有形成意识印象的经验所组成。例如,一个无法解决的几何难题,一段痛苦的经历,一件内心的冲突,等等。荣格的个人潜意识概念与弗洛伊德早期的前意识概念相似,但他没有把这部分看作有罪恶和性的色彩。他把个人潜意识看作是记忆仓库或精心制作的输入系统。荣格认为,个人潜意识与自我之间有着双向往来(two-way traffic)的关系。例如,我们学习了许多地名和历史年代、历史事件,这些经验并不是随时全部都存在于意识之中的,但一旦需要(如考试或旅游时),这些经验便可以从个人潜意识中召回到意识中来。

荣格认为个人潜意识的内容大部分是情结(complexes)。情结是一组具有情感色彩的观念,个体对它高度重视,并且不断地在生活中出现。当个体具有某种情结时,就会沉醉于某种事物而不能自拔,似乎有一种"瘾"。例如,一个具有金钱情结的人就会用大量的时间和精力去设法获得金钱。

情结是自主的,不仅有自己的驱力,而且可以强有力地支持个体的思想和行为。它占用了大量的心理能,并且干扰了人的正常活动,妨碍了心理的正常发展,但是,情结对于个体不一定都起消极作用,有时它可以成为个体活动和灵感的源泉。强有力的情结,会促使个体对完善的追求,从而使个人在事业上取得重要成就。例如,一个沉迷于艺术的人,就会废寝忘食地去创造美,把生命献给艺术,愿意牺牲自己的一切去绘画。

荣格受弗洛伊德的影响,认为情结是由儿童时代的创伤经验所形成。例如,在童年早期,儿童被粗暴地与母亲分开,就可能会形成强烈的恋母情结,作为失去母亲的补偿。后来,他认为情结起源于比童年早期经验更为深邃的东西——集体潜意识。

(三) 集体潜意识

集体潜意识(collective unconscious)是遗传下来的,为集体所共有的潜意识,它反映了人类在以往的历史进化过程中的集体经验。它不是个人习得的,而是包含着人类祖先在内的各个世代遗传下来的,从来没有在意识中出现过的经验,是个性的最底层。霍尔等人解说道:"集体潜意识是从人的祖先往事遗传下来的潜在记忆的痕迹的仓库。所谓往事,它不仅包括作为单独物种的人的种族的历史,而且也包括前人类或动物祖先在内的历史。集体潜意识是人的演化发展的精神剩余物,它是经过许多世代的反复经验的结果所累积起来的剩余物。"荣格说:"与个人潜意识不同,集体潜意识对所有的人来说都是共同的,因为它的内容在世界的每一个地方都能发现。"

集体潜意识是遗传的,从个体出生第一天起,集体潜意识就给个人的行为提供一套预先形成的模式。荣格认为,一个人出生时,一种心灵的虚像(virtual image)已经先天地具备了,当这种心灵的虚像与它相对应的客观事物融为一体,就成为心理学中实实在在的东西。例如,集体潜意识中存在着太阳的心灵虚像,儿童就会迅速表现出对太阳的知觉和反应;又如,集体潜意识中存在着母亲的心灵虚像,儿童就会迅速表现出对母亲的知觉和反应。后天的经验越多,心灵虚像的呈现机会也就越多。

荣格认为,集体潜意识是个性中最重要和最有影响的一部分。集体潜意识的内容具有相当大的影响力,总是要向外显现,有时会通过梦、幻觉、想象和类似象征的形式显现出来。大多数人利用研究梦、幻觉等来了解自己,从各种浩瀚的资料中收集集体潜意识的信息。

集体潜意识的内容主要是原型(archetype)。在荣格的理论体系中原型是一种对周围环境的某些方面作出反应的先天倾向。所有原型的集合就构成了集体潜意识。这好像眼睛在进化过程中对光源反应特别敏感一样,人脑在进化过程中也会对世世代代所接触过的事物反应特别敏感,这些经验经过世代的反复,深深地镂刻在我们的大脑上。例如,个体并不需要亲身经验就会对黑暗和蛇发生恐惧。当然,个体的亲身经验可以强化这种先天倾向。

荣格认为科学家的创造、艺术家的创作,虽然与个人努力分不开,但最后还需要凭借原型起作用。荣格认为,原型与记忆表象是不同的,它更像一张必须通过后天经验来显影的照相底片。

原型具有普遍性,每一个人都继承着许多相同的原型。如母亲的原型是全世界婴儿都天生具有的,正是这种原型与现实生活中的母亲相接触,逐渐成为确定的形象,但由于婴儿与母亲的关系是不完全相同的,所以母亲的原型在外现过程中也就有了个体与个体之间在个性上的个别差异。

原型是情结的核心,它起着类似磁石的作用,把相关的经验吸引在一起,并且形成一个情结。

荣格认为,有几种原型是最主要的,它们分别代表各种个性系统。

1. 个性(人格)面具

人格面具又称顺从原型(persona),位于个性的最外层,是个性的外部形象。它实际上是一种适应,是个人对社会生活的适应,它保证一个人能够扮演某种性格,而这种性格不一定就是他本人的性格。人格面具是一个人公开的一面,其目的在于给人一个良好的印象,以便得到社会的认可。每个人都可以有不止一个人格面具,上班时戴一副面具,下班时戴另一副面具,他们用不同的人格面具适应不同的情境。荣格认为,法律和风俗实际上也是人格面具,是集体的人格面具。

人格面具对人的生存是必需的,它使我们搞好人际关系,与人和睦相处,它是社会生活的基础。如果一个营业员不能扮演商店要求的角色,就不能继续工作下去。如果一位教师不能扮演学校要求的角色,也不能够工作下去。有人对自己的工作不喜欢,但为了取得优厚的物质报酬,在工作时间里扮演工作单位需要的角色,在业余时间做自己喜欢的工作。

荣格认为,不能将个性和人格面具等同起来,人格面具仅仅显现个性中的一小部分。在某种意义上可以说,人格面具带有欺骗性。如果有人认为他就是他所装扮出来的人,人格面具就是他的个性,那么他是在欺骗自己。荣格认为,这是危险的,过度膨胀的人格面具,会造成不良的影响。人格面具过度膨胀会危害他人,这种人企图把一种固定的角色强加于他人。他们骄傲自大,目空一切,不会以平等态度待人,经常以命令方式对人。人格面具过度膨胀也会危害自己,这种人达不到预期的目标时,就会产生强烈的自卑感,离开集体,从而产生孤独感。对自己不感兴趣的东西,硬要装出感兴趣的样子,这是很痛苦的。

2. 阿尼玛和阿尼姆斯

阿尼玛(anima)和阿尼姆斯(animus)是个性的内部形象(inward face)。阿尼玛是男子个性中的女性成分,阿尼姆斯是女子个性中的男性成分。这是远祖遗传下来的原型,是自己和别人都不易觉察到的个性特征。

阿尼玛有两种功能:①使男性具有女子气;②提供男性与女性交往的模式。阿尼玛为男子提供心灵中理想化的女子形象,但现实生活中的女子很难与它完全一致,这就必须对理想和现实进行折中。如果一个男子坚持要现实生活中的女性符合自己的理想,那么,关系就会终止。

阿尼姆斯也有两种功能:①使女性具有男子气;②提供女性与男性交往的模式。阿尼姆斯为女子提供心灵中理想化的男子形象,但如果坚持现实生活中的男性与理想化的男子一致,就会发生冲突。

在荣格看来,在男性个性中具有明显的女性特征,在女性个性中也具有明显的男性特征,这是男人和女人在长期交往过程中形成的,它具有重要的生存价值。阿尼玛和阿尼姆斯保证了男人和女人之间的理解、协调和交往。

既然人格中具有明显的异性特征,荣格认为就要顺着这种情况,使男人和女人认识到自己身上的异性特征,不能否认自己身上的异性特征,但也不能过分强调自己身上的异性特征。要使个性和谐平衡,必须允许这两种原型显现。这样有助于造就富有创造性的个人。如果一个男人仅仅展现男子气,那么女子气就会始终遗留在潜意识中而保持它的原始未开化的状态,使他潜意识中有一种软弱、敏感的倾向。这种男人,虽然在表面上看上去是最富有男子气的人,但内心却十分软弱和柔顺。相反,过多地展示女子气的女人,在潜意识深处却十分顽强和任性,具有男子气。

在现实生活中,阿尼玛和阿尼姆斯往往得不到充分发展,人们要求男人成为"真正"的男子汉,女人成为"真正"的女人,并且歧视个性结构中的异性成分,这样就使人格面具占上风,并对阿尼玛和阿尼姆斯进行压抑。这可能导致阿尼玛和阿尼姆斯的报复。男人和女人都可能走向极端。男人异装癖,穿着异性的衣服,甚至通过激素治疗或动手术彻底改变自己的性别,女人也有类似情况。

3. 阴影

阴影(shadow)是个性中最隐蔽最深奥的部分,即黑暗自我。与弗洛伊德的本我相类似,它在人类进化中具有极其深厚的根基,它是我们精神中与低等动物共有的部分,包含人类远祖具有的一切兽性冲动。荣格认为,阴影可能是一切原型中最强大,也是最危险的一个,它是人身上最好和最坏的东西的发源地。

必须发展一个强大的人格面具来对抗阴影。人格面具成功地压抑了个性中动物性的一面,就可以使人奉公守法和变得文雅,但要付出相当高的代价,因为这将削弱人的创造精神和生活活力,削弱人的强烈情感和深远的直觉,使人变得浅薄和缺乏朝气,个性变得平庸苍白。

当个体的自我和阴影亲密和谐时,自我引导生命力从本能中释放和辐射出来,他就会感到充满活力,意识的领域开拓和扩展了,精神活动变得生气勃勃。

荣格与弗洛伊德不同,他要认识和利用阴影。他认为,阴影的动物性是生命力、自发性和创造性的源泉。不利用自己阴影的人容易变成忧郁的和毫无生气的人。

4. 自身①

自身(self)是协调个性各部分的原型。

荣格区分了自我(ego)和自身,他指出自我仅仅是意识领域的核心,而自身则是个体整个身心的主体,它包括意识的和潜意识的心理。在这种意义上说,自身是一个包括自我的心理

---

① "self"可以译为自性、自身、自己,亦可译为自我,为了与"ego"(自我)区别,故译为自身。

因素。

自身这个原型是荣格对潜意识研究的最重要成果,自身将整个个性结构加以整合并使之稳定。自身在集体潜意识中,是一个核心的原型,将所有的原型都吸引在周围,使个性处于一种和谐状态,使个性成为一个统一体,个人便处于自我实现的境界。

自我实现(又称自身实现,self-actualization)是荣格首先提出来的概念。他认为,个性的最终目标是自我实现。自我实现是表示个性在各方面的和谐、充实和完全,即自身的最完满发展,所以自身是自我实现的一种内驱力。人到中年时才能自我实现,因为在中年以前自身原型根本不明显。

自我实现并不是轻易能够达到的,是一项极其复杂的艰巨任务,需要不断地约束自己,要有韧性,要有高度的智慧和对事业的责任心。在荣格看来,几乎没有人能够完全达到自我实现,即使佛祖释迦牟尼和基督教的救世主耶稣也不过是最接近这一目标而已。此外,荣格还指出,应该更多地强调对自身的认识,而不要过多地强调自我实现,因为只有对自身充分认识才能获得自我实现的途径。

二、个性的发展

荣格与弗洛伊德不同,他认为个性在一生中是持续发展的,在35岁至50岁之间经历一个关键性的转折,这是荣格在个性发展问题上富有特色的见解。

荣格把个性发展的阶段划分为:童年、青年、中年和老年。他指出,力比多是一种普遍的生命力,它在不同阶段消耗在不同的活动中。

当力比多促进个体成长和发展时,当个性稳步发展时,个体就前进;当力比多倾向于潜意识时,个体就倒退。荣格认为倒退并不一定是坏事。如果个体在生活中遇到障碍物,受到挫折,倒退到潜意识中去获取解决这一问题的信息,也会使人受益(见图9-3)。

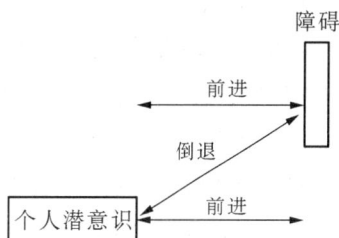

图9-3 前进、倒退、前进

第四节 埃里克森的性格理论

埃里克森(E. H. Erikson,1902—1994)出生于德国法兰克福,1927年到奥地利维也纳一所小规模的学校工作。在那里,他遇见了弗洛伊德,并跟随弗洛伊德的女儿安娜·弗洛伊德(Anna Freud)从事精神分析工作。1933年到美国工作,他逐步建立了"自我心理学"(ego psychology)体系。

一、个性结构

埃里克森接受了弗洛伊德的"三部结构"的学说,认为个性由本我、自我和超我三部分组成,但对弗洛伊德的理论作了重大的修正和扩展。埃里克森对自我的实质提出了新的看法,强调了自我的自主性和独立性。

埃里克森对自我重要性的认识是在他的老师安娜·弗洛伊德影响下发生的。安娜·弗洛伊德认为,应该全面了解个性结构的组成部分,了解结构中各个组成部分之间的相互关系和它们与外在世界的联系。她指出,应该对我们认为构成个性的三个组成部分(本我、自我和超我)获得充分全面的认识,以便了解它们之间的相互联系以及它们与外部世界的联系。

埃里克森也接受哈德曼(Heintz Hartmann)的自我心理学的影响。哈德曼是美国著名的精神分析学家,被誉为"自我心理学之父"。他的一个重要观点是,自我和本我是同时存在的两种心理机能,自我独立于本我,自我和本我是同时发生发展的,自我并不是从本我中分化出来的。他指出,自我和本我都是从先天的禀赋,即"未分化的基质"(undifferentialed matrix)中分化出来的。哈德曼的另一个重要观点是,自我是自立的,它具有适应性的功能。自我并非一定要在与本我、超我的冲突中成长。他把知觉、记忆、思维、语言和创造力的发展等都看作是自我的适应功能。

(一) 本我

埃里克森与弗洛伊德一样,认为本我是包含力比多能的各种强烈欲望的总和,但他还进一步指出,本我代表着种系进化过程中的剩余沉淀物,它只能使人沦为动物,必须加以克服以便成为真正的人。

(二) 超我

埃里克森认为,超我是体现社会准则和行为规范的心理过程,它是由个人经验与对他最有影响的人(成人和同伴)的观念和态度所共同组成的。

(三) 自我

埃里克森强调自我在个性发展中的作用。在哈特曼的自我具有适应功能思想的基础上,埃里克森对自我提出了几点具体的看法:(1)自我并不受本我制约,它在个体出生后就开始迅速地独立发展;(2)自我是一个自主的、有力量的实体,它有自己的功能;(3)自我与本能的冲突无关,它朝向认识和适应环境的目标;(4)自我具有解决自己问题的方法,它既有适应功能也有防御功能。

埃里克森把自我看作一种心理过程,它包含着人类的意识动作,并且能够加以控制。自我是人的过去经验和现在经验的综合体,并且能够把进化过程中的两种力量——人的内部发展和社会的发展结合起来,引导心理性欲向合理方向发展。自我和心理发展的强弱有关,能够决定个体的"命运"。自我参与决定个体的行为方向。自我不仅保证个人适应环境,健康成长,而且是个人自我意识和同一性的源泉。健康自我以八种美德(希望、自我控制和意志、方向和目的、能力、忠诚、爱、关心、明智)为特征。这样的自我,可以称为创造性的自我(creative ego),它能够对人生发展的每一个阶段所产生的问题加以创造性的解决。

埃里克森还认为,在自我中除了遗传的、生理解剖上的因素外,还有很重要的文化和历史的因素。这样,他把自我放在时间和空间的架构之上,这也是埃里克森对自我理论的重大贡献。

二、个性发展的八个阶段

埃里克森和弗洛伊德都是个性发展阶段论者,都认为个性发展具有不同的阶段。埃里克森把发展划分为八个阶段,这是埃里克森理论中最重要的部分。他认为,人从出生到死亡一共经历八个阶段,前五个阶段在时间上与弗洛伊德的阶段划分是一致的,后面三个阶段是埃里克森独创的。

埃里克森认为,这八个阶段的顺序是不变的,而且在不同文化中普遍存在,因为它是由遗传因素所决定的。但是,他指出,每一个阶段能否顺利地度过则是由社会环境所决定的,在不同文化的社会中,各个阶段出现的时间不尽一致。埃里克森的阶段理论被称为心理社会发展阶段理论,以区别于弗洛伊德的性心理发展阶段理论。

埃里克森认为,每一个阶段都是由一对冲突(conflict)或者两极对立所组成的,形成一种危机(crisis),它的积极解决就能增强自我,个性就得到健全发展,有利于个人对环境的适应;它的消极解决就会削弱自我,会使人格不健全,阻碍个人对环境的适应。而且,前一阶段危机的积极解决,会扩大后一阶段危机积极解决的可能性;前一阶段危机的消极解决,则会缩小后一阶段危机积极解决的可能性。每一次危机的解决,都存在着积极因素和消极因素,只是根据其中的哪一种因素多而称为积极的解决或消极的解决,当积极因素的比率大时,危机就顺利地解决。一个健康个性的发展,必须综合每一次危机的正反两个方面,否则就会有弱点。例如,不能认为成长过程中有一点不信任等消极因素是完全不好的。

埃里克森还指出,不仅所有的发展阶段是依次地相互联系着的,而且最后一个阶段和第一个阶段也是相互联系的。例如,老人对死亡的态度会直接影响幼儿的人格发展。埃里克森指出,如果儿童的长者完美得不惧怕死亡,儿童也不会惧怕生活。个性发展的阶段,是以一种循环的形式相互联系着的,一环扣一环,形成一个圆圈。

埃里克森将个性的发展划分为八个阶段(见图 9-4)。

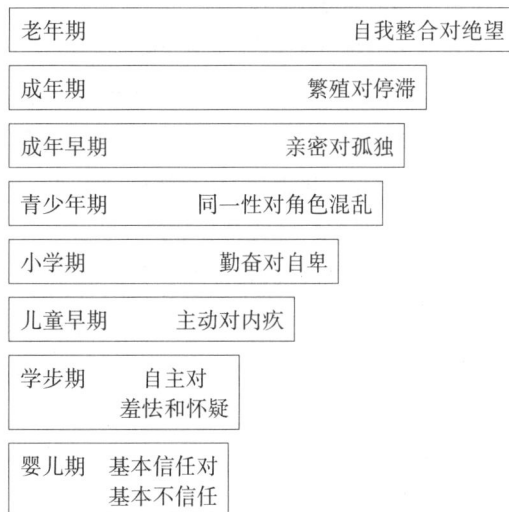

老年期	自我整合对绝望
成年期	繁殖对停滞
成年早期	亲密对孤独
青少年期	同一性对角色混乱
小学期	勤奋对自卑
儿童早期	主动对内疚
学步期	自主对差怯和怀疑
婴儿期	基本信任对基本不信任

图 9-4 埃里克森人格发展的八个阶段

（一）基本信任对基本不信任

这个阶段从出生到 1 岁,相当于弗洛伊德的口唇期。

这个阶段的儿童最为软弱,非常需要成人的照料,对成人依赖性很大。如果护理人(父母等)能够爱抚儿童,并且有规律地照料儿童,以满足他们的基本需要,就能使婴儿对周围的人产生一种基本信任感,感到世界和人都是可靠的。相反,如果儿童的基本需要没有得到满足,那么儿童就会产生不信任感和不安全感。

埃里克森认为,儿童的这种基本信任感是形成健康个性的基础,是以后各个阶段个性发展的基础。这一阶段危机的积极解决,会在儿童的个性中形成一种良好的品质,即希望品质(virtue of hope)。希望是自我的一种功能,它将增强个体的自我。埃里克森认为,希望就是坚信愿望可以实现。

（二）自主对羞怯和疑虑

这个阶段是 1—3 岁,相当于弗洛伊德的肛门期。这个阶段儿童的基本任务是发展自主性。

父母对儿童的养育,一方面,根据社会的要求对儿童的行为要有一定的限制和控制;另一方面,又要给儿童一定的自由,不能伤害他们的自主性。父母对子女必须有理智和耐心。如果父母对子女的行为限制过多,惩罚过多,批判过多,就会使儿童感到羞怯,并对自己的能力产生疑虑。

这一阶段危机的积极解决,自主超过羞怯和疑虑,就会在儿童的人格中形成一种良好的品质,即意志品质(virtue of will)。埃里克森认为,意志就是虽然儿童不可避免要体验到羞怯和疑虑,但仍表现出来的自由选择和自我抑制的决心。意志也被认为是自我的一种功能,它可以使人变得灵活、乐观和幸福。

（三）主动对内疚

这个阶段是 4—6 岁,相当于弗洛伊德的性器期。

这个阶段的主要任务是发展主动性。通过前面两个阶段的发展,儿童已懂得他们是人,随着身心进一步的发展,他们开始探索成为什么样的人和应该成为什么样的人,探索什么是允许的、什么是不允许的。如果父母肯定和鼓励儿童的主动行为和想象,儿童的主动性就会得到发展;如果父母经常否定儿童的主动行为和想象,儿童就会缺乏主动性,并且感到内疚。这种儿童生活在别人为他安排的狭隘的圈子里,并且是保守的。

这一阶段危机的积极解决,主动超过内疚,就会在儿童的人格中形成一种良好的品质,即目的品质(virtue of purpose)。埃里克森认为,目的就是去面对和追求有价值的目标的勇气。

这个阶段儿童的主要活动是游戏,因此又称游戏期。除了运动游戏外,儿童还经常进行角色游戏。在游戏中,他们扮演各种角色(如父母、医生、商人等),模仿成人的社会生活,这使儿童与社会联系,认识社会,扩大眼界,从而使他们的心理得到发展。

（四）勤奋对自卑

这个阶段是 6—11 岁,相当于弗洛伊德的潜伏期。

这个阶段的儿童大多数在上小学,他们不仅接受父母的影响,而且还接受教师和同学的影响。学习成为儿童的主要运动。

埃里克森认为,儿童在这一阶段最重要的是体验以稳定的注意和孜孜不倦的勤奋来完成工作的乐趣。儿童可以从中产生勤奋感,满怀信心地在社会中找寻工作;如果儿童不能发展这种勤奋,他们会对自己能否成为一个对社会有用的人缺乏信心,从而产生自卑感。这个阶段的儿童还有一种危险是,儿童过分重视他们在工作中的地位,认为工作就是生活。因此,应该鼓励儿童为未来的工作学习技术,但也不要因此而牺牲人类的许多重要品质。

这个阶段危机的积极解决,勤奋超过自卑,就会在儿童的人格中形成一种良好的品质,即能力品质(vritue of competence),埃里克森指出,能力就是不为儿童期自卑所损害的在完成任务中运用自如的聪明才智。

(五) 同一性对角色混乱

这个阶段是 12—20 岁,相当于弗洛伊德的生殖期。

儿童到了这一阶段必须思考所有他已经掌握的信息,包括对自己和社会的信息,为自己确定生活的策略。如果在这一阶段能够做到这点,儿童就获得了自我同一性(ego identity)。自我同一性,对发展儿童健康的人格是十分重要的,同一性的形成标志着儿童期的结束和成年期的开始。

如果在这个阶段青少年不能获得同一性,就会产生角色混乱(role confusiou)和消极同一性(negative identity)。角色混乱指个体不能正确地选择适应社会环境的生活角色。这类青年无法"发现自己",也不知道自己究竟是什么样的人、想要成为什么样的人。他们没有形成清晰和牢固的自我同一性。消极同一性指个体形成与社会要求相背离的同一性。他们形成了社会不予承认的角色,形成了社会反对和不能容纳的危险角色。

这一阶段危机的积极解决,青少年获得的是积极同一性,而不是消极同一性,他就会形成一种良好的品质,即忠诚品质(virture of fidelity)。埃里克森指出,忠诚品质就是"不管在价值体系中是否存在着矛盾,仍然忠于自己内心的誓言的能力"。

马西娅(J. E. Marcia)发展了埃里克森对这一阶段的研究,认为有四种可能的结果。

(1)同一性实现。这是个体发展的理想结果,包括对选择的价值和生活目标的探索,准备付诸行动。

(2)同一性延迟。这是个体不断探索和反省的结果,伴有大量不自主的专注和焦虑,但不准备实现。

(3)同一性混乱。这表现为个体缺乏方向感,但没有延迟执行中那些不断斗争的特征。

(4)同一性拒斥。个体虽然有追求价值和目标的实际行动,但这样的行动没有经过考虑,是不成熟的,可能是由于强烈的需要而遵从父母的价值和目标,也可能是害怕处理不确定事件。

(六) 亲密对孤独

这个阶段大约是 20—24 岁,属成年早期。

埃里克森指出,只有建立了牢固的自我同一性的人才敢与他人发生爱的关系,热烈追求和他人建立亲密的关系。因为,这要把自己的同一性和他人的同一性融合在一起,这包含着让步和牺牲。

一个没有建立自我同一性的人,担心同他人建立亲密关系而丧失自我。这种人离群索居,不与他人建立密切关系,从而有了孤独感。这一阶段危机的积极解决,亲密超过孤独,就会在人格中形成一种良好品质,即爱的品质(virtue of love)。埃里克森指出:"爱是一种永远抑制由遗传而导致对立而永久的相互献身精神。"

(七)繁殖对停滞

这个阶段大约是 25—65 岁,属成年期。

成年期的人,已经由儿童变为成年人,变为父母,已经建立了家庭和自己的事业。如果一个人很幸运地形成了积极的自我同一性,并且过着充实和幸福的生活,他们就试图把这一切传给下一代,通过两种方式为孩子造福:①直接与儿童发生交往;②生产或创造能提高下一代精神和物质生活水平的财富。

这一阶段危机的积极解决,繁殖超过停滞,就会在人格中形成一种良好品质,即关心品质(virtue of care)。具有这种品质的人,能够自觉自愿地关心他人,爱护他人。

(八)自我整合对绝望

这个阶段大约从 65 岁开始,一直到生命结束,属成年晚期。

这个阶段相当于老年期,这时主要工作已经差不多都完成了,是回忆往事的时刻。前面七个阶段都能顺利度过的人,具有充实幸福的生活,并且对社会有所贡献,他们有充实感和幸福感,怀着充实的感情向人间告别。这种人不惧怕死亡,在回忆过去的一生时,自我是整合的。而过去生活中有挫折的人,在回忆过去的一生时,则经常体验到绝望,因为他们生活中的主要目标尚未达到,过去只是一连串的不幸。他们感到已经处在人生的终结,再开始已经太晚了。他们不愿匆匆离开人间,对死亡没有思想准备。

这一阶段危机的积极解决,自我整合超过绝望,就会在人格中形成一种良好的品质,即明智品质(virtue of wisdom)。埃里克森认为,明智是以超然的态度来对待生活和死亡。

埃里克森的个性发展八个阶段的危机和相应的品质,可以概括如表 9-3。

表 9-3　个性发展八个阶段的危机和相应的品质

阶段	危　机	年龄(岁)	危机积极解决的品质	危机消极解决的品质
1	基本信任对基本不信任	0—1	希望	恐惧
2	自主对羞怯和疑虑	1—3	自我控制和意志	自我疑虑
3	主动对内疚	4—6	方向和目的	无价值感
4	勤奋对自卑	6—11	能力	无能
5	同一性对角色混乱	12—20	忠诚	不确定感
6	亲密对孤独	20—24	爱	两性关系混乱
7	繁殖对停滞	25—65	关心	自私
8	自我整合对绝望	65—死亡	明智	失望和无意义感

评　价

弗洛伊德在100年前开创了一个综合性、全面性的个性理论,提出了许多独特的见解,不仅影响心理学,而且对哲学、教育学、文学、艺术和宗教等方面都有影响。我们可以在许多性格理论中看到弗洛伊德的影响。他开创了世界上第一个心理学治疗体系,称为精神分析法。弗洛伊德和冯特被认为是现代心理学史上的两位重要人物。有人把他与达尔文相提并论。

在美国,从20世纪50年代起,人们对弗洛伊德理论的欢迎程度有所减少。部分原因是一些其他的人格理论和儿童研究机构建立起来了。但还有一些忠诚于弗洛伊德的人,仍然在积极活动。在20世纪90年代,仍有400多种关于弗洛伊德研究的著作出现。因此托马斯(R. M. Thomas, 2005)指出:弗洛伊德在公众中有"中等而持续的影响。"

弗洛伊德重视潜意识的研究,不仅扩大了个性心理学研究的范围,而且为深一层认识个体行为提供了条件。他重视早期经验在性格发展中的作用,重视行为的历史原因,强调行为发展的重要性,这对现代发展心理学有重要意义。他第一个把物理学中的动力理论引入心理学,认为一切心理活动都是心理能的作用。这启发了以后心理学工作者对动力心理学的研究。

弗洛伊德过分强调潜意识和性本能在性格发展中的作用。把人类的性格发展的动力归因于性本能或力比多,认为性本能是否满足,直接影响到性格的发展。弗洛伊德的心理性欲发展论和恋母情结等都引起其他学者的批评和争议。弗洛伊德的性格研究资料主要来源于对精神病人的诊断经历和自我分析,缺乏实验性的量化研究。他还忽视了社会环境对性格发展的作用,这些观点受到许多学者的批评。

阿德勒是精神分析学派中的第一位社会心理学家。他重视人与自然、社会的关系,确立了个体心理学的社会科学方向。他重视社会因素在性格发展中的作用,纠正了弗洛伊德过分重视性本能的倾向,使许多人从弗洛伊德的泛性论中解放出来,对后来的新弗洛伊德主义有很大影响。他重视意识的作用,认为意识是个性的中心。他最早提出对心理学家影响很大的创造性自我概念,在西方心理学史上首先提出人的行为不完全由遗传因素和环境因素决定,还涉及人的意识能动性。他认为,人有博爱、利他和合作的精神,可以支配自己的命运,对人生表示乐观。他重新恢复了人的尊严。

阿德勒的性格理论来自变态心理学,因此,带有一些偏激的看法。例如,他把自卑和补偿的作用看作精神活动的最高原则。有人认为,阿德勒只用一个概念,即追求优越来解释人类复杂的行为,把它作为人类的根本动机,这过分简单了,而且有唯意志论的色彩。他认为,有缺陷的人一定能从某些方面取得补偿,从而取得卓越的成就。事实上,有缺陷的人不一定都能取得卓越的成就,补偿毕竟带有被动和消极的特征。此外,他指的环境主要是家庭环境,没有像弗洛姆那样强调社会这个大的切面在个性形成和发展中的作用。

荣格的著作带有神秘和宗教的色彩,常常受到心理学家的批评,但他的许多思想给人以启示,人们会从中获得对人生和对世界的新的认识。目前心理学家对荣格个性理论的评价还很不一致。

荣格扩大了对力比多的理解，摆脱了弗洛伊德狭窄的、以性为核心的精神分析学说的框架，赋予力比多以生命能量的新意义，形成了新的心理学体系——分析心理学，为性格理论提供了许多重要的概念。

他第一次提出了自我实现这一概念，虽然他认为几乎没有人能够达到完全的自我实现。与弗洛伊德的悲观主义不同，他对人类命运的看法是乐观的。

在个性结构方面，他扩大了潜意识的概念，把潜意识划分为个人潜意识和集体潜意识。集体潜意识的理论是荣格理论的核心和富有特色的部分。荣格几乎把整个后半生都投入到对集体潜意识的研究中去。集体潜意识的提出使荣格闻名于世，但也引起很多争论。有些心理学家对集体潜意识的理论作了很高的评价，但不可否认，他的集体潜意识理论带有神秘色彩。一般认为，荣格的"证据"并不是来自实验室，而是通过对神话、文化象征物、梦、精神病人的观察而获得的。他认为，如果存在对我们每一个人来说基本上相同的集体潜意识，那么就证明它是存在的。

荣格对人生阶段的划分具有新意，他重视中年，这是通常被心理学家忽视的课题。

埃里克森的理论对西方现代个性心理学和发展心理学都有重大影响。西方不少心理学家认为，埃里克森的理论不够严密，思辨性多于科学性，但仍是一种重要的理论。一些心理学家支持埃里克森理论的某些方面。例如，佩克（Peck）和哈维格斯特（Havighurst）研究10—17岁青少年的性格，发现这些青少年的性格特征和他们在第一阶段和第二阶段形成的信任和自主有密切的相关。也有一些心理学家反对埃里克森理论的某些方面，还有一些心理学家指出他理论中个人发展和社会发展的机械平行论。如雅各比（Jacoby）等人指出，埃里克森所论述的是个人和社会两个独立系统相互作用，它们是调和的、无冲突的和整合的。

与弗洛伊德不同，埃里克森把重点从本能驱力的潜意识方面转移到自我与社会之间相互作用的意识方面。他对弗洛伊德的个性结构理论作了重大的修正和扩展，对自我的实质提出了新的看法，强调自我的自主性和独立性。他认为，自我的潜力能克服发展中的倒退和恶化，最终趋向完美。埃里克森是一个乐观主义者。

埃里克森提出了一个比较完整的个性发展学说。西方许多心理学家认为人发展到青年，个性已定型，埃里克森则认为个性发展延续一生。他把个性发展划分为八个阶段，在个性发展中强调自我，提出以个人的自我为主导，按自我的成熟时间形成一个心理社会发展过程。他的自我同一性理论，对青少年的研究工作产生了重大影响，已经扩展到许多学科中，并且深入到对当代重大的社会问题的研究中。墨菲等指出："埃里克森对于同一性的强调显示出一种一扫无遗的跨文化的倾向……并已经像弗洛伊德……所梦想的那样变为一种对一切有关人性的东西的关注。"[1]在个性发展中，埃里克森重视家庭和社会对青少年和儿童的教育作用。他修改了弗洛伊德的心理性欲发展理论是一个重大的进步，但个性的发展是否都要经过八个阶段是有争议的。

---

[1] ［美］加德纳·墨菲、约瑟夫·柯瓦奇著，林方、王景和译：《近代心理学历史导引》，商务印书馆1980年版，第422页。

埃里克森的理论对社会的影响，一般认为在 20 世纪 50 年代末期迅速增加，阐述其观点的著作不断出现。20 世纪 70 年代起，一些更新的儿童社会发展理论出现，埃里克森的观点受欢迎程度有些降低。至 20 世纪 90 年代，大约有 130 多篇文章涉及埃里克森。

第十章　行为主义学习论和社会认知论的性格理论

行为主义(behaviorism)是20世纪在美国兴起的心理学中的最大学派之一,华生击败了当时的其他心理学派、构建了一种理解人类行为的方法。这一方法曾在几十年里改写了心理学的许多专著和教材。随着科学的发展,许多学者在行为主义中加进了许多认知因素和社会因素,开创了个性的社会认知理论。

华生(J. B. Watson,1878—1958)是行为主义学派的创始人,他忽视遗传因素对人格发展的作用,强调环境因素对性格的作用。主张采用严谨的实验方法研究动物和人的行为。他们认为,个性不过是一种象征的概念,没有实际意义。新行为主义纠正了前辈的极端观点,并将研究扩展到个性领域,但他们仍将个性等同于行为,认为个性是一个人行为的总和,用学习的理论来解释个性及其形成和改变。

认知论对个性的研究是用信息加工观点来描述人类的行为模式。博内埃(C. A. Boneau)认为,"认知革命"大约是在1960年代开始的。普汶(L. A. Pervin)指出,认知革命前的两位理论家是凯利(G. A. Kelly)和罗特(J. Rotter),认知革命后的两位理论家是米契尔(W. Mischel)和班杜拉(A. Bandura)。

凯利的《个人结构心理学》于1955年出版,许多心理学家认为,凯利的理论为当前的认知理论家和实际工作者产生丰富的概念和构念提供了源泉。米歇尔指出:"令我惊奇的是……他所指引的方向的正确性,这使得心理学前进了20年。凯利在20世纪50年代提出的所有理论都已被证明是对心理学……以及多年来发生的事情所富于预见力的诺言。"布鲁纳也认为:这部书是1945—1955年这10年间对人格理论最伟大的唯一贡献。郑希付教授指出:"凯利的理论……涉及哲学、心理学、生理学、数学、统计学等等。因此他的理论又是一个崭新的思维方法。"该书已被译成多国文字。

当前,行为主义已经开始转型,转向社会学习论或认知论。人格心理学家重视认知,他们提出一个又一个新的理论,发展了人格心理学。

第一节　斯金纳的性格理论

美国心理学家斯金纳(B. F. Skinner,1904—1990)是新行为主义的主要代表,他提出的操作条件反射不仅对心理学有重大意义,而且对教育学、管理学等许多领域都产生了重大影响。

一、经典性条件反射和操作性条件反射

（一）经典性条件反射

苏联生理学家巴甫洛夫学派所研究的条件反射，称为经典性条件反射。巴甫洛夫等人用狗做实验，当狗吃食物时引起唾液分泌，这是非（无）条件反射，这种反射是天生的，不学而能的，故称非条件反射。如果这时给狗听铃声，则不会引起唾液分泌。但是，每次给狗吃食物之前出现铃声，经过多次结合后，铃声一响，狗也会分泌唾液。这种反射是后天习得的，巴甫洛夫称它为条件反射，即经典性条件反射。

（二）操作性条件反射

为了研究动物的行为，斯金纳设计了"斯金纳箱"。他把一只饿鼠放在"斯金纳箱"中，当鼠偶然踩在箱内的杠杆上，便给以食物，用食物强化这一动作。经过多次重复，鼠会自动踩杠杆而得食。在此基础上，还可以进一步训练动物：当它只对某一个特定信号（如灯光）作出踩杠杆的动作时，才给以食物强化。这种必须通过动物自己的操作才能得到强化而形成的条件反射，称为操作性条件反射。斯金纳指出："如果一个操作发生以后接着呈现一个强化刺激，这一操作的强度就会增加"，即如果要加强某种反应或行为模式，就应该奖赏它。

研究表明，经典性条件反射和操作性条件反射的基本原理是相同的，它们都以强化和神经系统的正常活动为基本条件。但也有所不同，在形成经典性条件反射的过程中，动物常常被束缚着，被动地接受刺激，而在形成操作性条件反射过程中，动物可以自由活动，它通过主动操作来达到一定目的。此外，在经典性条件反射中，强化和刺激有关，它出现在反应以前；在操作性条件反射中，强化和操作（反应）有关，它出现在反应之后。

在现实生活中，操作性条件反射大大多于经典性条件反射，但是，往往在一个复杂的条件反射链索中，既包含有经典性条件反射，又包含有操作性条件反射。

操作性条件反射具有广泛的实用价值。操作性条件反射的原理应用于教育，要求受教育者在自由活动的条件下通过自己的活动，主动地掌握知识。

斯金纳认为，在现实生活中操作性条件反射更有代表性，人的行为主要由操作性条件反射所构成。他从操作性条件反射中概括出一些学习规律。心理学研究的对象是行为，而个性就是通过操作性条件反射的强化而形成的一种惯常性行为方式。他用操作性条件反射的原理来解释个性的形成和发展。因此，我们考察操作性条件反射时，也就是在探讨斯金纳的性格理论。操作性条件反射是斯金纳个性心理学的核心。

二、代币奖励

代币奖励是根据操作性条件作用原理发展起来的一种行为疗法。在学校里，如果学生行为良好，教师就发给学生一些代币（如红星、塑料卡等）作为对良好行为的强化。学生积累一定数量的代币后可以摸取某种物品（如糖果、铅笔）或参加某种活动（如看电影、游泳）。这种方法在短期内对行为的改变效果明显。

代币奖励法也可以用于矫正精神病患者的病态行为。例如，当病人完成一些社会奖励的工作（如帮助其他病人洗衣服，擦桌子，拖地板，接电话等），即从质和量两个方面加以评定，发

给代币。同样,病人可以用代币换取物品或参加某种活动(如一定程度的自由活动)。

代币奖励对正常人和精神病患者的行为矫正有一定的效果。如经过代币奖励,不认真读书的学生,开始认真读书了;一声不吭的病人,开始说话了。但它侧重于外表的改变,没有解决根本问题。有些心理学家对这种方法提出异议,认为是治标不治本的方法。学生为了取得代币而不是为了以后的工作学习,病人也是为了取得代币而不是为了治病而更改一些行为。如果停发代币,他们的积极性可能降低。

第二节　多拉德和米勒的性格理论

美国心理学家多拉德(J. Dollard,1900—1980)和米勒(N. Miller,1909—2002)将赫尔的学习论和弗洛伊德的精神分析论在严格的实验研究基础上结合起来,提出了一种新的理论体系。

一、学习的四大基础

多拉德和米勒认为个性包括许多行为模式,人类行为是习得的,而不是天生的。学习需要驱力、线索、反应和强化四个因素循环往复地进行。他们在《社会学习与模仿》一书中指出,学习者必须受到一定驱力的驱动,从而作出反应,同时,学习者在线索面前作出反应后,就加以奖赏。这四个因素是整个学习过程中具有极重要作用的共同的基本因素,是学习的四大基础。"即只有在有机体想要什么,注意什么,做什么和获得什么时,学习活动才能进行。"(Dollard & Miller)

(一)驱力

驱力是引起有机体行动的内在刺激。刺激达到一定强度时就能成为驱力,并引起有机体行动。驱力是一个动机概念,是个体人格的能量来源。刺激越强,驱力也就越强,动机也就越强。

驱力可以是内部的(如饥、渴),也可以是外部的(如强光、巨响)。它可以分为先天的驱力和习得的驱力。

1. 先天驱力

先天驱力是由生物因素决定的,它直接影响到人类的生存。痛是一种先天的驱力。一般地说,痛觉所产生的驱力的强度要比其他驱力大。饥饿、渴、冷、热、性等也是先天驱力。先天驱力的强度随着它被剥夺的情况而变化。如果屏住呼吸1分钟,就会产生一种巨大的呼吸驱力。

他们认为,由于科学技术的发展,人们很难认识到先天驱力所能达到的全部强度。在这些驱力还没有使人达到痛苦程度时,就得到了满足,只有在战争、饥荒等情况下才能认识到先天驱力的全部强度。

2. 习得驱力

习得驱力是在社会化过程中学得的,是由学习或文化因素决定的。恐惧就是一种重要的习得驱力。由于我们的社会环境是一个很大的强化源,它在我们人格发展中起着关键性的作用。例如,成为一名律师、医师、董事、经理、科学家和艺术家的驱力都是在社会关系中习得的。

多拉德和米勒认为,先天驱力是建造个性的主要基石,习得驱力建筑在它们的基础上。在人类行为中习得驱力起着重要作用。社会条件能够抑制或减弱某些先天驱力,如婚前的性驱力等,社会条件还能强调某些先天驱力。

(二) 线索

线索也就是斯金纳讲的诱因。它是指示行为采取适当方向的刺激。多拉德和米勒认为,驱力驱使个体行动,线索则指导着个体的行动。线索决定个体何时、何地作出反应和作出什么反应。例如,上课和下课的铃声、公司的招牌、交通路口的红绿灯对有关人员说来都具有线索的作用。

他们指出,刺激物的变化和区别都能起线索作用。例如,安静的环境里,出现母亲的脚步声,对婴儿而言,可能是食物的线索。

(三) 反应

反应是由驱力和当时的线索诱发出来的,个体的反应能够消除或降低驱力。例如,一个口渴(驱力)的人看到一个冷饮店(线索),就会在渴的驱力驱使下,走进这个冷饮店(反应)。

多拉德和米勒认为,在临床治疗、动物训练等活动中,驱力推动个体对线索作出反应,反应在奖赏和习得前必须出现。也就是说,必须设置情境使个体发出第一个正确的反应。例如,第一次跳舞时个体不知道怎样走出正确的舞步,但试着去跳,一经作出反应就好了。

他们认为,反应可以分为外显的反应和内部的反应两种。外显的反应是降低驱力的直接手段;内部的反应包括推理、计划等,称为线索性反应(cue-producing respond),它的最终目的也是降低驱力。

一种线索可以同时引起许多反应。如线索出现时,最可能作出反应1,反应2则次之,反应3又次之……如果反应1受到阻止,则反应2出现;如果反应1和反应2都受到阻止,则反应3就会出现……可以把反应按其发生的可能性大小排列成序,在新的学习开始前就存在的等级系统称原初反应级。最可能发生的反应称原初等级中的主导反应,最不可能发生的反应称原初等级中的最弱反应。在刺激与主导反应之间有一种强的联结,在刺激与最弱反应之间有一种弱的联结,个人通过学习能够改变反应的等级顺序。一个弱反应通过奖赏可以占主导的位置。通过学习而建立的新的等级系统称为结果反应级。

(四) 强化

当驱力降低或消除时,强化就发生了。在多拉德和米勒看来,强化和降低驱力具有相等的意义,任何引起驱力降低的刺激都是一种强化物。

多拉德和米勒十分重视强化在学习中的作用,他们指出,练习并不是十全十美的,线索和反应的联结只有在某些条件下才能得到增强。个体必须受到刺激而作出反应,在线索出现时由于完成反应而得到奖赏。

强化物可以是原生的,它满足个体生存的需要;强化物也可以是二级的。二级强化物是与原生强化物牢固配对的原先的中性刺激。

多拉德和米勒指出,驱力和强化有下列关系:(1)驱力强度的立即减少起强化作用。(2)没有驱力不可能强化,因为当刺激强度为零时,无法再减少。(3)强化后驱力必然减少,因此,除非有什么东西来增加它,否则驱力会最终减少到零,这时进一步强化是不可能的。

强化对学习和维持一种习惯都是基本的条件。如果重复一个反应,而没有强化,反应的出现将会逐渐减少。这种反应的减少称实验性消退。例如,当父亲回家时,孩子多次跑过去都得不到糖果,重复这种反应的倾向就会减弱。又如,渔夫在海边捕鱼,每次都能捕到鱼,就会经常去海边捕鱼。但是,如果以后捕不到鱼,则去海边捕鱼的次数就会逐渐减少,热情也会逐渐低落。不过,消退不是立即完成的,需要经过多次反复。一种反应要达到完全消退取决于多种条件,如习惯的强度。一般地说,较弱的习惯比强的习惯容易消退。也就是说,任何会产生较强习惯的因素将增加对消退的抵抗。研究表明:消退后,反应能够自然恢复。即随着时间的推移,一个消退的习惯又重新出现。例如,经过几个月或一年后,渔夫又出现到海边去捕鱼的倾向,他可能去海边碰碰运气。消退自然恢复表明:消退并不是根除旧习惯,而只是抑制旧习惯。

多拉德和米勒用强化理论来解释模仿行为。他们认为,模仿行为发生在意识到环境中的重要线索的个体和没有意识到环境中的重要线索的个体之间。儿童在社会化过程中经常依赖父母兄长来辨认环境中的线索,并且使自己的行为符合父母兄长的行为,从而使行为得到强化,也给儿童带来奖赏。例如,有两个儿童在游玩,哥哥听到父亲的脚步声,知道父亲下班回家,便跑向父亲,经常接受父亲带给他的糖果。弟弟却不知道脚步声是父亲回家的线索,哥哥跑去时,他通常没有跑去,但偶然跟着哥哥跑去,这个行为便受到父亲的糖果强化。以后哥哥跑去,他也跟着跑去。但是,弟弟并没有意识到哥哥跑去时所采用的线索,只是由于符合哥哥的行为而得到奖赏,这些行为可以用图 10-1 来表示。

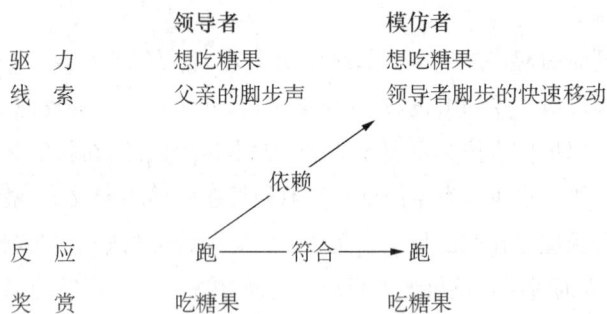

图 10-1　符合依赖行为示意图

(资料来源:Dollard & Miller)

二、四种冲突

多拉德和米勒没有把本我、自我和超我之间的斗争作为内心事件来看待,而认为是由环境因素决定的,并且是能够进行实验研究的。冲突是同时存在两个或两个以上的不相容的反应趋向的情境,是一些不相容的行为倾向之间的相互竞争。他们认为,人类有两类倾向:接近倾向(个体积极参与行为)和回避倾向(个体回避行为)。多拉德和米勒研究了四种冲突。

1. 接近—接近冲突

个体同时被两个事物所吸引。两个具有大致相等吸引力的目标同时出现,冲突介于两个目标之间。例如,看电影和看球赛对一个青年人来说具有同样的吸引力,每一个目标都具有同样强烈的诱惑力。这样,个体就会陷入冲突而不能解脱。典型的接近—接近冲突是发生在选择专业、职业和配偶时。在这种冲突中,个体似乎站在中间位置,考虑哪一个目标的优越性大,他便更接近这个目标,从而解决冲突。

2. 回避—回避冲突

个体同时被两个事物所排斥。一个人必须在两个不愉快的目标之间进行选择。例如,儿童服用很苦的药物或者打针;工人必须做他不喜欢的工作,否则失业。

在回避—回避冲突中,个体会产生逃避,即远离冲突的情境的真实逃避或做白日梦似的心理逃避等。例如,儿童既不愿意吃苦药也不愿意打针就逃离医院;工人既不愿意做不喜欢的工作,也不愿意失业,于是就跑到外地去找工作。在这种冲突发生时个体可能会产生犹豫不决或优柔寡断的心理活动,在两个不愉快的目标之间摇摆。

3. 接近—回避冲突

个体被同一个事物所吸引和排斥。决定是否要做的事情中既有喜欢的一面,又有不喜欢的一面。例如,一位小姐喜欢吃糖,但又怕变成胖子。病人既想消除疾病,但又怕打针吃药动手术。在交朋友和选择工作时经常会发生接近—回避冲突。米勒对接近—回避冲突进行了深入的研究后认为,只要接近梯度高于回避梯度,个人就会接近目标;回避梯度高于接近梯度,个人就会回避目标。研究表明:当个体远离目标时,接近梯度就会提高,产生强烈的接近趋向;当个人接近目标时,回避梯度就会提高,产生强烈的回避趋向。如果个体在两个梯度的交叉点上,就会出现犹豫不决或优柔寡断的心理活动(见图 10 - 2)。

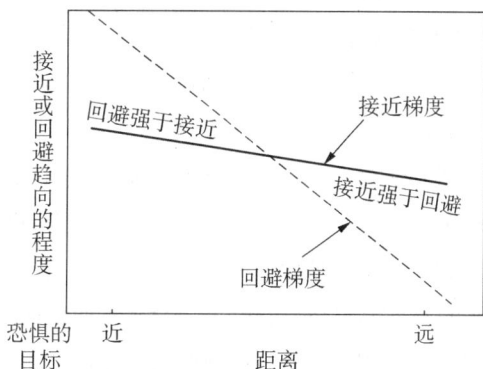

图 10 - 2　接近—回避冲突图示

(资料来源:Dollard & Miller, 1950)

图 10 - 3　双重接近—回避冲突

4. 双重接近—回避冲突

个体同时被两个事物吸引和排斥。处于这种情况下,个体面临着两种选择,不论是哪一种都有喜欢的一面和不喜欢的一面,因此,这种冲突是最难解决的。例如,在选择朋友时,张同学业务好,对自己业务上有帮助,但性格合不来;李同学业务差一点,但性格合得来。又如在选择大学时,一所大学是名牌大学,但离家太远;另一所大学离家较近,但小了一些。这时个体就会体验到矛盾的感情。(图 10 - 3)

第三节　凯利和罗特的性格理论

早期的社会学习理论不太重视认知。1980年代以后，随着心理学对认知研究的重视，个性心理学也引进了认知研究的成果。

一、凯利的个人建构理论

凯利(G. A. Kelly，1905—1967)主要以1条基本假设和11条推论来陈述其理论。

(一) 基本假设

在《个人结构心理学》一书中，凯利提出了个人建构心理学的基本假设："在心理学的意义上，个体的加工过程(processes)受到他预测事件的方式的引导。"(Kelly，1955，p. 46)即个体的各种活动(包括行为和思想等)在某些倾向上是受用以预期未来事件的各种个人建构所指导的。

凯利认为，人们都有一种要求理解自己和其他一切的驱力，有创造的驱力，正是这种驱力促使每一个人去探究，去预期将来的事件的发生。预期自己和他人的行为是人的最基本的特征，正是在这种意义上，凯利指出每个人都是科学家。科学家的主要目的是创立能准确预测未来的理论，以减少生活中的不确定性。凯利认为，所有的人都像科学家一样，能够不断提出并检验自己对世界的假设。

凯利认为，一个人用于预期事件的主要工具或方法是个人建构。个人建构(personal construct)，被个人用来析解(construe)或解释、说明经验，赋予经验以意义，或者对经验作出预言。建构就像一种微型科学理论，因为它能对现实作出预测。如果由某种建构产生的预测为经验所证实，则这种建构就是有用的；如果这种预测没有得到证实，则这种建构就必须被修正或抛弃。各种建构是用来预期未来的，所以它们必须与现实相一致。要获得与现实十分一致的建构，需要经过大量的尝试与错误的过程。建构是个体应用于环境事件中，并用随之感受到的有关这些环境事件的经验加以检验的语言符号。例如，个体第一次与某人认识之后，可能用"友好的"来建构这个人。如果这个人后来的行为的确是友好的，则这个建构对预期这个人的行为是有用的；如果这个人后来的行为并不友好，则需要用不同的建构或使用"友好——不友好"的另一端来对此人加以建构。

凯利认为，每个人为了对付世事都会创建自己的建构，每个人都能以个人意愿的任何方式来自由地创建自己的建构系统，这种选择建构的自由叫作建构选择论(constructive alternativism)。但建构系统一旦被创建后，反过来就会支配人们，即一个人的生活总会受到他析解经验的方式的强烈影响。有些人一旦获得一些有关世事的固执的信条，他们就会变成这些信条的奴隶，他们的一生为各种法则和清规戒律所支配，生活在某一狭隘的具有高度可测性的领域中；而另一些人对各种经验采取开放的态度，他们根据灵活的原则来生活，人生则较为丰富多彩。

（二）推论

在基本假设的基础上,凯利提出 11 条推论系统地阐述了其理论,使其理论更为完善:

(1) 建构推论(construction corollary)。"人是通过解释事物的反复现象来预期事件的。"生活中发生的事件具有某种规律,所以我们能形成各种建构,并对未来作出预测。

(2) 个性推论(individuality corollary)。"个人之间的差异在于各自对事件的建构之不同。"这一推论是凯利理论中的核心部分。凯利认为不仅美是由观察者的眼光来决定的,其他一切事物也是如此。一切个体都按照他们自己独特的方式来析解经验。

(3) 组织推论(organization corollary)。"为了能适当地预期各种事件,每个人都独特地逐渐形成了包括结构之间的有机联系的建构系统。"个人的建构群都是按照多种层次排列的。一些建构从属于或包含于其他建构之中。

(4) 两分法推论(dichotomy corollary)。"个人的建构系统是由各种有限的两分性建构组成的。"一切建构都是双极的或两分的,如敌对和喜欢是一个结构的两极。为了使一个建构有意义,它至少必须说明三个要素,即两个相互类似的要素和一个与前二者截然相反的要素。即每一个建构必须描述某些事件有何种相似,以及这些事件与另一些事件有何种差异。例如,没有矮的概念,高的概念就毫无意义;没有丑的概念,美的概念就不能成立。

(5) 选择性推论(choice corollary)。"个体对自身在某个两分性建构的选择上,是通过对自己的建构系统的限定和扩展两方面所预期的最大可能性来进行的。"如果个体强调建构系统的限定,即把过去曾产生准确的预测效果的某些建构运用于相类似的新情境,那么他就可能获得较多的确定性;相反,如果个体强调建构系统的扩展,即把某些建构运用于陌生的情境,那么他就可能面临过多的不确定性。显然,中庸的态度似乎是最理想的。

(6) 范围推论(range corollary)。"一种建构仅适用于对一定范围内的事件的预期。"每个建构都具有一定的适用范围,这个适用范围是由一些适合于这个建构的事件和一个非常适合这个建构的适用焦点组成的。几乎没有哪些结构能够与所有的事情有关。例如,高对低的建构,可以解释房子、身高和树木等,但不可以解释空气、光线等。

(7) 经验推论(experience corollary)。"随着个人连续不断地建构各种事件,其建构系统也产生变化。"为了找出那些最可靠的经验预测因素,人生需要不断检验各种建构。在预测事件中,那些被认为是可靠的建构是有效用的建构,因而被保持下来;而那些被经验证明为无用的建构,则被修正或抛弃。

(8) 调节推论(modulation corollary)。"个体建构系统的变化受到其建构的渗透性的限制,是在建构的适用范围内发生变化。"所谓渗透性,是指建构系统建构新元素的可能性。一个具有许多渗透性建构的人比一个具有大量非渗透性建构的人更有可能扩充其建构系统。前者可称为"思想开放",而后者可称为"思想保守"。

(9) 片段推论(fragmentation corollary)。"个体可能连续使用一系列在推理上互不相容的建构子系统。"个体的建构系统处在持续不断的消长变化的状态之中,不同的建构群在不断地经受验证,而各种新元素也不断地被补充进个人的那些更具渗透性的建构之中。这样,个体就会不断地整合其建构系统,以便作出各种最可靠的预测。这种对个人的建构系统所作的验证可能容易产生反常行为,但从总体上看,行为仍然是一致的。

(10) 共同性推论(commonality corollary)。"一个人与另一人对经验的建构相同到什么程度,则他们的心理过程也相同到什么程度。"如果人们具有相似性,并非是由于具有共同的经验,而是由于建构经验的方法相类似。

(11) 社会性推论(sociality corollary)。"一个人能析解另一个人的建构过程到什么程度,他就可能在社交过程中扮演同这个人有关的角色到什么程度。"扮演角色就是按照他人的期望去行动。为了扮演一种角色,个体必须首先确定另一个人期望的是什么,然后按照这些期望付诸实践。如一个男人想对他的妻子扮演"丈夫"的角色,他首先必须了解妻子的"丈夫"建构的期望。

二、罗特的社会学习理论

在凯利提出个人建构理论的同时,美国心理学家罗特(Julian B. Rotter,1916—1987)第一个提出了社会学习理论。这是一个强调预期的社会学习理论。社会学习理论者同意行为主义者的情境对行为的重要影响、行为受奖励和惩罚等观点。罗特受精神分析家(如弗洛伊德和阿德勒)以及实验学习理论家(如赫尔和托尔曼)的影响很大。

(一)基本概念

罗特的理论主要包含四个基本概念:行为潜能、强化值、期望和心理情境。

(1) 行为潜能(behavior potential,简称 BP),指出现在任何情境中追求单个强化或一组强化的任何行为之潜力。行为潜能使得某种特定行为的出现具有可能性。行为潜能是一个相对的概念,只有与在相同情境中追求相同目标(强化)的其他可能发生的行为相比较才有意义。

(2) 强化值(reinforcement value,简称 RV),指在几种强化出现的可能性完全均等的情况下,个体对某一强化的偏爱程度。罗特认为可以用言语报告法测量强化值的大小,如让个体用言语说明对不同强化的偏爱程度,也可以呈现一系列强化物,让个体作出选择或排列顺序。

(3) 期望(expectancy,简称 E),指个体由于在具体的情境中做出某种具体的行为,而希望接受某种特殊的强化。罗特将期望分为两类:特殊的期望(specific expectancy,简称 E'),指对某个特殊情境的期望;类化的期望(generalized expectancy,简称 GE),指由一种情境产生的期望类推到另一种情境。

(4) 心理情境(psychological situation,简称 PS),指反应着的个体所体验到的有意义的情境。心理情境提供一组情境线索以唤起个体对获得具体行为的强化之期望。即个体行为的发生取决于心理情境。罗特认为,心理情境在预测行为上起着重要的作用。

(二)控制点

在罗特的理论中,还有一个非常重要的概念就是控制点(locus of control),即一个反应会不会影响强化获得的一种信念。具体来说,根据社会学习理论,控制点是对个人性格特点和行为与其所经历的后果之间的关系所形成的一种概括化的期望,是人们从实际生活中积累的有关发生在自身生活里的各种因果关系的一种抽象概括。罗特指出,当受试者觉察到强化并非完全依靠自己的行动,而是运气、机遇、命运的结果(在我们的文化中,这种感觉更为典型);或

个性心理学(第四版)

在他人权力控制之下,或由于周围力量复杂而无法预言。当个体以这种方式解释周围事件时,该个体的信念被称为外部控制。如果这个人觉察到事件的发生依靠自己的行为,或自己比较持久的性格,我们把这种信念称为内部控制。

罗特(1966)在 James-Phares 控制源量表(1957)的基础上,设计了一个内/外控量表(Internal-External Locus of Control Scale,简称 $I-E$ 量表),用于测量个体对奖励和惩罚的内外控制程度的类化预期上的个体差异,测量个体对强化的内外控制信念。量表由 23 对测题组成,采用迫选作答式;另有 6 对掩饰题不计分。量表中,内外控测题成对出现,即其中一题表外控的观点,另一题表内控的观点。

量表题目举例:

(2) a. 人们生活中发生的许多倒霉事,在某种程度上是由于运气不佳所致。

b. 人们的不幸是其自身错误造成的。

(23) a. 有时我真不明白老师是怎么打分的。

b. 我用功与否与我得的分数有直接关系。

$I-E$ 量表的计分是计算被试对外部指向作反应的次数,每条外控测题计 1 分,因此,总分在 0(极端内控)至 23 分(极端外控)之间。高分反映了被试对强化的控制是由命运、机遇、运气以及其他超出个人的外部因素决定的一种类化期望;低分则反映了被试对强化的控制是由自身的内部因素决定的一种类化期望。罗特的这一量表在人格心理学和教育心理学等研究领域中得到了广泛的应用。

保卢斯(D. Paulhus)在 1983 年设计了一个控制点问卷,由 10 个题目组成,7 级记分(有 5 题反问记分)。

题目举例:

1. 因为我的努力,我能得到我想要的东西。

2. 订计划时,我相信我肯定能让它发挥作用。

3. 我喜欢带有运气的游戏,而不是纯粹需要技术的游戏。

4. 只要我肯下决心,我能学会几乎所有的东西。

近期,研究者得到一个大学生的样本,平均分是:男生 51.8、女生 52.2,标准差均为 6。得高分者表示内控。

心理学工作者沃尔夫和罗培施(Wolfe & Robertshav,1982)认为:"控制点量表的得分具有很高的跨时间稳定性。"

第四节 班杜拉的社会认知理论

美国心理学家班杜拉(A. Bandura,1925—)强调社会模仿在形成新习惯和破除旧习惯中的作用,他最著名的工作就是对观察学习和自我效能的研究。观察学习是社会学习最主要的形式,社会学习和观察学习几乎被看作是同义词。

班杜拉的理论主要有三个方面。"他立足于却又超越了学习理论范畴,进一步提出了社会认知论,并创立了自我效能理论……"①

一、观察学习

观察学习(observational learning)是班杜拉社会认知论的核心。

斯金纳认为,学习是一种渐进的过程,个体必须操作才能学习,并逐步塑造自己的个性。但是,班杜拉认为,人们通过观察别人(榜样)的行为就会学会某种行为。观察学习又称替代学习、模仿学习。1934年最先由米德提出,多拉德和米勒也作了研究。但对观察学习进行系统研究的是班杜拉。例如,儿童的游戏,学习歌曲,几乎和他的父母亲完全一样。班杜拉指出,观察学习的作用在人类历史文献中随时可以找到。如危地马拉的女孩通过观察成人的活动就能够学会纺织。女孩在直接观察后,即使在第一次活动中也能够熟练地进行操作。个体不必像斯金纳强调的那样,每个动作都要经过强化才能学会,也不必像桑代克那样,必须经过尝试与错误的过程去摸索,班杜拉提出"无尝试学习",他认为如果个体只能通过尝试与错误的方式来学习,那么生命都会有危险。例如,在游泳活动时,在学习驾驶汽车时,实习医师在学习动手术时,如果都一定要通过尝试与错误,那么自己或别人的生命就会受到威胁。班杜拉指出:"由于人可以从他人的示范,在自己尚未表现任何行为时就能学到怎么做,这样就能避免许多不必要的错误。"

按班杜拉的意思,观察学习就是人仅仅通过观察别人的行为就能学习到复杂行为的过程。这种认为学习可以不依赖强化(自身强化或他人被强化)是一种新的学习观点,也是和传统的行为主义理论的一个重大的原则区别。

个人通过观察他人的行为就能学习到复杂的行为,这种学习就是认知。班杜拉指出:"我认为观察学习基本上是认知过程。"例如,危地马拉的女孩通过观察成人的操作,没有任何的实践活动就能完全模仿成人的行为,她是依靠内部的行为表象来指导自己的操作。班杜拉指出,学习活动必须包含内部的认知过程。

我们在班杜拉的理论中必须区别"获得"和"表现"这两个概念。班杜拉早期研究发现,观察榜样做出攻击行为而获得奖赏的儿童也会做出这种攻击性的行为,观察榜样做出攻击性行为而受惩罚的儿童不会表现这种攻击,学习是由行为表现的,因此得出结论:学习过程中榜样是否受到强化是十分重要的。后来,他提出一种新观点,认为学习可以不依赖于强化而进行,榜样是否受到强化只影响观察者以后的行为表现,不影响观察者对这种行为的获得,观察者能够通过表象和言语编码获得、贮存有关信息。

许多研究证实了榜样做了攻击性行为得到什么结果,只影响儿童的行为的表现,不影响行为的获得。例如,班杜拉和罗斯等人,以66名4岁的幼儿园儿童(男女各半)作为观察者,由两名成年男子做榜样,并且将儿童随机地分成三组,每组22人,每个儿童观看同一攻击行为的不同对待。

---

① 郭本禹、姜飞月著:《自我效能理论及其应用》,上海教育出版社2008年版,第1页。

第一种，攻击——奖赏。一个成年人采取攻击行为后，另一个成年人对他奖赏，如称赞他为"勇敢的胜利者"，并给他巧克力糖和汽水等食品。

第二种，攻击——惩罚。一个成年人采取攻击行为后，另一个成年人对他指责，如骂他是"暴徒"，打他并迫使他低头逃跑。

第三种，无结果。一个成年人采取攻击行为后，既没有得到奖赏，也没有得到惩罚，即播放成年人攻击行为的录像后就结束了。

然后，实验者把儿童带到与录像情况相同的实验情境中，让儿童玩10分钟，通过单向观察仪观察儿童的行为。他们发现，攻击——惩罚组与其他两组相比，几乎没有什么模仿，但是，如果给以足够的诱因（如告诉儿童凡是能模仿观察到的行为可以得到果汁和一张优美的图片），结果三组儿童间几乎没有区别了。这个实验表明，学习在没有强化情况下仍然能够进行。

情绪反应亦能通过观察学习而获得。伯杰（Berger）在实验中使被试观察榜样在嗡嗡声信号后受到电击，后来被试对嗡嗡声形成替代性的情绪反应。

如果认为个体只能模仿模式的具体行为，那么模式的作用是非常有限了。班杜拉指出，个人也能模仿模式行为的基本规则，并用这些规则表现出与模式同样的全新的行为。班杜拉指出，儿童能够由构成变数（加"S"）而引导出语法规则，并且根据这种规则造新句。儿童能够通过抽象的模式习得许多概念和规则。

研究表明，模式具有强有力的作用。教育过程中应时时处处向儿童提供学习的楷模。班杜拉和沃尔特斯（Walters）发现体罚打架的儿童可能会使儿童的打架行为变本加厉。这是因为，可能父母的体罚方式无意中向儿童提供了如何打人的模式。模式亦可以作为行为治疗的一种手段。琼斯（M. C. Jones）做了一个通过模式消退对有毛物体的恐惧心理的实验，班杜拉等人也有类似的实验。他们让一个4岁的怕狗的儿童观察另一个儿童与狗玩耍的和平情境，以后这个4岁的儿童也不害怕狗了。罗森塔尔（Rosenthal, 1976）通过模式的作用使优柔寡断的人变得有主见了。

班杜拉等认为，儿童从电影和电视中看到许多攻击行为，看到犯罪的巧妙方法，虽然犯人一般最终还是被逮捕法办了，但这时儿童已经学会了犯罪行为，只不过抑制了这种行为，只要有适当的环境条件，犯罪行为就会表现出来。

模式可以抑制先前的行为，也可以激活先前的行为。例如，一个儿童看到班级里的另一个儿童受惩罚，因此克制自己，不去做顽皮的事。又如，一个儿童看了有攻击性行为的电影后，以粗暴的行为对待他的姐妹，实际上他并不是有意模仿电影中的情节，而是自然地去做他过去学习到的同类行为。

关于亲社会行为，社会学习论者认为，亲社会行为和攻击性行为一样是通过观察学习获得的。一个著名的实验是拉什顿做的，他要7—11岁的儿童观看一个成年人玩滚木球游戏，成年人将得到奖品的一部分捐献给"贫苦儿童基金"，接着要求儿童单独做这种游戏，他们的捐献数量大大地超过了控制组儿童（没有观看利他主义模式）的捐献，而且实验组儿童的捐献一直持续到两个多月后。由此可见，让儿童短时期地观看一个慷慨的模式，对儿童的分享行为也会产生相当持久的影响。

也有实验表明,模式的影响不仅表现在儿童的分享方面,而且还表现在与他人的合作和关心他人方面。父母亲和他们的孩子在利他行为方面有许多共同之处。

班杜拉认为,模式有多种形式。一种形式是行为模式,模式也可以通过语言而形成,如对儿童发出言语指导或者发出命令。布赖恩(Bryan,1970)等人的研究表明,简单的说教和训诫似乎是没有什么效果的,远远不如成人身教效果大。如果成人有分享行为,成人的劝说不论是利他主义还是利己主义,儿童都会按照成人的榜样去做。如果训诫采取命令和大发雷霆的训斥形式,就会有效果。怀特(White,1972)的研究表明强制的命令,也许会有反复。在实验中,一些儿童轮流与一个成人打滚木球,成人告诉一些儿童把奖品分给家庭贫困的儿童,另一些儿童让他们跟随一个利他主义的榜样。结果,得到分享命令的儿童,基本上有利他行为,即使是在单独游戏时也是如此,但以后分享行为下降得很快,而且出现了较多的偷窃行为,这也许反映了他们对强制方法的愤怒。由此可见,从长远的观点来看,通过行为模式来塑造儿童的良好行为是有效的,这时儿童会自然而然地按照他们的榜样去做,而不会感到是一种压力迫使他们这样做。他们还研究了电视模式对儿童行为的影响。许多儿童每天连续看几个小时的电视,暴力行为的电视使儿童日常生活中的攻击性大大增加。这项研究引起了社会各界人士的普遍关注。

观察学习不是简单的过程,并不是每个人在观察后都能学到榜样的行为模式,能否学到与榜样和观察者的特征有关。如榜样地位高、有威信,就容易被模仿。模仿的行为必须是显著的,如歌唱家的行为很难模仿,因为发声行为很难观察。又如,依赖性高的观察者,容易模仿各种行为的模式。

班杜拉指出,观察学习主要是由注意过程、保持过程、动作再现过程、强化和动机过程这四个系统控制的。

总之,个人在观察时,首先必须注意榜样的行为,保存有关信息,并将有关信息转换成适当的形式,然后在动机的驱动下,回忆出有关信息,转化成外在行动。最初观察到的行为一般是粗略的、近似的和不精确的,后来,逐渐将外在行为和观察中的行为对照,并且逐步加以调整,个人的行为逐渐发展和成熟起来,这样个性逐渐形成。

班杜拉早期将自己的理论称为"社会学习理论",后来,随着心理学对认知研究的重视及本人研究的发展,将自己的理论改称为"社会认知理论"。

二、三元交互理论

班杜拉指出,在传统理论中,人的行为常常用单一决定论作出解释。在那些单一取向的因果作用模式中,行为被描述为是通过环境影响进行塑造和控制的,或者是由内在倾向加以驱动的。而今,单一取向的因果关系已被因果关系的交互模型取代,人们一致认为行为是个体与环境交互作用的结果。但在交互作用的类型上,至少有三种观点。第一种观点是单向决定论,认为个人(P)和环境(E)是彼此独立的影响,以不确定的方式共同产生行为(B)。第二种观点是部分双向决定论,承认个人与环境彼此影响,个人与环境交互作用单向地影响行为,但行为本身不会影响个人与环境之间的相互作用。班杜拉认为以上两种观点都存在缺陷,因为个人和环境影响并不是作为彼此独立的因素起作用的，人们的行为对情境起着重要的作用，而这又反过来会影响他们的思维、情绪反应和行为。于是，班杜拉提出了第三种观点，即交互决定理论（reciprocal determinism）。

交互决定理论用三因交互因果作用来解释心理社会功能（Bandura，1986）。"因果作用"一词是说明事件之间的功能性依赖。在这种交互的因果关系模型中，以认知的、情感的和生物事件的形式表现的个体内在因素、行为模式以及环境事件都是相互作用的决定要素，彼此发生着双向的影响。三者的关系如图 10 - 4 所示。

三元因果结构中的每一个主要的相互作用因素，都作为交互作用系统中的一个重要组成部分发挥作用。其中，个人决定因素表现为自我效能信念、认知目标、分析思维的性质和情感性自我反应；在对组织化环境的操纵中实际作出的选择构成了行为决定因素；组织化环境的性质、它所规定的挑战水平，以及它对行为干预的反应则代表着环境决定因素。

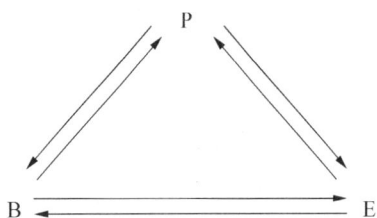

图 10 - 4　三元交互因果关系中的三类主要决定因素之间的关系

B 代表行为；P 是以认知、情感和生理事件形式存在的内在个人因素；E 是外在环境（资料来源：Bandura，1986）

班杜拉认为，在交互因果作用中没有固定的交互作用模式，每一种影响的构成成分的相对贡献大小依赖于活动、情境和社会结构的约束和机会。社会认知理论区别了三种类型的环境结构，即强加的环境、选择的环境和建构的环境（Bandura，1997）。环境可变性的等级要求个人动力水平的增加。强加的物理和社会结构的环境对人们来说不论是喜欢还是不喜欢都存在着，虽然人们几乎无法控制其出现，但人们可以对其作出不同的解释和反应。潜在的环境和个体实际体验的环境之间有着重要的区别。通常来说，环境只是潜在性的，只有当其被特定行为选择性地激活之后，它才具有奖励或惩罚的含义。因此，潜在环境的哪一部分成为个体实际体验到的环境，依赖于人们的行为。同伴、活动和周边环境的选择构成了所选择的环境。而且，人们还通过其富有成效的努力来建构社会环境和规则系统。环境的建构性、选择性和结构性影响着个人、行为和环境因素的交互作用的性质。

存在交互作用并不意味着这三组互动的决定因素具有相同的强度，它们的相对影响在不同活动和不同环境下会发生变动。相互影响和它们之间的交互效应也不会作为整体性的实体同时出现，某一原因性因素需要一定的时间才能发挥作用。由于三组因素起作用的时间存在滞差，我们有可能了解交互因果关系中不同的成分是如何起作用的，而不必费力同时评定每一种可能起相互作用的因素。

不同的心理学分支将研究兴趣选定在三元交互关系的不同部分。认知心理学家的主要兴趣是研究思维和行为之间的相互作用，人们所思考、相信和感受的内容影响到他们的行为（P→B），反过来，人们的行为又部分地影响到他们的思维模式和情感反应（B→P）。社会心理学家主要研究三元系统中个人和环境之间的交互作用，环境如何以社会劝说、示范和教诲等形式改变人们的认知和情感（E→P），而人们由于其生理特征（如年龄、身材、种族和性别等）、社会赋予的角色和身份等又会对社会环境作出不同的反应（P→E）。而人类学的、交互作用的和行为主义的理论在解释行为时几乎把重心全部放在行为和环境之间的交互作用上。在日常生活的交互作用中,行为改变着环境条件(B→E),反过来,行为又被它所创造的各种条件所改变(E→B)。而且,行为和环境之间的双向关系与思维有着紧密的联系,人们在作出行为前的预先的认知,部分地决定了行为与环境之间的交互作用所采取的形式。

三、自我效能

自我效能(self-efficacy)的概念最早出现在 1977 年班杜拉的《自我效能:关于行为变化的综合理论》一文中。在 1986 年出版的《思想和行动的基础:社会认知论》中,班杜拉专门以一章总结了自我效能的研究。此后,班杜拉便将主要的精力集中于自我效能的研究。除了一系列论文之外,还于 1995 年主编了《社会变革中的自我效能》,1997 年出版了《自我效能:控制的实施》。1977 年,班杜拉发表了一篇反映其研究全新观点的论文,论文中强调了认知,强调了自我效能的概念。班杜拉认为,自我效能判断关心的"不是某人具有什么技能,而是个体用其拥有的技能能够做什么"。

(一) 自我效能的信息来源

班杜拉认为自我效能信念的基本的信息来源有以下四个方面。

(1) 掌握性经验(mastery experience)。这指个体通过自己的亲身行为操作而获得的关于自身能力的直接经验。这是自我效能的最具影响力的来源,可以通过成功地解决问题而逐步获得。在生活中,特别是在自我发展的早期,成功会使人建立起对自己效能的信念,而失败则会动摇这种信念。但掌握性经验对个体自我效能感的作用会受其他一些因素的影响,如先前的自我知识结构、对任务难度的知觉等。

(2) 替代性经验。这指通过观察他人的行为,看见他人能做什么,注意到他人的行为结果,以此信息形成对自己的行为和结果的期待,获得关于自己的能力可能性的认识。如果人们看到与自己能力相当的人通过不懈的努力取得了成功,那么他们也会相信自己具有成功的能力。相反,如果看到与自己能力相当的人失败了,则会对自己是否能完成类似任务产生怀疑。

(3) 社会劝导(即言语劝说)是增强人们的效能信念的第三种途径。社会劝导包括他人的说服性的鼓励、建议和暗示等。当个体在面对任务、努力克服困难时,如果有重要人物表达了对他的信任或积极的评价,会较为容易地增强个体的自我效能,使其更愿意努力和坚持不懈。但社会劝导对自我效能的作用受劝说者的地位、威望、专长和劝说内容的可信性等的影响。另外,有效的社会劝导者往往不只是传递对能力的信心,他们也会安排一些可以使他人获得成功的机会,并且避免将不够成熟的个体安排到容易失败的情境中去。

(4) 身体和情绪状况。在生活中,人们往往还会根据自己的身体和情绪状况来判断自己的能力。人们倾向于将自身的紧张、焦虑和抑郁等视为个人缺陷的信号;在要求体力和精力的活动中,倾向于将疲劳、喘息和疼痛等看作身体效能低下的信号。所以,第四种改变效能信念的途径是改善身体状况,减少消极的情绪,并纠正对身体方面信息的错误理解。

班杜拉指出,在形成效能判断的时候,人们不仅要处理由特定方式所传递的与效能信念相关的不同信息结构,而且还需权衡和整合这些来源多样的效能信息。经验经过效能信息的加工和自省思维才具有价值。效能信息的认知加工涉及两种独立的功能。第一种涉及人们关注并用于个人效能指标的信息类型;第二种涉及人们用于整合各种效能信息的合并规则或启发法。

班杜拉认为,效能信息主要通过认知过程、动机过程、情感过程和选择过程来调节人类活动。他还认为,人们对集体力量的信念越强,他们所能取得的成就就越大。

(二) 自我效能的功能

自我效能及其信念影响我们从事的活动。个体的自我效能不同,思维、情感和行为也都不同。班杜拉等人的研究表明,自我效能有下列几项功能。

1. 决定对活动的选择和坚持性

高自我效能的人倾向于选择富有挑战性的任务;低自我效能的人倾向于选择一般或要求较低的任务。在工作过程中,高自我效能的人遇到困难时能坚持下去;低自我效能的人则不能坚持。

2. 影响活动情绪

高自我效能的人工作时情绪饱满;低自我效能的人工作时情绪消极,甚至充满恐惧、焦虑和抑郁。

研究表明,自我效能信念强者在接受指导语、解决任务和评定自我效能期间经受的压力均比自我效能信念弱者少,这是通过心率测定得出的结论(见图 10-5)。自我效能感还与目标和个人情绪有联系,高自我效能感者能持续追求目标,情绪积极;低自我效能感者会放弃目标,情绪消极(见图 10-6)。

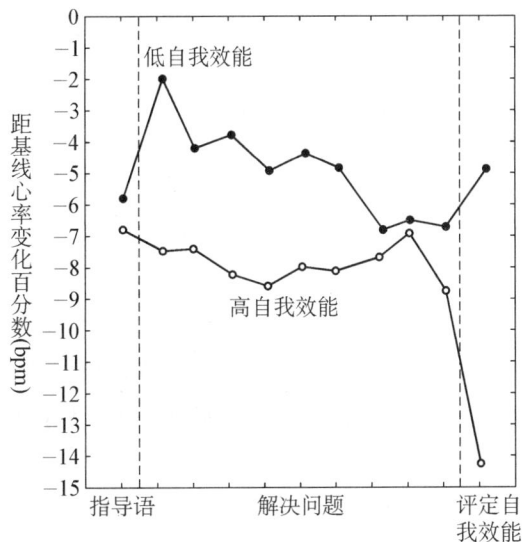

图 10-5 被试心率变化百分比

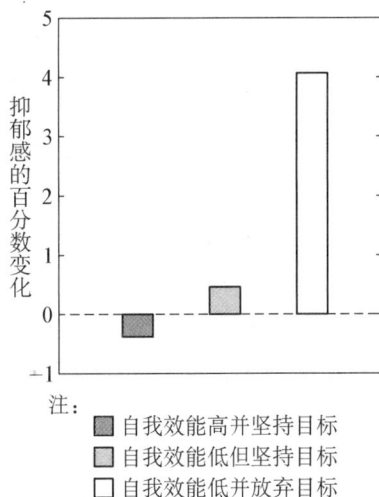

注:
■ 自我效能高并坚持目标
▨ 自我效能低但坚持目标
□ 自我效能低并放弃目标

图 10-6 三种情况下个体抑郁感的百分数变化

3. 影响对困难的态度

高自我效能的人敢于面对困难,并力图克服困难;低自我效能的人缺乏自信,在困难面前徘徊。

4. 影响对新行为的习得

高自我效能的人充满活力,容易习得新行为;低自我效能者则相反。

班杜拉与塞冯(D. Cervone)的一项实验表明,目标和自我效能信念对完成任务过程中的动机和坚持性有影响。实验内容是被试在有无影响自我效能信念的反馈信息以及有无目标情况下从事艰苦工作的情况。实验情况是初步活动后,根据被试对下一轮同样工作的满意或不满意程度,按自我效能水平分组(见图10-7)。从图中看,高自我效能、高自我不满者,动机最强;高自我效能、低自我不满者或低自我效能、高自我不满者,动机强度次之;低自我效能、低自我不满者,动机强度最低。被试对低标准作业不满意并对优良成绩有高自我效能时,后继努力最为强烈,即高自我效能信念对作业带来了十分显著的良好效果。

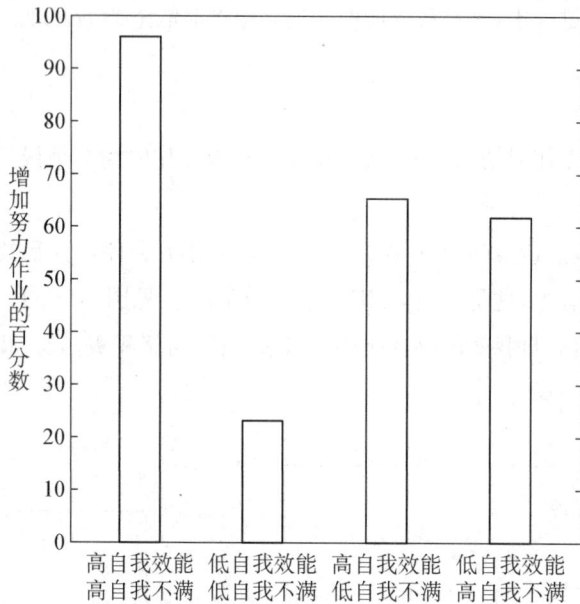

图 10-7　动机水平平均百分数的变化与对觉知目标及作业反馈的自我不满和自我效能感的函数关系

(资料来源:A. Bandura & D. Cervone, 1983)

5. 影响健康水平

班杜拉的自我效能概念已经成功运用于健康心理学,个体自我效能的提高对健康有利。

1997年,麦杜克斯(J. E. Maddux)等人的研究表明,自我效能感长期较低的人有压抑感,易于沮丧、焦虑和抑郁。

1986年,班杜拉发现,增强自我效能信念,可以让病人面对害怕情境,坚持戒烟行为。1985年,克雷门特的一项研究也发现,高自我效能信念的人更容易成功戒烟。

班杜拉等人还发现,提高自我效能确实能增强免疫系统的功能。1990年,威顿菲特(S. A.

个性心理学(第四版)

Wiedenfeld)等人在一项研究中对恐蛇症者进行高自我效能信念的培养，帮助他们克服了恐蛇症。研究开始时，不呈现恐惧的压力源（蛇）；然后帮助被试获得应对效能，并让被试觉知到获得了自我效能；最后，被试已经建立起完善的应对效能，即觉知到最大的自我效能。这时抽取被试血液，结果发现，被试的 T 细胞水平增加（见图 10 - 8）。人体的 T 细胞对癌细胞和病毒有破坏作用。

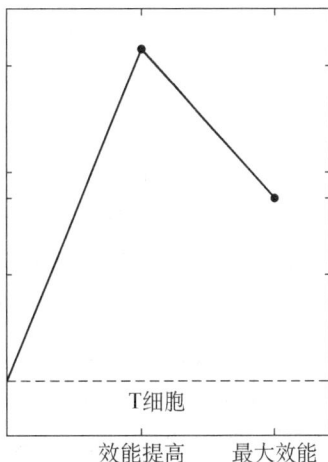

图 10 - 8　自我效能提高与
免疫功能关系

四、目标和行动

目标(goal)是有机体追求的终点的心理表征。

班杜拉认为，明确、现实、具有挑战性的目标对自我激励特别有用。

目标已成为当代人格心理学各学派的重要内容。当前心理学工作者将目标分为五种类型：①放松/娱乐，②攻击/权力，③自尊，④情绪/支持，⑤焦虑/降低威胁。

人格心理学的近期研究表明：

（1）人们更愿为实现价值高、实现可能性大、与积极情感相联系的目标而努力工作。不愿为实现价值低、实现可能性小、与消极情绪相联系的目标而工作。

（2）目标系统的功能与主观幸福感和健康有关。人们愿意实现具有可实现目标的工作，不愿实现没有目标或目标模糊、难以实现目标的工作。人们愿意实现更好健康水平和较高主观幸福感的工作。

（3）目标系统的功能具有区分性和灵活性。人们能够区分并选择具体的目标，又能保持整体的目标结构。

班杜拉的实验证明，个体要有由近期、中期、较远期和远期目标组成的目标系统，这种目标系统对个体具有重大的自我激励作用。

五、自我调节

自我调节(self-regulation)就是个人使用认知过程来调节自己的行为。班杜拉指出，人一经社会化，就能依靠自己的内部标准来调节自己的行为，并奖励和处罚自己。个人究竟是如何建立自我评价标准的？班杜拉认为是通过奖励和惩罚。他还认为榜样对儿童自我评价系统的形成起着重要作用。

第五节　米歇尔的社会认知理论

米歇尔(Walter Mischel，1930—　)出生于奥地利维也纳，成长于美国，获俄亥俄州立大学博士学位。米歇尔受凯利和罗特的影响很大，并与班杜拉共同做过多项研究。他强调人的认知因素的作用,并强调为了弄清楚人与环境之间的关系,必须把个性变量与环境变量视为同等重要的因素。

一、个性结构

1960 年代初,米歇尔在和平队做顾问时发现,特质测量对行为的预测性并不好,于是他进行了大量研究以证实行为的情境具体性。他指出,特质测量并不能很好地预测行为,行为一致性的证据远比特质理论家给出的要少;行为的情境具体性比特质更为重要,等等。以其 1968 年的《个性及其评估》(*Personality and Assessment*)一书出版为标志,心理学界掀起了一场所谓的"人—情境争论"(person-situation debate),也即行为是否具有跨情境一致性的争论。经过几十年的争论,情境论者和特质论者相互有了一些妥协,即认为行为由人与情境的相互作用而决定。

1995 年,米歇尔和舒达(Y. Shoda)在多年研究的基础上提出了认知—情感系统理论(Cognitive-Affective System Theory of Personality,简称 CASTP)。这种理论认为,每一个人都是一个独特的认知—情感系统,与周围环境发生交互作用,产生个人特有的行为模式。这种理论被认为是一个动态的、意识的、整合的大理论,在人格理论中产生了重大的影响,也解决了人格理论中的一些争议。

米歇尔认为个性结构主要由下列单元组成(见表 10-1)。

表 10-1 个性系统中的认知—情感单元

1. 编码:对有关自我、他人、事件和情境(外部的、内部的)的信息进行编码,并加以归类
2. 期望和信念:涉及社会世界,涉及具体情境中的行为效果,涉及自我效能
3. 情感:情感、情绪和感情反应(包括生理反应)
4. 目标和价值:期望的结果和感情状态;厌恶的结果和感情状态;目标、价值和人生计划
5. 能力和自我管理计划:个人可能表现出来的潜在行为和脚本,组织活动、影响结果以及个人行为、内部状态的计划和策略

(一)编码

米歇尔认为,人们在解释和加工有关自己、他人以及外界事件的信息并对其进行分类时,所采用的方式是不同的。由于人们的知识经验、认知方式和建构的不同,则对同一个人、同一件事或同一个情境的反应也不同。他说:"面对同一情境,由于每个人采用的编码策略不同,所以有人注意了情境的某些方面而忽视了其他方面,而另外的人则可能刚好相反,这就造成了差异的出现。"编码策略的不同又取决于个人建构的不同。

(二)期望和信念

这主要指对在某种特定的情境中将要发生什么的预期,对某种特定的行为会有什么样的后果的预期,对某人的个人效能的预期等。米歇尔认为,当对两种情境的预期不同时,行为就会有很大的不同,期望是影响人的行为的重要中介变量。人们对自己行为结果的期望强烈地影响着他的行为;对某些刺激所代表意义的期望,也会影响人的行为。

(三)情感

该认知—情感单元指个体的情感、情绪和感情反应,也包括生理反应。

（四）目标和价值

个体对不同后果赋予不同的价值，个体具有对目标的心理表征能力。由于主观上对刺激价值的看法不同，即使人们具有同样的期望，对事件的反应也会不同。主观性刺激价值的不同是相对稳定的，因此每个人就表现出不同的行为。

（五）能力和自我管理计划

这是米歇尔理论中最富有"认知"特色的内容，主要强调那些复杂的长期目标在没有外部支持的情况下是怎样形成的，以及这种目标是怎样长期保持不变的，也强调个体形成和执行长期计划的能力，确定标准并维护标准的能力，以及抵抗诱惑并在遇到挫折时仍然坚持不懈的能力。米歇尔认为，虽然我们的行为受到来自外部奖赏或惩罚的影响，但同时也受到自己的目标和所达到的目标的计划的调节和支配，人类的行为不仅是"外控"的，而且也是"内控"的。个体确立起自己的目标后，便会为实现这些目标而选定自己的计划，在追求这些目标的过程中，个体会监测自己的行为，评价自己的成就，对成功的行为进行奖赏，对失败的行为加以惩罚。

米歇尔认为，该系统中的认知—情感单元并不是孤立、静止的，而是一个关系组织系统中动态联结的组成部分。当个体处于某种情境时，个性系统中的这些单元就会与情境发生交互作用，并影响最后的行为（图10-9）。

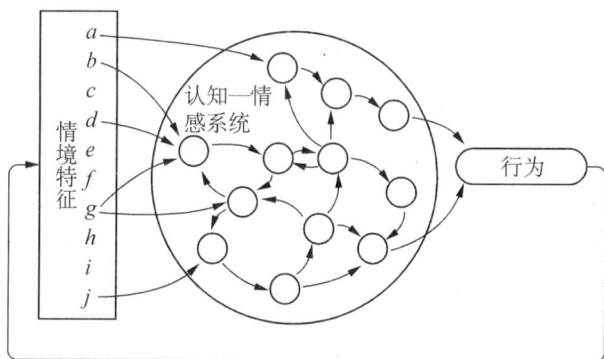

图 10-9　个性认知模型

米歇尔等人认为，个性单元在情境作用下以独特的方式联结在一起，形成个性结构，保持相对稳定。当某个个体处于某种情境中时，情境便会激活某些相互联系的单元，彼此之间又发生特定的交互作用，从而产生情境特异化的认识、情感和行为。不同的激活就是行为不一致的原因。米歇尔并不忽视个体差异，认为每个人有一套独特的心理表象，它使我们产生不同的行为模式，即使在相同的情境中，行为也会有所不同。例如，从记忆中提取某种信息，存在着难易的差别，激活的认知信息类别方面也存在差异。例如，在旅游时看到一座山，有人会回忆起童年的生活，有人会回忆起过去旅游时的欢乐，等等。

近年来，米歇尔等人又研究了另一些认知结构，如原型、图式、自我图式和可能自我等。

二、原型

原型（prototype）指某类事物在个人心目中的典型形象。"在模式识别的原型匹配假设中，原型是指对某类客体的基本成分的一种抽象形式。"①坎托(Cantor)等认为,人们想象中的人物形象,被某些心理学家称为原型。

人们通常用原型来判断某一事物是否属于某种类别。某一事物与个人心目中的原型越相似,就越有可能归为同类。"原型存储于长时记忆中,当外界刺激的感觉输入能与原型匹配时,这个刺激便被确认是属于该原型所代表的范畴的事例。"②例如,我们一般把苹果和橘子作为水果的原型,桃子与原型很接近,容易被归入水果一类;当有人讲西红柿也是水果,你可能不会很快接受。

我们还可以根据原型对人进行分类。人的原型是有许多固定特征的混合体,并非描述某一个特定的人。原型是某一类人的典型形象。坎托等人认为,原型是按层次排列的(见图10-10)。

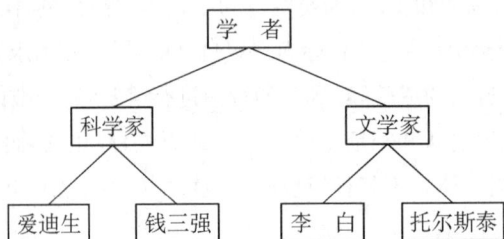

图 10-10　原型的层次举例

可以用原型来理解个性。早期认知心理学家罗什(Rosch,1978)最早提出用原型来考察个性基本框架。原型是一个人比较固定的认知结构,我们行为中的个别差异也比较稳定。人们会以不同的方式去了解同一个人。例如,一个中向型的学生,会被具有外向型的教师归入外向型一类;被具有内向型的教师归入内向型一类。

米歇尔认为,原型的运用对认知对象有利也有弊。分类可以对大量信息进行梳理,这样,就不会被信息的洪流所淹没;但其不利之处是分类会以定型化或一种狭窄的类型去看待人,缺乏对人的全面了解。

三、图式

图式(schema)是用来帮助我们知觉、组织和储存信息的认知结构。一个图式就是一个认知结构。图式会影响对周围新的信息的知觉、组织和记忆,影响对信息的编码、贮存和提取。我们周围有大量的信息,如果没有办法来组织这些信息,就没有办法认识世界,更不能改造世界。现代图式理论认为图式在知觉、记忆和思维等认识活动中有重要作用。

图式帮助我们感知周围世界的特征,当重要或引人注目的信息出现时,每个人都会注意它。如果成年人的宴会上出现一个活泼可爱的孩子,可能每个人都注意并喜欢他,因为有这方面信息发展得很好的图式。图式还能给我们提供一种结构,用以加工和组织新信息。例如,我们可以很容易把一条关于铅笔的新信息归入到原有的铅笔信息中,因为我们有一个"铅笔"很

① 荆其诚主编:《简明心理学百科全书》,湖南教育出版社 1991 年版,第 646 页。
② 同上注。

个性心理学(第四版)

好的图式。所以如果有人问铅笔是不是"文具",我们就很容易回答。

有些心理学家认为图式结构具有网络形式。例如,"文具"这一概念的图式中就包括:铅笔、圆珠笔、毛笔、橡皮等。一个图式也可由子图式的网络构成。例如,文具图式可由铅笔、毛笔等子图式构成。而这些子图式又由其他成分构成,这个等级结构处于动态过程。它包括自上而下的加工和自下而上的加工。"图式概念与框架、脚本等概念均相近,其基本思想是一致的。"①

图式比较稳定,我们加工信息的方式也比较稳定。图式使我们以比较固定的方式获取信息;每个人的图式是不同的,这就使我们在个性方面有比较固定的个别差异。

四、自我图式

自我图式(self-schema)是"一套关于自己的认知概念,能组织和指导与自己有关的信息的加工过程"②。自我概念在个性心理学中占有极重要的位置,自我概念比较稳定,它在自我的认知表象、在获取信息和与周围人交往方面起着重要的作用。

马尔库斯(H. Markus)认为:自我图式是"对来源于过去经验的自我认知的泛化,组织并引导着关于自我方面的信息加工"。他的一项研究表明:自我图式由生活中最重要的方面组成,由个人最根本的信息构成。例如,姓名,体型,与父母、配偶、儿女的关系表象等。自我图式的特征是理解个体差异的重要因素,如教育家会将有关教育的信息纳入自我图式之中。

自我图式提供了一个组织和储存相关信息的框架。如果有了某一个主题很强的图式,从记忆中提取信息就会比零散储存信息容易得多。研究者用大学生做被试,在屏幕上出现 40 个单词,要求大学生按"是"或"否"的按钮。其中有 30 个问题并不涉及被试的自我图式;其余 10 个单词在加工这些信息时涉及个人的自我图式。要求被试在三分钟内尽可能多地回忆这 40 个单词,结果表明:被试在回忆与自我图式有关的单词时,效果比其他单词好(见图 10 - 11)。

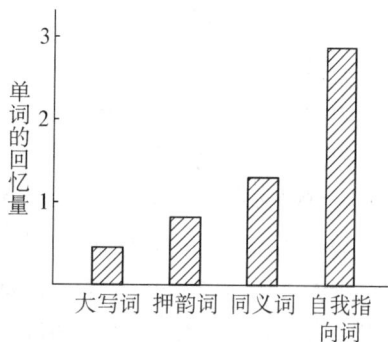

图 10 - 11　主题词对回忆量的影响

五、可能自我

可能自我是对自己将会成为什么样的人的认知结构。研究表明:人的行为不仅受自我的影响,而且受"我将来将成为怎样的人"的认知表象的影响,即受将来自我的影响。例如,同样两个人去黄山旅游,一个观察很仔细,一个一般性看看。因为前者准备成为旅游家,后者没有这个准备。可能自我有两种重要功能。

(1)激励未来的行动。例如,某人每天早晨锻炼身体,并积极参加各项运动,是因为他希

---

① 荆其诚主编:《简明心理学百科全书》,湖南教育出版社 1991 年版,第 496 页。
② 同上书,第 706 页。

171

望成为一名运动员。

（2）帮助我们解释自己的行为和周围事件的意义。例如，对于一个把物理学家作为可能自我的人来说，他对与物理学相关的事物会更关注和更感兴趣。

健康的自我为人们提供奋斗目标，是指引人生航路和鼓舞人们前进的巨大动力。因此，培养青少年的健康的自我具有重大的意义。

评　价

从1920年代以来，行为主义理论经历了无数挑战，经历了时间的考验，至今仍是一种独具一格的性格理论，是当代心理学中的一个大学派。斯金纳是新行为主义的代表人物，他用操作条件反射原理来解释性格。与性格特质理论和精神分析理论不同，他们强调研究个体可观察的外显行为，拒绝使用传统心理学中的一些基本概念，把性格等同于行为，并设计了许多实验，严格控制条件，具有坚实的实验基础。他们重视环境在性格形成中的作用。但是，斯金纳用观察老鼠行为得到的数据来解释人类行为，否定了人类行为的自觉性、能动性和社会性。不可否认，人类对一些刺激，在特殊情况下会作出不由自主的反应，但并不像斯金纳所认为的那样，这不是人类的主要行为。他们对性格的理解面太窄。

多拉德和米勒试图把赫尔的学习论和弗洛伊德的理论综合起来。他们研究了人类学习的四个要素和人类的四种冲突。与斯金纳一样，他们认为人类的大多数行为是习得的；与斯金纳不同的是，他们认为不仅那些简单的外显行为是习得的，而且语言以及弗洛伊德所说的压抑、移置、冲突等复杂行为也是习得的。斯金纳把语言看作外显行为，他们则认为语言有其内部的认知功能。多拉德和米勒更加注意行为学习的内部心理机制，并认为动物实验资料只能作为人类行为的参考。

凯利被认为是认知革命前的理论家。他十分重视个人分析或解释事件的方式，开创了个人建构和个人建构系统研究，并将此作为他性格理论的核心。在凯利看来，性格就是个人对事物的看法，建构就是性格单元，认知结构就是性格结构。他用人类的信息加工理论来解释性格是符合时代精神的。他1955年出版的《个人结构心理学》受到许多心理学家的高度评价，已经被译成多种文字，广泛出版。伯格(J. M. Burger)称凯利的理论是"'认知'性格理论的源头"。凯利认为人是科学家，要重视人的主观能动性。他认为，个人能不断调整自己的构念系统，认识世界，并预测未来。但是，凯利有许多概念是从观察和实验中得来的，有些概念太模糊。他否定客观世界的存在，把性格看作个人对事物的一种看法，过分强调认知，忽视客观现实，受到学者的批评。凯利轻视情感在性格中的作用和地位。其实，没有情感的性格是不完整的。

凯利还开创了一种新的心理治疗程序，提出了"固定角色疗法"，编制了"角色构念库测验"，从临床经验中发展出了他独特的性格理论。他本人还为患者服务，他的许多治疗手段为后人所接受和发展。一般认为，凯利的心理治疗程序适用于智力较高的人和有轻微心理障碍的人。

罗特被认为是第一个提出社会学习论的人。他强调预期的社会学习论,其主要贡献是对心理学中两大流派,即强化理论和认知理论,进行了综合。他既重视"期待"等认知过程,也很强调许多操作性定义,同时还是一名心理治疗师,他主要采用行为治疗,特别是认知行为疗法,从而使社会学习论在心理治疗中得到应用。

班杜拉重视认知变量在行为中的作用,不仅强调外部事件,也强调内部事件的作用,在很大程度上克服了行为主义在意识问题上的局限性。他精心设计了许多实验,研究社会关心的问题。他重视人的因素在行为中的作用,使行为主义与人本主义在目标上逐渐接近和一致。他把认知变量引入行为主义的性格理论,与当代认知性格学派联系起来。班杜拉的社会认知理论、自我效能理论,不仅对个性心理学,而且对临床医学也有重大而深远的影响。班杜拉致力于科学创新。他提出了观察学习、三元交互理论和自我效能理论,对心理学的发展和许多实践领域都作出了重大的贡献,但同时也存在一定的局限。

首先,班杜拉重视观察和模仿在人类学习和人格发展中的作用,认为人可以通过观察进行学习,但表现这种行为需要通过强化。这对教育工作有一定的意义。但是,他过分强调模仿在学习中的作用。因为人类学习中的许多行为模式需要通过多次实践才能形成,而不是通过一两次观察就能形成的。他特别强调模仿的作用,但忽视了人的主动性和创造性,只能培养缺乏开拓精神、人云亦云的人。在模仿学习实验中,观察者也不总是像班杜拉指出的那样,表现出强烈的攻击性模仿行为。另外,新异性对模仿者很重要。坎伯勃奇指出,观察者对新异行为的模仿与对熟悉行为的模仿相比较,前者的模仿在攻击性倾向上比对后者的模仿高5倍。其次,班杜拉的自我效能理论也有一定的局限性,即只有在成功标准清晰、明确以及意识的控制下,自我效能感才最为有效。最后,班杜拉的交互决定论比传统的行为决定论前进了一大步。他明确指出了人、行为和环境的交互作用,但没有重视遗传的作用,没有考虑到人与行为后面的生物现实。同时,班杜拉的理论也缺乏对性格个别差异普遍性的论述。正如艾森克(M. W. Eysenck)所指出的:"在具体性—普遍性这个连续体上,班杜拉走得太靠近具体的一端,以致没有对个体差异进行任何普遍性的论述。"

行为主义和社会认知论都建立了一套心理治疗程序,用数据和客观标准判定疗效。这对儿童、精神病人或有严重情绪障碍的患者比较适合,疗程相对比较短,方法也比较容易掌握,通过治疗,确实能使患者感觉到好一点,快乐一点,但有些心理治疗程序只是帮助患者转移注意,矫正效果可能只是短暂的。例如,斯金纳的代币奖励可能存在治标不治本的短暂效应,行为主义者对行为疗法的有效性估计过高。

米歇尔与班杜拉一样,被认为是认知革命后的理论家。他用认知变量解释性格,用从认知心理学和社会学习论借鉴来的模型取代特质论。米歇尔认为在共同特质维度上的特征可以为一般行为提供有用的总体概括,但忽略了在跨时间和跨情境下可以从同一个人身上观察到行为上的显著不同。他强调情境的具体性,认为人遇到事件时会与一个复杂的认知—情感系统单元(指个体所有的心理表象)发生交互作用,并最终决定行为。他不仅强调外部事件的重要性,也强调内部事件的重要性,认为在交互作用中,不仅环境塑造人,人也在塑造环境。他用心理表象差异来解释人格差异,称这些心理表象为认知结构,还提出和研究了几个新的认知结构。

　　米歇尔的社会认知理论建立在科学实验研究的基础上。他重视实验和概念的界定,研究的课题都是人类的重要行为,不必再从动物研究资料来推论人的行为,这具有重大的社会意义。社会认知理论最近越来越强调认知和自我调节,不仅强调行为,而且强调认知和情绪,他们一直关注心理科学各方面的进展,随时调整自己的理论,以便与心理科学的发展配合一致。但是该理论还处于发展阶段,还没有一个清晰的模型,缺乏统一的理论架构,还不是一个整合的理论,他们的内在变量和语言的自我报告法等受到严谨的行为论者的批评,他们对性格心理学中的某些重要问题还缺乏研究,有些概念还有待于进一步界定。1995年,他和舒达又提出了认知—情感系统理论。这是一个新型、动态、整合的关于意识的大理论,解释了人类跨情境差异的实质和原因。这个理论提出了五个性格单元,强调认知,重视情感,其内涵比1973年提出的社会认知理论的人格结构更丰富。

第十一章 人本主义的性格理论

人本主义心理学(humanistic psychology)是 20 世纪 60 年代在美国兴起的一个心理学流派,因为强调人的本性及其主观经验的重要性而得名。人本主义心理学反对心理学中的两种贬低个性的还原论,即反对机械还原论,又反对弗洛伊德的生物还原论。在人本主义心理学出现前,心理学家吴伟士在 1963 年曾指出:"行为主义和精神分析几乎平分了现代西方心理学的世界。"因此,人本主义心理学被称为心理学中的第三种力量。代表人物是马斯洛和罗杰斯等。

美国人本主义心理学会主要根据下列四项原则开展活动。

(1)心理学的研究对象主要是经验着的个体。

(2)人本主义心理学家研究的重点是人的选择性、创造性和自我实现,而不是机械还原论。

(3)人本主义心理学研究个人和社会有意义的问题。

(4)心理学应注重人的尊严和提高人的价值。

人本主义心理学家沙弗概括了人本主义心理学的中心论点。

(1)具有强烈的现象学倾向,强调人的主观体验,对人的主观世界心理内容有强烈的兴趣,但不因人本主义心理学关心人的主观性就否认它的科学性。

(2)坚持人类的统一与完善,吸取了格式塔心理学的优点,并将其进一步深化。

(3)在承认人的发展的同时,认为人类有一种不可缺少的自由和自主倾向,能克服自身条件的限制。

(4)主张按意识的本来面目来看待意识经验,反对精神分析和行为主义的还原论。

(5)相信不可能对人性进行穷尽的解释,因为人的人格有无限发展的可能性,人有实现自己的潜能,不断超越自我的能力。[①]

第一节 马斯洛的性格理论

美国心理学家马斯洛(1908—1970)是人本主义心理学的创始人。马斯洛的性格理论也称为自我实现理论。

---

① 扎莫菲尔:《人本心理学派述评》,《国外社会科学》,1982 年第 4 期。

一、需要和动机

马斯洛的性格理论的中心是动机理论,也就是需要的层次理论。他把人类的需要分为两类:一是沿生物进化逐渐变弱的本能需求,称低级需要;二是随生物进化逐渐显示出的潜能,称高级需要。人的基本需要应该得到满足,潜能要求实现,这是马斯洛自我实现理论的基本点。马斯洛认为人类的基本需要是按照层次组织起来的。他把人类的高级需要和低级需要联系起来,纳入到一个连续的统一体之中。人类的需要是按层次组织起来的系统。

(一) 基本需要

图 11-1 人类需要的层次

马斯洛起初提出人类有五种基本需要(生理需要、安全需要、归属和爱的需要、尊重需要和自我实现的需要),后来他又在尊重需要和自我实现的需要之间增加了认知需要和审美需要(图 11-1)。他指出,只有低级需要基本满足后才会出现高一级的需要,只有所有的需要相继满足后,才会出现自我实现的需要。

马斯洛认为自我实现的需要是创造的需要,是追求实现自我理想的需要,是个人特有潜能的极度发挥,个人会做一些自己认为有意义和有价值的事。马斯洛指出,你是什么角色,就应该做什么样的事,这种动机就叫自我实现。音乐家应该演奏音乐,画家应该画画,诗人应该挥笔作诗,等等。马斯洛指出,不同层次需要的发展,与个人的年龄增长相适应,也与社会的经济与文化教育程度有关。对于大多数人来说,自我实现需要的满足,仅仅是个人的奋斗目标,只有人类中的少数人,才能达到真正的自我实现境界,成为自我实现者。

后来马斯洛又把人的需要概括为三大层次:基本需要、心理需要和自我实现需要(见图11-2)。他认为自我实现的需要之上,还有一个超级需要。

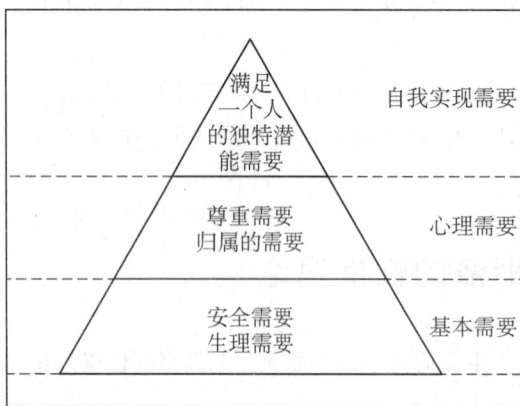

图 11-2 需要的层次图

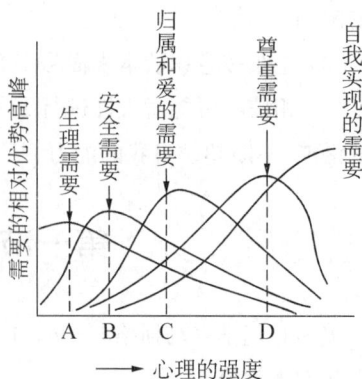

图 11-3 需要层次和不同的心理发展时期

马斯洛指出,个人发展更多地像波浪式地演进,各种不同的需要的优势由一级演进到另一级(图 11-3)。例如婴儿时期主要是生理需要,后来才产生安全需要、归属需要和爱的需要,青年期时才产生尊重需要,等等。

马斯洛的需要层次理论最初带有一定的机械性,一些心理学家对马斯洛的这种看法有所批评。但是,后来马斯洛在谈到基本需要层次的固定程度时指出,基本需要的各个层次的固定程度并非那样刻板,实际上有许多例外,有许多常见的颠倒情况。例如,有些人把尊重需要看得比归属和爱的需要更为重要;有天赋创造性的人,尽管缺乏生理需要的满足,但仍有所创造;有些人为了某种理想或价值,可以牺牲自己的一切,他们是"坚强"的人,不惜牺牲而坚持真理。

(二) 低级需要和高级需要

马斯洛认为,低级需要比高级需要更为强烈,并与动物的需要相类似。高级需要强度较弱,但是越是高级的需要越能体现人类的特征。除了人类以外,没有任何其他动物具有最高层次的需要。

高级需要和低级需要之间的区别在于以下四个方面:(1)在种族发展过程中,高级需要出现比较晚。同样,在个体发展过程中,高级需要出现也较迟,有些高级需要到中年才会出现。(2)高级需要比低级需要较少直接同生存有关。(3)高级需要的满足比低级需要的满足的愿望更强烈,高级需要的满足能够产生极度的幸福、思想的平衡和丰富多彩的精神生活。(4)高级需要的出现和满足比低级需要要求有更多的先决条件,高级需要作用的发挥也要求有更完美的环境条件。

(三) 似本能需要

基本需要究竟是什么呢? 马斯洛指出,"基本需要是一种似本能需要",他认为人的基本需要从低级到高级都具有似本能性质,或者说都是由人的潜能所决定的。"似本能"是马斯洛需要理论中的一个极其重要的概念。他用似本能这个术语代替本能这个术语,用来表达人类需要的本性。似本能需要是天生的,但是微弱的,极易被环境条件所改造。

在人类行为和动物行为的关系上,马斯洛在指出它们之间的连续性的同时,还强调二者之间的区别,反对当时流行的人兽不分的倾向。他指出,本能是强大的和不可改变的,这种情况对于低等动物来说也许是真实的,但对于人类来说却并非如此。人类的本能活动已经"削弱"了,已经被文化"淹没"了,人类的似本能需要是"用低语而不是用喊叫来表达自己",即是微弱的和含糊不清的。人类不再有像动物那样具有那种刻板地支配它们做什么和怎样做的本能。马斯洛还指出,随着动物的进化,可以有一些类似本能的冲动或潜能出现,这一类冲动或潜能在某些高等动物中已经能够明显地看到。他在研究黑猩猩时发现,在黑猩猩中已经有明显的友爱合作,甚至利他行为。马斯洛认为,本能性的低级需要是为一般动物和人类所共有,高级需要是为人类和一部分接近人类的动物所共有,而创造性,他明确指出是为人类所独有。马斯洛认为越是高级的潜能,越带有人性的特征。在谈到低等动物的需要时,他指出:"老鼠除了生理动机之外,几乎是没有别的动机。"

在内因和外因的关系上,马斯洛强调内因和生物性的作用,但也给环境的作用留下余地,这是因为潜能是比较微弱的先天因素,在后天才能发展和实现。马斯洛认为,环境对于人类似本能需要的实现有巨大影响。改善文化的意义就是在于给予人类的内在生物倾向以一个更好自我实现的机会。需要的理论包括了健全社会的概念,所谓健全社会就是能促进人类潜能最充分发展的社会。他指出,潜能是主导因素,环境是限制或促进潜能发展的条件,环境的作用在于容许或帮助人类实现自己的潜能。

二、自我实现者

马斯洛调查"自我实现的人"是从他对两位导师——韦特海默(M. Wertheimer)和本尼迪克特(R. Benedict)的崇敬开始的。他最初并不是为了研究,只是为了理解两位导师的人格特征。马斯洛发现这两个人身上有许多共同的特征,这使他极度兴奋并且开始寻找具有同样特征的人。结果他如愿以偿地一个接一个地发现了这样的人。他寻找那些能够充分发挥自己才能的人、全力以赴工作的人、把工作做得最出色的人。他在历史人物、熟人和学生中挑选这种人物。他最后选择 48 人,对他们进行深入研究。在这 48 人中,有 12 人是"很有可能的"自我实现者;10 人是"部分"的自我实现者;26 人是"潜在的或可能的"自我实现者。他所研究的人物中有贝多芬、爱因斯坦、罗斯福、斯宾诺莎、歌德、詹姆斯、杰斐逊、林肯和弗洛伊德等人。在他的研究中,对有些被试是直接研究的,对另一些被试则是以回顾的方式进行研究的。

马斯洛发现自我实现者大多是中年或较年长的人,或者是心理发展比较成熟的人。他还认为,一个人的童年经验与他的自我实现有密切关系。对两岁以内儿童的爱的教育特别重要。童年失去了安全、爱和尊重的人是很难自我实现的。他提出教育应该是"有限度的自由",控制过严或过分放纵对"完美人性"的培养、对人的自我实现是不利的。马斯洛认为绝大多数人只能在爱和归属需要与自尊需要之间的某一层次上度过一生,估计只有百分之一的人才能成为自我实现者。

(一)自我实现者的积极特征

经过广泛的观察,马斯洛提出自我实现者具有下列积极特征:(1)良好的现实知觉;(2)对人、对己、对大自然表现出最大的认可;(3)自发、单纯和自然;(4)以问题为中心,不是以自我为中心;(5)有独处和自立的需要;(6)不受环境和文化支配;(7)对生活经验有永不衰退的欣赏力;(8)神秘或高峰体验;(9)关心社会;(10)深刻的人际关系;(11)深厚的民主性格;(12)明确的伦理道德标准;(13)富有哲理的幽默感;(14)富有创造性;(15)不受现存文化规范的束缚。

1986 年休格曼(D. B. Sugarman)完成了一项相关研究,休格曼的研究表明:自我实现者的性格特征基本上与马斯洛研究的结果相一致。休格曼研究的自我实现者有下列特征:(1)现实知觉准确;(2)能接受自己和他人;(3)有自发性;(4)集中在自身以外的问题上;(5)喜欢独处;(6)能够自治,并不随波逐流;(7)欣赏美好事物;(8)有强烈的高峰体验;(9)人际关系密切;(10)能尊重别人;(11)有明确的伦理道德准则;(12)富有创造性。

另一项相关研究是希尔(N. Hill)做的,他用 25 年时间,采访了 500 名各行业的先进人物,他分析归纳出成功者的 15 个性格特征:(1)目标明确;(2)自信;(3)有储蓄的习惯;(4)有进取心和领导才能;(5)有想象力;(6)充满热忱;(7)有自制力;(8)付出多于报酬;(9)有吸引人的性格;(10)思想正确;(11)专注;(12)有合作精神;(13)敢于面对失败;(14)宽容他人;(15)己所不欲,勿施于人。这 15 个性格特征都重要,其中目标明确和专注最为重要。希尔的研究表明:名列前三位的是亨利·福特、富兰克林和华盛顿。

（二）自我实现者的消极特征

马斯洛认为自我实现者是健康的和创造的人，但"决不存在完人"，自我实现者不是十全十美的完人。马斯洛在他研究的自我实现者身上发现许多次要的缺点。马斯洛指出：他们也具备挥霍、戆直或轻率的习惯。他们可能刚愎自用、易烦恼和令人讨厌。他们还存在一点虚荣、自夸和对自己亲人的偏袒，有时也会发怒。自我实现者有时会表现出令人吃惊的冷酷无情和铁石心肠。他们如果发现他们所长期信赖的人不忠实，就会果断地与他们绝交。他们之中的许多人对亲友死亡的悲哀摆脱得非常迅速。

三、高峰体验

马斯洛认为，高峰体验是一种超越一切的体验。其中没有焦虑，人感到自我与世界和谐统一，感受到暂时的力量和惊奇。这是自我实现或创造性潜能带来的最高喜悦。

马斯洛指出，许多人都有片刻的自我实现体验，这种体验对自我实现的人来说，则远比一般人来得频繁。高峰体验可以在不同场合下发生，强度也不一样，但时间不长久。人们在发现真理时，家庭生活和谐时，欣赏艺术陶醉时，对自然景色迷恋时都可能出现高峰体验。他要求许多大学生描述他们的一些接近高峰体验的经验，然后归纳为：整体性，完美，活泼，独特性，轻松，自我满足和真、善、美的价值等几方面。

马斯洛在晚年，研究了具有创造才能的人身上的某些神秘经验。他说，这种人能够体验到某种"充满敬畏的时刻，充满幸福的时刻，甚至充满极乐的、入迷的或狂欢的时刻"，即体验到高峰体验。他认为人一旦进入这个体验，就会失去自我意识，而与宇宙融为一体，就会领悟到真理的本质，甚至还能把握生活的真谛或者秘密。

马斯洛指出，高峰体验是一种同一性的体验。人在高峰体验时有最高度的同一性，最接近他真正的自我。自我实现，作为人本性的实现，是人与自然合一，这时人会有一种返回自然与自然合一的愉悦的情绪。自我实现作为个人天赋的表现，也是人与自然合一。自我实现者经常体验到高峰体验。

马斯洛指出，高峰体验有这样一些后效：具有一定的疗效，能消除病状；可以朝着一个健康的方向改变一个人对自己的看法；可以多种方式改变一个人对他人的看法以及与他们的关系；可以或多或少改变一个人对世界的看法；能把一个人解放出来，使之具有更大的创造性、自发性和独立性。[①] 这与班杜拉等人的自我效能理论的看法一致。

第二节　罗杰斯的性格理论

美国心理学家罗杰斯（C. R. Rogers，1902—1987）是人本主义心理学的另一位大师，其性格理论是从他的心理治疗中发展出来的。他首创患者中心疗法，强调医生和病人之间的关系。病人是委托人，由他来决定治疗的疗程、进度和期望。罗杰斯还把这种理论推广到教育改革和

---

① 郑雪主编：《人格心理学》，暨南大学出版社 2007 年，第 276 页（引用时略有删节）。

其他的人际关系中去。他的性格理论也称自我理论。

一、自我概念

罗杰斯的性格理论深受现象学的影响。他指出,每一个人都以独特的方式来看待世界,这些知觉就构成了个人的现象场(phenomenal field)。现象场由知觉的总体组成。关键是自我。自我概念是罗杰斯理论的基础。

(一)"自我"的心理学解释

威廉·詹姆斯十分重视自我在心理学中的地位。1890年他在《心理学原理》一书中把自我分为主格的我和宾格的我。他又把自我分为物质的我、精神的我、社会的我和纯我,并且提出了自我发展的阶段。詹姆斯虽然对自我作了详细的分析,但他的哲学观点是主观唯心主义的,他认为,凡属于我或与我有关的一切事物都是自我的内容,这样就扩大了自我的概念,混淆了主观和客观的界限。当时的心理学家杜威(J. Dewey)和包德温(J. M. Baldwin)等人也都强调自我的重要性。但是,1910年,行为主义心理学在美国流行后,自我在不客观的罪名下被否定了,直至1930年代,被忽视多年的自我,才得以在奥尔波特、谢里夫(Sherif)和坎德里尔(Cantril)等人的大力倡导下,得到重视。此后,自我理论层出不穷,自我概念成为当代个性心理学中的重要概念。

弗洛伊德在《论自恋》(1914年)一文中阐述了自我概念,提出了自我内驱力和自我力比多的学说。他的《自我与伊底》(1923年)一书的发表,标志着他的自我心理学思想的重大发展。他在这本书中,把自我看作人格结构的一个组成部分,它具有多种防御机能。后经安娜·弗洛伊德、哈特曼、斯皮茨、埃里克森等人的努力,形成和发展了精神分析的自我心理学。

国外心理学家对自我的理解很不统一,众说纷纭。霍尔等人指出,大致有两种解释:(1)自我是主管行为的心理过程(自我即过程);(2)自我是个人对自己的态度和感觉(自我即对象)。显然,弗洛伊德对自我的看法属于第一种,罗杰斯对自我的看法属于第二种。

(二)罗杰斯的自我概念

罗杰斯把个人对自己的了解和看法称为"自我概念",其中主要包括:"我是个什么样的人"和"我能做什么"。自我是现象场中在内容上与个体自身明显相关的一部分,它是从现象场中逐渐分化出来的。婴儿早期的现象场是一个混乱的、没有分化的简单的整体,以后逐渐通过语言媒介,开始知觉到他的整个经验中包含着"自我"这部分经验,部分现象场就分化为自我。自我形成后,表现出自我的特征。

罗杰斯认为自我概念具有四个特点:(1)自我概念是对自己的知觉,它遵循知觉的一般原理,它是心理学中相当基本的组成部分。(2)自我概念是有组织的、连贯的、有联系的知觉模型。虽然自我是变动的,但它总保持着有组织和连贯的性质。自我并不是由许许多多互不相干的条件反应所组成,它是一个有组织的整体。新的成分会使其变化,但始终保持它的完形性质。(3)自我不是指存在于我们头脑中的另一个人,不是指我们内部的一个小人。它只能表征那些关于自己的经验,并非控制行为的主体。可见,罗杰斯的自我概念是描述性的,弗洛伊德的自我有动力和解释性。(4)自我虽然也包括潜意识的东西,但主要是有意识的或可以进入意识的东西,它通常可以为人所觉察到。

罗杰斯区分了经验和意识。当经验用符号表示时,就进入意识之中。他指出,语词、视觉表象和听觉表象都可以成为进入意识的媒介符号。有时人们会拒绝或者歪曲某种经验,从而阻止它们进入意识,或者以歪曲的形式进入意识。

应该指出,罗杰斯一开始是反对使用自我概念的,因为他认为这个概念是模糊的、不科学的。但后来他发现在心理治疗过程中,病人在没有任何指导语的情况下,让他们自由表达他们的问题时,经常以自我作为话题的中心。这使他逐步相信自我的存在,自我是个人经验中的一个重要成分。自我概念首先出现在罗杰斯1947年的一篇论文中。他提到一位病人魏小姐,治疗开始时,她说:"我所做的事实在不像我,好像不是我自己做的。""我对事情没有感情,我担心我自己。""我不理解我自己。"后来至第九次治疗时(38天后),她的自我概念已有很大的改变。她说:"我对自己越来越有兴趣了。""我有独特的地方,有我自己的兴趣。""我能够承认我并不是总是正确的。"这个案例使罗杰斯改变了对自我概念的看法。

罗杰斯还提出,理想的自我,它是人们向往的自我。他认为理想自我与真实自我越接近,个人就越感到幸福和满足;如果真实自我和理想自我差距很大,就会造成不愉快和不满足。

(三) 自我和理想自我的测量

罗杰斯要求给自我概念提供一个实质性的定义,制定一套测量的方法和一种研究工具。他最初把每一次治疗会谈记录下来,然后用语义分析的方法将与自我有关的词汇加以分类,取得一定的效果。后来,他采用他在芝加哥大学的同事斯蒂芬森(W. Stephenson, 1953)所发展的Q分类法(Q技术)。Q分类法假设患者能准确地描述自己的真实自我和理想自我;并且在治疗前两者之间有很大分歧。用Q分类法进行分类:(1)给被试一定数量的卡片,卡片上的句子写着个人各种可能的自我概念,如"我常常焦虑"、"我鄙视自己"、"我披着一件虚伪的外衣"、"我真实地表达自己的感情",等等。(2)要求被试根据自己的情况从最适合的特质到最不适合的特质把卡片分成几堆,摆放在中间的一堆的卡片是被试不能决定卡片上所写的句子是否像自己的,即它们是中性的。实验前,规定好卡片的数目,使卡片分配成常态分配(分配后,两端的卡片最少,中间的卡片最多)。如100张卡片可分成九堆,分类后每堆的卡片数目是:1——4——11——21——26——21——11——4——1。(3)要求被试根据理想自我对这些卡片再分类,描述出他最希望成为的人,即描述理想自我。

通过Q分类法,可以把他人的评定和被试自己的评定进行比较,也可以把理想自我和现实自我进行比较。

巴特勒(J. M. Butler)和黑格(G. V. Haigh)设想:(1)患者中心疗法的结果将使理想自我与现实自我之间的差距减小;(2)这种缩小在有显著好转的患者身上表现得更为明显。他们进行了实验研究:实验组25人(来自芝加哥大学咨询中心),每个人都接受6次以上的治疗;控制组16人,但没有进行心理治疗。对两组被试进行3次同样的测验,要求被试分别描述他的理想自我和真实自我。结果见表11-1。

表 11 - 1　实验组和控制组的理想自我与自我相关系数

组别	时　间		
	治疗前	治疗后	追踪(6 个月—1 年)
	相关系数		
实验组	− 0.1	0.34	0.34
控制组	0.58		0.59

从表中可以看出,控制组的理想自我与自我的相关系数没有显著的改变,但实验组的理想自我与自我的平均相关系数有显著增加,而且这种增加一直持续到 6 个月—1 年。这说明患者的理想自我和真实自我间的分歧大幅度地减小,患者正在趋近理想中的自我。

二、自我实现倾向

罗杰斯认为,人类有机体有一种天生的自我实现的动机,所有别的动机(从人类最基本的觅食活动到最崇高的艺术创造)都是自我实现的不同表现形式。他认为这种动机可以用来解释个体的一切行为。自我实现是个体力图在遗传的限度范围内发展自己的潜能。罗杰斯指出:个性就是一个人根据自己对外在世界的认识而力求自我实现的行为表现。

罗杰斯并不主张把许多动机同时并列,也不主张分别阐明每一种动机的作用,而强调动机的单一性质。他形象地阐述了人生的自我实现过程。他说,人生好比长在大海边的一棵大树,它笔直、坚强、活泼,并且不断地茁壮成长。

在人性的看法上,罗杰斯和弗洛伊德的看法根本对立。弗洛伊德认为"性本恶",而罗杰斯认为"性本善"。弗洛伊德认为,人类和动物一样具有各种需要、内驱力和动机,对于人类那些不受任何约束的性欲和攻击倾向,必须加以控制。罗杰斯认为:"人没有兽性,只有人性。"人的行为是一种理性很强的活动。基本上人是朝向自我实现、成熟和社会化方向前进。罗杰斯指出,人类完全没有必要控制自己的需要,正是世界对人类需要加以控制使人变坏了。由于恐惧和防御,个体可能产生不符合人性的行为,产生难以置信的残酷,令人毛骨悚然的毁灭,幼稚的、攻击性的和对社会危害极大的行动。但是,罗杰斯发现,存在于一切人身上的积极的实现趋向,同样存在于他们的内心深处。人们的工作是要去发现存在于他们内心深处的那股强烈的向善力量。实现趋向是存在于每一个人生命中的驱力,它使个体变得更有社会责任感。

罗杰斯还指出,有机体中一切经验的评价都是以实现趋向作为参照系,他称之为"机体估价过程"。经验与自我实现趋向一致时,产生满意的体验,个体接近和保持这些经验;经验与自我实现趋向相抵触时,产生不愉快的体验,个体回避或消除这些经验。因此,机体估价过程作为一种反馈系统,它使个体可能调节自己的经验,朝向自我实现。

罗杰斯对自我实现的论述,可概括为下列三个要点:(1)自我实现是人类的一种自我趋向的动机。人类有机体不仅依靠自我实现来维持生存,而且也由它促进生长,充分实现在遗传限度内发展自己的潜能。(2)个人可以作适当的自由选择。个人顺着自我趋向,可以作适当的自由选择。因此,即使自我概念与现实经验不协调引起适应困难,个人也能自我调整,并且恢复和谐。(3)人类除了天生的自我实现动机外,还有两种习得的需要——关怀的需要和自尊的需要。自尊的需要发展得较迟,实质上就是那些为他人所赞许的行为和价值观的内化,在这个意义上与弗洛伊德的"超我"相类似。人人都有关怀的需要,所有的人都想从别人那里得到爱护和认可,有时得到的关怀是无条件的,如"我爱你,不管你的行为如何"。但通常得到的关怀是有条件的,即这种关怀来自个体特定的行为。他的治疗方法是以无条件关怀为基础的。病人在无拘束、无顾虑和充分被接受的气氛中,依靠本身的自我趋向去自由选择,达到自我实现和心理健康。

三、机能健全者

罗杰斯认为机能健全者所表现的是他们的真实自我,他们不会作假。这种人很像一个小孩,因为他们按照自己的机体估价过程,而不是评估外来的价值条件生活。他们认为幸福不是在于个体的所有生物性需要都得到满足,幸福是积极参与实现趋向,它是一种持续的过程,幸福在于持续不断的奋斗之中。

罗杰斯认为,机能健全的人至少具有下列特征:(1)能接受一切经验。机能健全的人对任何经验都是开放的,与心理疾病患者不同,他们认为一切经验都不可怕。他们不拒绝或歪曲某些经验,一切经验将正确地被符号化,从而进入意识,因而他们的人格更广泛、更充实、更灵活。(2)自我与经验和谐一致。机能健全的人的自我结构与经验相协调,并且能够不断地变化,以便同化新经验。机体在评定事物的价值时,总是以自己的机体经验为根据,不大容易受外界力量所左右。(3)个性因素都发挥作用。机能健全的人较多地依赖对情境的感受,不怎么依赖智力因素。他们常常根据直觉来行动,使行动带有自发性。他们的行为既受理性因素引导,也受无意识的和情绪的因素制约,所有的个性因素都在起作用。(4)有自由感。机能健全的人能够接受一切经验,他们的生活充实而信任自己,因而有很大的行动自由。他们相信自己能够掌握自己的命运,在自己生活中有很多选择余地,感到自己所希望的一切自己都有能力去达到。(5)具有高创造性。机能健全的人在他们所做的一切事情上,都表现出创造性。他们的自我实现伴随着独创性和发明性。自我实现强调个体创造性活动。(6)与他人和睦相处。机能健全的人乐意给他人以无条件的关怀,他们的生活与其他人高度协调,同情他人,受到他人的欢迎。

四、心理治疗和个性改变过程

(一)罗杰斯的心理治疗

罗杰斯的理论来自治疗实践。他不仅仅是著名的个性理论家,更是一位著名的心理治疗家。心理治疗占去了他大部分的时间,只有了解了他的心理治疗,才能深刻地理解他的理论。罗杰斯所提出的心理治疗方法称罗杰斯治疗,包括非指导性疗法和交朋友小组两种形式。通过几十年的临床实践,罗杰斯对心理治疗过程的论述已有了变化和发展。

1. 非指导性疗法（nodirective therapy）

1940 年罗杰斯把他的治疗方法称为非指导性疗法，他认为如果向患者提供适当的条件，那么他们就会自己叙述问题和自己解决问题。治疗者只需要帮助患者澄清思路，使患者更好地认识自我，逐步克服自我概念和理想自我之间的不协调，达到自我治疗。他指出："材料是患者所提供的，治疗只是帮助患者接受并澄清他体验到的各种情绪。"

2. 患者中心疗法（client-centered therapy）

在非指导性疗法中，罗杰斯特别强调治疗者应该尽量减少对患者报告的指导、分析和解释。在初期，治疗者仅仅提供患者清楚地了解他们问题实质的气氛，消极地等待患者诉说问题的原因。后来，他把治疗看成一种患者和治疗者双方共同卷入的活动。治疗者在这个活动中积极地了解患者的现象场或内部参考系。罗杰斯所说的"患者"的原文含有"委托人"、"当事人"的意思，他认为治疗者不应把对方看作病人，而应双方享有同等权利，参与治疗过程。"患者中心疗法"又称"委托人中心疗法"。

3. 个人中心（person-centered）

罗杰斯思想发展到现阶段——个人中心阶段，他的理论已经超出了治疗过程，并扩展到婚姻、家庭、教育、民族团体问题和国际关系等领域。在现阶段，罗杰斯还强调完整的个人，人是一种完整的实在，是一个统一体，而不仅仅是一个以某种角色身份出现的人（如患者、学生、治疗者或教师等）。

（二）交朋友小组

交朋友小组是利用群体力量来改变人的行为的心理治疗形式。在美国有几百万人参加交朋友小组。参加的人不完全是病人，也有正常的人，他们希望通过交朋友小组的活动使生活更快活、更自然。但是，情绪过度紧张、自我评价或人际关系方面有严重问题的人不能参加，因为可能加剧他们的情绪紊乱，造成忧郁、退缩和丧失信心等。每一个交朋友小组由 10 余人组成，可以是定期聚会，也可以临时聚会。组内设有促进者（facilitator）。在开始时，成员之间可能出现攻击或敌意等现象，后来通过促进者的工作，逐渐使成员间建立温暖、友好、真诚的良好气氛，使成员体会到其他成员对他们的关怀和尊重，最后，增强了成员的自尊，使成员能毫无防御地揭示自己的真实自我，不良行为得到改变。

（三）治疗气氛

心理治疗是使不协调的自我转变为协调的自我，这种转变的关键是治疗气氛。罗杰斯指出，如果提供三个条件，治疗效果就会达到。这三个条件是：

1. 协调与真诚

治疗者要真诚地表现自我，表里一致，不戴假面具，这样可以使患者感到治疗者是一个可以信赖的人，才能彼此交流情感和思想。治疗者要让患者分享自己的情感，即使对患者来说是一种消极的情绪，也不应该有虚伪的成分，不要装扮成关心和喜欢的样子。

2. 无条件的关怀

治疗者要真诚和深切地关心病人，将他看成一个人，给他完全的和无条件的关心，提供给他一个没有威胁感的环境，便于他探索内心的自我。即使患者在叙述他的可耻的或焦虑的感受时,治疗者也不能有鄙视或冷漠的表现,要相信患者自己能够改正,使不协调的自我逐渐转变为协调的自我。

3. 设身处地

治疗者要耐心地倾听患者的谈话,以便设身处地地体会患者的内心世界。

一些研究者支持了罗杰斯对治疗气氛的重视。如哈尔金德(Halkider, 1958)的研究表明,治疗者对患者的协调、关怀和设身处地,跟疗效确实有关。菲得勒(Fiedler, 1950)的研究表明,专家更能造成理想的治疗关系,专家与患者在造成友好关系的能力上相似,而与治疗者的理论立场无关。

(四) 个性改变的过程

罗杰斯指出,如果治疗有效个性就发生改变。个性改变表现在七个方面,每一方面又分为七个阶段,由低阶段至高阶段成为一个连续尺度。低的一端是固定和僵化,高的一端是改变和运动。

第一方面:情绪流露的情况。

低阶段:情绪没有流露;高阶段:情绪及时和自然流露。

第二方面:经验的方式。

低阶段:个人回避经验;高阶段:个人接受经验为内在参照。

第三方面:不协调的程度。

低阶段:个人未曾意识到自我矛盾的叙述;高阶段:个人能够认出不协调。

第四方面:自我的交流。

低阶段:个人回避表达自我;高阶段:个人经验到自我,并且能够表达自我。

第五方面:解释经验的方式。

低阶段:个人固执经验;高阶段:个人认为经验是可以改变的。

第六方面:对问题的态度。

低阶段:避开问题或认为与自己没有关系;高阶段:接受问题,并积极解决问题。

第七方面:与他人的关系。

低阶段:逃避亲近的人;高阶段:在与他人交往中发展自己。

(五) 心理治疗的结果

心理治疗使患者剥下他们应付生活的伪装,毫无防御地揭示自己的真实自我。罗杰斯指出,在治疗过程中,个人真正成为一个人,他在实际生活中能够有效地控制自己,并随心所欲地建立稳固的社会关系。人没有兽性,只有人性,而这种人性已经释放出来了。心理治疗使患者发生下列几个方面的改变:

1. 评价的改变

在治疗过程中,患者从使用别人的价值观转向肯定自己的价值观。

2. 防御和经验方式的改变

在治疗过程中,患者防御性减少,更灵活、更清楚地意识到过去不曾意识到的事情,知觉更分化,经验也更开放。

3. 自我概念的改变

在治疗过程中,患者的自我变得更清楚、更积极和更协调。

4. 对他人的看法和方式的改变

在治疗过程中,患者对他人的评价也朝好的方向改变。

5. 个性变得成熟和健全

通过个性测量发现,在治疗过程中患者个性发生改变。患者行为上更成熟,自发行为减少,并且不易受挫折。

第三节　相关研究:流畅体验和需要的个体发展

一、流畅体验

契克岑特米哈伊(M. Csiksentmihalyi)等人的流畅体验(flow experiences)研究和马斯洛的高峰体验的研究相似。契克岑特米哈伊近年来用流畅体验来描述个人生活中最快乐和最有价值的时刻。该项研究被认为是人本主义理论的最新进展。

契克岑特米哈伊把人们很自然、轻松、愉快的体验称为流畅体验。他认为,这种体验不是发生在休息时或娱乐时,而是发生在工作过程中。他指出:"这种最美好的时刻通常发生在完成很困难又很有价值的任务时,此时身心都达到了极限。"(W. Csiksentmihalyi, 1990)只有通过努力发现生活的真谛,并努力去完成它,才能体验快乐,享受生活。他们研究发现,爱学习的中学生并不是想得高分,即不是为了获得奖励,而是学习本身使他们入迷,使他们得到满足。任何工作都可以成为快乐的源泉。例如,我们沉浸在写作中时,流畅体验就会发生。契克岑特米哈伊的快乐观与马斯洛一致,流畅体验与高峰体验相似,属于个人的成长。享受来自奋斗,幸福来自对自己生活的控制,从中他归纳出流畅体验的八个特征:

(1) 个体有一定的技能,任务具有挑战性,需要个体全身心投入,但是个体能完成。

(2) 个体很难把自己和工作分开,个体的注意完全被活动所吸引,具有自发性。

(3) 工作方向明确合理。

(4) 反馈清晰,个体知道自己是否完成任务和达到目的。

(5) 个体全身心投入工作,会忘记生活中的不愉快。

(6) 个体体验到控制环境的愉悦。

(7) 个体失去自我意识,注意完全集中在活动的目标上。

(8) 个体失去时间感,几个小时像几分钟一样,相反的情况也有。

二、需要的个体发展

心理学工作者研究了9—15岁儿童的需要发展,研究表明:

(1) 9岁儿童的主导需要仍是生物性需要,有些社会性需要虽有明显发展,但没有占主导地位。在各种社会性需要中,以下三种需要均有所发展:

① 既有利于自己也有利于他人的需要,如交往、友谊、爱、合作等。

② 只有利于自己的需要,如受人尊重、独立自主等。

③ 只有利于他人的需要,如公正、使他人满意等。

(2) 10 岁儿童的生物性需要尽管仍具有相当力量,但占主要地位的需要已被交往、受人尊重和公正所代替,其他社会性需要处于从属地位。

(3) 11 岁儿童主导地位的需要是交往、受人尊重、公正、友谊等,自我完善需要已有相当大的力量,美的需要开始具有明显的力量。

(4) 12 岁儿童的交往、受人尊重、公正、友谊以及爱和美的需要比 11 岁儿童更强烈。虽然他们的生物性需要仍有不小的力量,但它是同某些社会性需要融合在一起起作用的。这个年龄的儿童,有利于他人的社会性需要开始获得相当大的力量。

(5) 13—14 岁儿童的主导性社会需要包括交往、受人尊重、公正、友谊、自我完善和美感。在这个年龄阶段的儿童中,与社会性需要相比,他们的生物性需要的力量显得很弱。

(6) 15 岁儿童除了延续前述主导性社会需要外,还增加了独立自主的需要。这个年龄阶段的儿童,有利于他人的需要大大增强了。

评　价

以马斯洛和罗杰斯为代表的人本主义心理学的性格理论,反对弗洛伊德和行为主义贬低人格的还原论。他们恢复了人的尊严,以人为本,重视人,重视整体、健康的人,努力关注人格的积极方面,把人格心理学的研究范围扩大到人类精神生活的许多方面,研究目标提高,研究人类生活中有重大意义的主题,如自我概念、人性的自我实现、需要层次理论、以人为中心的疗法等。

马斯洛将人类的需要由低级到高级纳入到一个连续的统一体之中,他的动机理论关注基本的生活需要,忽视了高级需要。需要层次理论已经受到一些研究的支持,并且在管理等领域中得到应用,推动了工业和商业的发展。

罗杰斯创建的治疗方法对焦虑症、适应性障碍的疗效较好,但要依赖患者的报告评价治疗是否恰当。这种以人为中心的疗法是罗杰斯的一大贡献。当然,这种疗法是否适用于所有的心理问题,特别是对比较严重的心理问题是否有效呢? 1986 年,戴维森(G. C. Davison)等人指出:"作为一种针对不幸者并非严重心理失调者的帮助方法,来访者中心疗法使人们更好地理解自己。它可能是很有效的,也是很合适的……然而,正如罗杰斯自己所告诫的那样,他的治疗方法可能并不适用于那些严重的心理失调患者。"有人认为,这种疗法对于治疗者来说较容易操纵。最近的研究发展开始强调治疗者在治疗过程中的积极作用。但无论如何,个人中心疗法和强调病人的作用仍是一种积极有效的、创新性的心理治疗和心理咨询技术。

人本主义心理学依赖现象学,轻视实验研究的方法,这就限制了它的研究范围和科学价值。仅仅通过谈话就详尽地了解被试(患者)心理的做法显得过于简单化了。事实上,许多信息并不为意识所了解,有时人们也会以扭曲的方式报告自己的经验。有人认为,人本主义心理学的大部分内容都是一种信念,而非科学研究的结果。有人相信人本主义,是因为他们的看法与价值观一致,而不是被证据所说服的。人本主义心理学的一些基本概念比较宽泛、笼统、不易确定、很难测量,要对他们的研究效度作出评价是很困难的。

人本主义心理学忽视童年经验的作用,有些理论缺乏科学论证,缺乏实验根据。1974年坎吉米认为:应该发展一种"实验的人本主义心理学"。

关于人本主义理论在专业人员和公众中受欢迎的程度,由上升随后下降。在 20 世纪 60 年代和 70 年代早期时,青年对人本主义最富热情。

第十二章 性格的测量

第一节 问卷法

国内外常用的性格问卷测验有下列几种。

一、明尼苏达多相个性问卷

明尼苏达多相个性问卷(Minnesota Multiphasic Personality Inventory，MMPI)是美国明尼苏达大学教授哈撒韦(S. R. Hathaway)和心理治疗家麦金利(J. C. Mckinley)制定的,因为该问卷可以同时测量多种特质,因此称为"多相"个性问卷。

MMPI 是采用经验效标法编制的。先用大量的题目施测效标组(即已诊断为心理异常的被试)与控制组(即已确定为正常的被试),然后比较两组被试对每一个题目的反应,选择两组反应明显不同的题目构成问卷。经过几十年的不断应用和筛选,它在临床和研究工作中应用越来越广。MMPI 的问世被认为是自陈测验发展史上的一个重要的里程碑,目前已被世界各国广泛应用,对个性测量的研究进程产生了重大的影响。中国科学院心理研究所宋维真研究员等,从 1980 年开始对该问卷进行修订,1984 年,在全国协作的基础上,正式确定了我国的标准。

MMPI 的 1966 年修订版(MMPI—R)确定为 566 题,其中 16 题是重复的,用以检验被试反应的一致性和回答是否认真。在测验时,被试对每一个问题选择"是(T)"、"否(F)"或"不能确定(?)"三种答案中的一个。一般测时为 45 分钟,文化水平低的可以超过 2 小时。

MMPI 涉及的范围很广,包括身体各方面的情况,精神状态以及个人对政治、法律、宗教、家庭、婚姻和社会的态度等。所有的题目按性质可以分为 26 类(见表 12-1)。

表 12-1 MMPI 的项目内容和项目数

分类项目	项目数	分类项目	项目数
1. 一般健康	9	6. 血管运动,营养,言语,分泌腺	10
2. 一般神经症状	19	7. 呼吸循环系统	5
3. 脑神经	11	8. 消化系统	11
4. 运动和协调动作	6	9. 生殖泌尿系统	5
5. 敏感性	5	10. 习惯	19

分类项目	项目数	分类项目	项目数
11. 家族婚姻	26	19. 狂躁感情	24
12. 职业关系	18	20. 强迫状态	15
13. 教育关系	12	21. 妄想、幻觉、错觉、关系疑虑	31
14. 有关性的态度	16	22. 恐惧症	29
15. 关于宗教态度	19	23. 施虐狂、受虐狂	7
16. 政治态度—法律和秩序	46	24. 志气	33
17. 关于社会的态度	72	25. 男女性度	55
18. 抑郁感情	32	26. 想把自己表现得好些的态度	15

（资料来源：日本 MMPI 研究会，1969 年）

MMPI 有 10 个临床量表，可以得到 10 个分数，代表 10 种人格特质（见表 12-2）。

表 12-2　MMPI 的临床量表及其高分解释

序号	临床量表	略号	高分的解释
1	疑病	（Hs）	强调身体疾病
2	抑郁	（D）	不快乐、抑郁
3	歇斯底里	（Hy）	对应激的反应是否有问题
4	精神病态	（Pd）	与社会缺乏一致；经常处于法律纠纷之中
5	男性化—女性化	（Mf）	女性倾向（男子）；男性倾向（女子）
6	妄想狂	（Pa）	多疑
7	精神衰弱	（Pt）	烦恼、焦虑
8	精神分裂症	（Sc）	孤独、古怪思想
9	轻躁狂	（Ma）	冲动、激动
10	社会内向	（Si）	内向、害羞

MMPI 还包括四个与效度有关的量表（见表 12-3），以考察被试的态度。如果被试在这四个量表中得分特别高，则表明被试没有诚实、认真地作答。

表 12-3　MMPI 的效度量表

序号	效度量表	略号
1	疑问量表	（?）
2	说谎量表	（L）
3	效度量表	（F）
4	校正量表	（K）

每个量表的题目数不同，得分的基数不一样，各个量表的原始分数无法比较，必须换成 T 分数。换算的公式如下：

$$T = 50 + \frac{10(X_1 - M)}{SD}$$

公式中的 X 为所得的原始分数，M 与 SD 为这个量表正常组原始分数的平均数和标准差。

图12-1是一个被试的 MMPI 剖面图,在 MMPI 剖面图左侧的分数就是 T 分数。在国外,T 分超过 70 分,即属异常范围。

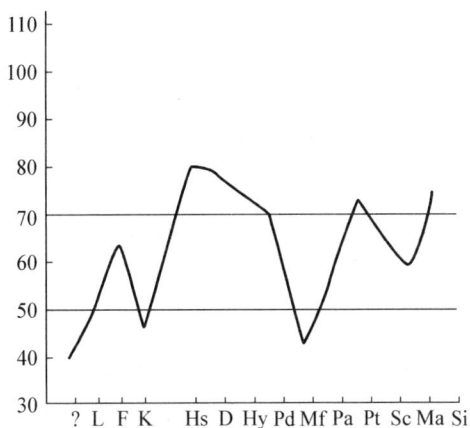

图 12-1　MMPI 剖面图示意

题目举例:

11. 我认为一个人应该去了解自己的梦,并从中得出预兆和启示。

30. 有时我真想骂街。

65. 我爱我的父亲。

566. 我喜欢电影里的爱情镜头。

美国 MMPI 标准化委员会对该问卷进行了重大的修订。1959 年,出版了《MMPI-2 施测与计分手册》。修改后的问卷常模样本人数代表性都比过去的好。其标准化样本是美国 18—90 岁的居民 2600 人(男 1138 名、女 1462 名)。这是按美国 1980 年的人口资料,根据居民的民族、地理分布、年龄、教育水平和婚姻状况分别取样的。MMPI-2 的内容量表见表 12-4。

表 12-4　MMPI-2 内容量表

ANX	焦虑	ASP	反社会行为
FRS	恐惧	TPA	A 型行为
OBS	强迫观念	LSE	自我估计低
DEP	抑郁	SOD	社会不适
HEA	关心健康	FAM	家庭问题
BIZ	怪异心理	WRK	工作干扰
ANG	发怒	TRT	负性处理
CYN	禁欲主义		

1991 年 10 月,MMPI 国际研讨会在中国广州举行,我国成立了以宋维真等人为首的全国协作组,开始对该问卷进行引进、研究,中国版的修订工作及常模制定工作于 1992 年基本完成。宋维真还通过对我国正常成人的测查,选出区分度较高的项目,组成了简短的 MMPI,共

第十二章　性格的测量

191

167题,称为心理健康测查表(Psychological Health Inventory,简称 PHI)。该量表适合我国情况,题目少,功能接近 MMPI,具有较高的信度和效度。

二、加州心理问卷

美国加州大学心理学教授高夫(H. G. Gough)设计了加州心理问卷(California Psychology Inventory,CPI)。该问卷有一半题目来自 MMPI,另一半反映正常青少年和成人的个性。CPI 与 MMPI 不同的是它更强调正常。

CPI 由 480 个"是否型"的题目组成,分成 18 个量表,可以个别施测,也可以团体施测。它适用于 13 岁以上的正常人。每个量表得到原始分数后可以转换成平均数为 50、标准差为 10 的标准 T 分数。

CPI 有男性的常模和女性的常模,除了测量被试的现在的个性特征外,还可以预测被试的未来的犯罪倾向、学业成绩和职业成就,等等。如果被试几乎所有的分数都超过平均标准分数线,则表明他可能在社交和智力两方面都发展得较好。此外,还要注意各组量表的相对高度。

CPI 的 18 个量表可以组合为四个量表群:

1. **第一量表群**

该量表群测验人际关系的适应能力,包括下列六个量表。

(1) 支配性(Do)[①]

支配性量表测量领导能力、支配性和主动性。

高分者,自信、有忍性及计划性、有攻击性倾向、有说服能力、有领导能力、有独立自主性。

低分者,缺乏自信、退缩、思维和行动迟缓、胆小、紧张、寡言。

(2) 上进心(Sc)

上进心量表测量个人争取达到某种社会地位的能力和技术的程度。

高分者,精力充沛、多才、具有活动性和洞察力。

低分者,守旧、迟钝、温和、内向、思维重形式。

(3) 社交性(Sy)

社交性量表测量个人参与社交和人际关系的程度。

高分者,善交际、冒险、竞争、独立思考、外向。

低分者,不善交际、服从、容易受别人的影响、内向。

(4) 自在性(Sp)

自在性量表测量在社交时的自在性、自尊性和自信的程度。

高分者,主动、敏捷、活泼、自我表现、富有想象力。

低分者,抑制、节制、优柔寡断、耐性、缺乏想象力。

(5) 自尊性(Sa)

自尊性量表测量自我价值、自我接纳和独立思考与行动的程度。

---

① 括号内是量表名称的略号。

高分者，自信、自我中心、理智、有攻击性。

低分者，自卑、保守、依赖、兴趣狭隘、有罪恶感。

（6）幸福感（Wb）

幸福感量表测量身心健康和自我满意的程度。

高分者，多才、在工作中取得价值和幸福、精力充沛、有野心。

低分者，多疑、自我防卫、思维和行动迟缓、无野心。

2. 第二量表群

该量表群测量社会化、成熟度、责任心和价值观，包括下列六个量表。

（7）责任心（Re）

责任心量表测量责任心和诚实的程度。

高分者，责任心强、诚实可靠、有高度的道德观念、有计划。

低分者，责任心差、情绪不稳定、无计划、有偏见、不信任他人。

（8）社会化（So）

社会化量表测量社会成熟程度和正直性程度。

高分者，适应社会、有责任心、正直、热心。

低分者，心理防卫、顽固、反抗、易怒。

（9）自制力（Sc）

自制力量表测量自我控制的程度。

高分者，自制力强、有耐性、正直、有良心。

低分者，自制力弱、冲动、性急、易怒、有攻击性。

（10）容忍性（To）

容忍性量表测量对人对己的宽容程度。

高分者，心胸宽广、对人宽容和接纳、兴趣广泛、富有研究精神。

低分者，心胸狭窄、多疑、冷淡、对别人不信任、被动。

（11）好印象（Gi）

好印象量表测量社会认可性和可靠程度。

高分者，善良、助人、喜社交、外向。

低分者，冷淡、多疑、易怒、内向。

（12）从众性（Cm）

从众性量表测量个人与一般人符合的程度。

高分者，节制、可靠、有耐性、见识广、判断力强。

低分者，易怒、多变、不稳定、神经质、富有想象力。

3. 第三量表群

该量表群测量成就能力和智力，包括下列三个量表。

（13）遵从成就（Ac）

遵从成就量表测量对成就关心或要求的程度。

高分者,勤劳、重视智力活动和成就、责任心、效率、耐性。

低分者,冷淡、对职业前途悲观、倔强。

(14) 独立成就(Ai)

独立成就量表测量对社会自主性及促进其成就的关心程度。

高分者,自主性、支配性、判断力强、社会成熟。

低分者,盲从、多疑、不安、抑制。

(15) 智力水平(Ie)

智力水平量表测量智力水平。

高分者,聪明、智慧、工作效率高。

低分者,思维呆板、多疑、心慌、工作效率低。

4. 第四量表群

该量表群测量个人的生活态度和倾向,包括下列三个量表。

(16) 共鸣性(Py)

共鸣性量表测量一个人对他人的需要、动机和兴趣的敏感程度。

高分者,观察力敏锐、自动、迅速、对规则和约束具有反抗心。

低分者,对他人态度冷漠、认真、多疑、稳重、谨慎、保守。

(17) 灵活性(Fx)

灵活性量表测量个人的变通能力。

高分者,洞察力、幽默感、反抗性、理想主义。

低分者,刻板化、优柔寡断、勤勉、多疑。

(18) 女性化(Fe)

女性化量表测量个人的女性化程度。

高分者,女性化、柔和、细致、耐性、尊重和宽容别人。

低分者,男性化、不安静、外向。

CPI 有三个量表,可同时作为效度量表:

如果好印象(Gi)分数过高,就可能是被试为了让别人对他有个好印象而装好。

如果幸福感(Wb)分数过低,就表示被试可能过分夸大他个人的担心,或完全作假。

如果从众性(Cm)分数在正常范围内,就表示被试测验认真,如果分数太低,就说明被试不认真。

1983 年,中国科学院心理研究所宋维真教授等人对 CPI 作了初步修订,并在北京地区试用,结果表明,该测验具有一定的信度和效度,但其中一部分问题不适合中国,需作全面修订,制定中国人的常模。中国版的 CPI 修订本由 230 个测题组成,一般可在 45 分钟内完成,称为《青年性格问卷》。

在国外,1964、1975、1987 和 1996 年都有人对 CPI 作了较大修订。

1996 年,高夫和布雷德利(Bradley)将项目减至 434 个,分为 20 个分量表。我国的杨坚博士和龚耀先教授也对它进行了修订。

CPI 的因素分析,有五个方面。

因素一,最大的因素,驾驭冲动和社会化,Sc(自控能力)负荷最高(0.93)。

因素二,人际关系的有效性(有的心理学家称之为外向性),Do(支配性)、Cs(进取能力)、Sy(社交性)、Sp(社交风度)和 Sa(自我接受)负荷都较高。

因素三,适当的机变性,Ai(由独立而取得成就)和 Fx(机变性)负荷高。

因素四,传统价值观念内在化,有时称超我强度(super-ego strength),Cm(从众性)和 So(社会化)负荷高。

因素五,女人气,Fe(女人性)高分。(龚耀先等,2003)

CPT 中文修订版中关于人格类型有如下解释:

以 V.1(外向—内向)为横轴,V.2(规范问题—规范遵从)为纵轴,划出四种基本人格类型:Alpha 型(外向规范取向型),V.1 低,V.2 高;Beta 型(内向规范取向型),V.1 高,V.2 也高;Gamma 型(外向规范问题型),V.1 低,V.2 也低;Delta 型(内向规范问题型),V.1 高,V.2 低。

每种基本类型又可根据 V.3(自我实现或个人整合)划分为七个自我水平。

三、卡特尔 16 种个性因素问卷

美国伊利诺斯大学个性和能力测验研究所卡特尔教授(R. B. Cattell)采用系统观察法、科学实验法以及因素分析统计法确定了 16 种人格根源特质。据此,他编制了 16 种个性因素问卷(Sixteen Personality Factor Questionnaire, 16PF)。16PF 被认为是最典型的因素分析个性问卷。

16PF 适用于 16 岁以上的青年和成人,它有 A、B、C、D、E 五种复本。A、B 为齐全本,每卷各有 187 题。C、D 为缩减本,每卷各有 106 题。E 是专为文化较低的被试编制的实验试本,有128 题。16PF 在法、意、德、日等国已有修订本。

16 种个性因素各自独立,每一种因素与其他各因素的相关度极小。每一种因素的测量能认识被试的某一方面的人格特征,整个问卷能对被试的 16 种个性因素综合了解,从而全面地评价被试的个性。

刘永和和梅吉瑞(G. M. Meredith)将原测验的 A、B 两种合并,在 1970 年发表中文修订本(187 题,每个特质包括 10—13 题),并在港台地区测验中国学生 2000 人,作出常模。

李绍衣等 1981 年在刘、梅两氏修订本的基础上,再进行修订(戴忠恒和祝蓓里在 1988 年也进行了修订)。

16PF 的每一个题目都有三个供选择用的答案,这就可以使被试能有折中的选择,避免"二选一"不得不勉强作答的缺点。16PF 可以个别测验,也可团体测验。有高中以上阅读能力者应在 45—60 分钟内完成。统计考验证明:16PF 确实具有信度、效度较高,编制比较科学,施测比较简便等优点。

16PF 不仅能明确描绘出一个人的 16 种个性特质,而且还可以推算出许多描绘个性的双重因素。主要的双重个性因素类型如下:

(1) 适应—焦虑

公式:$(38 + 2L + 3O + 4Q_4 - 2C - 2H - 2Q_3) \div 10$

公式中的英文字母代表有关量表的标准分数(下同)。

(2) 内向—外向

公式：$(2A+3E+4F+5H-2Q_2-11)\div 10$

(3) 感情用事—安详机警

公式：$(77+2C+2E+2F+2N-4A-6I-2M)\div 10$

(4) 怯懦—果断

公式：$(4E+3M+4Q_1+4Q_2-3A-2G)\div 10$

主要的双重个性因素的高分者、低分者性格特征见表12-5。

表12-5　主要双重个性因素类型的高分者、低分者的性格特征

双重个性因素类型	高分者特征	低分者特征
适应—焦虑	容易激动、焦虑	心满意足、生活适应顺利
内向—外向	善于交际、不拘小节、不受拘束	羞怯、审慎、与人相处拘谨不自然
感情用事—安详机警	刚毅、安详警觉、有进取精神、忽视生活情趣	感情用事、情绪困扰不安、对问题反复思考才能决定、含蓄、讲究生活艺术
怯懦—果断	独立、果断、有气魄、锋芒毕露、主动寻找机会表现创造性	依赖、人云亦云、优柔寡断、迁就别人

卡特尔等人除推算出上述双重因素的公式外，还确定了用于心理咨询和升学就业的公式。主要有下列几种：

1. 心理健康者的个性特质

情绪稳定(高C)、轻松兴奋(高F)、自信心强(低O)和心平气和(低Q_4)被认为是心理健康者的主要因素。

公式：$C+F+(11-O)+(11-Q_4)$

一般认为，担任艰巨工作的人应该具有较高的心理健康标准分。心理健康者标准分通常在0—40之间，均值为22分，低于12分者情绪不稳定。

2. 创造力强者的个性特质

缄默孤独(低A)、聪慧、富有才识(高B)、好强固执(高E)、严肃审慎(低F)、冒险敢为(高H)、敏感、感情用事(高I)、幻想、狂放不羁(高M)、坦白直率(低N)、自由、批评、激进(高Q_1)、当机立断(高Q_2)被认为是较高创造力的人的主要因素。

公式：$(11-A)\times 2+2B+E+(11-F)\times 2+H+2I+M+(11-N)+Q_1+2Q_2$

由此公式得到的因素总分，用下面的表换算成相应的标准分。标准分越高，创造力越强。一般标准分在7分以上者，属创造力强的范围(见表12-6)。

表12-6　因素总分与相当的标准分

因素总分	相当标准分	因素总分	相当标准分
15—62	1	68—72	3
63—67	2	73—77	4

个性心理学(第四版)

因素总分	相当标准分	因素总分	相当标准分
78—82	5	93—97	8
83—87	6	98—102	9
88—92	7	103—150	10

卡特尔 16 种个性因素问卷的题目举例(1981 年辽宁修订本):

2. 我对本测验的每一个问题,都能做到诚实地回答:A. 是的;B. 不一定;C. 不同意。

9. 当我见到亲友或邻居争吵时,我总是:A. 任其自己解决;B. 介于 A、C 之间;C. 予以劝解。

18. 半夜醒来,我常常为了种种惴惴不安而不能入睡:A. 常常如此;B. 有时如此;C. 极少如此。

除 16PF 外,卡特尔等人还设计了三个用于中学生、小学生、学前儿童的个性问卷和一些单一分数的问卷(如焦虑量表、抑制量表和神经症量表)。这三个儿童问卷是:(1)学前儿童个性问卷(PSPQ),适用于 4—6 岁的儿童;(2)学龄初期儿童个性问卷(ESPQ),适用于 6—8 岁的儿童;(3)儿童个性问卷(CPQ),适用于 8—14 岁的儿童。

CPQ 由波特(R. Porter)和卡特尔等编制,它由 140 个测题所构成,用来测量表现在儿童身上的 14 种主要个性因素(见表 12-7),每一个性因素都由 10 个测题来测量。

表 12-7　儿童 14 种主要的个性因素

因素	A	B	C	D	E	F	G	H	I	J	N	O	Q_3	Q_4
特质名称	乐群性	智慧性	稳定性	兴奋性	好强性	乐观性	有恒性	敢为性	敏感性	充沛性	世故性	忧虑性	控制性	紧张性

CPQ1987 年曾由李绍衣等修订,经各地使用,证明其信度和效度较高。1988 年祝蓓里和卢寄萍等在全国六大区 12 个省市取样 2302 人,修订了 8—11 岁儿童(男、女)和 12—14 岁少年(男、女)的四个常模,同时进行了效度和信度的检验。

CPQ 测验题举例(华东师范大学 1989 年修订本):

1. 你愿意自己玩,还是愿意和朋友一起玩?

A. 自己玩　　　　　　　　　　B. 和朋友一起玩

10. 你在班里经常是安安静静的,还是想说什么就说什么?

A. 安安静静的　　　　　　　　B. 想说什么就说什么

32. 你觉得你家大人都很理解你吗?

A. 很理解我　　　　　　　　　B. 很不理解我

四、艾森克个性问卷

艾森克个性问卷(Eysenck Personality Questionnaire，EPQ)是由英国心理学家艾森克(H. J. Eysenck)等人所编制的个性问卷。相对于其他因素分析的个性问卷而言，它所涉及的概念较少，有成人问卷和少年问卷两种，分别调查 16 岁以上成人和 7—15 岁儿童，各包含 100 个左右的题目。每种问卷都包括四种量表：精神质量表(P)、外内向量表(E)、情绪稳定性量表(N)和效度量表(L)。三个维度是彼此独立的。量表采取是非题的形式，被试回答与规定的答案相符合者记 1 分，否则记 0 分。

该问卷 P 分高表示被试倔强固执、粗暴强横和铁石心肠的特点，P 分低表示被试具有温柔心肠的特点；E 分高表示外向，E 分低表示内向；N 分高表示情绪不稳定，N 分低表示情绪稳定；L 分高表示回答中有虚假或掩饰。研究表明：P 量表的稳定度不及 E 和 N 量表。艾森克认为，由于 P 量表是较晚发展起来的，所以还不够成熟。

EPQ 在我国有多种修订本，北方地区有陈仲庚等人的修订本，南方地区有龚耀先等人的修订本，都有较高的信度和效度。

陈仲庚等对被试 643 人(男 368 人，女 275 人)进行测试[①]。被试文化程度中等，职业以文教界者居多，年龄 25—35 岁者最多。求得内部稳定性有高达 0.68 的相关，用两次测试分数所求得的相关达 0.92，表明其信度相当高(见表 12-8 和表 12-9)。

表 12-8　内部稳定性

	P	E	N	L
男 ($N=20$)	0.57	0.67	0.68	0.43
女 ($N=20$)	0.66	0.63	0.77	0.34

表 12-9　测试——再测试可靠性

	P	E	N	L
男 ($N=18$)	0.67	0.87	0.92	0.80
女 ($N=17$)	0.70	0.92	0.88	0.69

修订后，整个问卷有 85 题，其中，P 量表 20 题，E 量表 21 题，N 量表 24 题，L 量表 20 题。

在龚耀先主持下，全国 13 个省市的 28 个单位协作修订了艾森克个性问卷。取样 2000 人，其中成人和儿童各 1000 人。成人格式：P 量表 23 题，E 量表 21 题，N 量表 24 题，L 量表 20 题。青少年格式：P 量表 18 题，E 量表 25 题，N 量表 23 题，L 量表 22 题。经过修订后的量表在小学生中相隔两个月的再测，信度为 0.58—0.67；中学生相隔一学期的再测，信度为 0.62—0.86。

龚耀先等研究表明：各量表分存在着性别差异。在成人组中，P 分和 E 分，男性被试高于女性被试；N 分和 L 分，女性被试高于男性被试。在幼年组中情况相同。他的研究还表明：成人组和幼年组的总平均分也有差异。一般地说，在男性被试中 P 分和 N 分是成人被试高于幼

---

① 陈仲庚等：《艾森克人格问卷的条目分析》，《心理学报》，1983 年第 2 期。

年被试;E 分是幼年被试高于成人被试;L 分则两组几乎相等。在女性被试中,除 L 分是幼年被试高于成人被试外,其余都和男性被试相同。

艾森克个性问卷(成人)题目举例(陈仲庚等修订本):

1. 你是否有广泛的爱好? ·· 是 否
10. 当你看到小孩(或动物)受折磨时是否感到难受? ········ 是 否
35. 在结识新朋友时,你通常是主动的吗? ···················· 是 否
85. 你是一个爱交往的人吗? ·································· 是 否

艾森克个性问卷(少年)题目举例(陈仲庚等修订):

1. 你喜欢在你的周围有许多热闹的事吗? ···················· 是 否
25. 你能使一个联欢会开得很好吗? ···························· 是 否
43. 在课堂上,你总是安静的吗?(甚至老师不在教室时也是这样) ······· 是 否
64. 你是不是有时感到特别高兴,而在其他时间里又无缘无故地觉得难过?
·· 是 否

王晓钧对 103 名大学生的 EPQ、MMPI、CPI、16PF 的测验成绩进行了因素分析研究。[1]他的研究表明,四种个性量表所涵盖的 46 个主要变量中可提取出 15 个共同因素。四种个性量表以 16PF 对 15 种共同因素贡献最大,MMPI、CPI 次之,EPQ 较小;在独立性方面,16PF、MMPI 独立性最好,EPQ 次之,CPI 较差;而在和 15 个共同因素一致性方面,EPQ 最好,16PF 次之,CPI 和 MMPI 较差(见表 12 - 10)。

表 12 - 10 四种个性量表对共同因素的贡献率(%)

共同因素	EPQ	MMPI	CPI	16PF
1. 内外向	8.333	16.667	41.667	33.333
2. 责任感	12.500	0	87.500	0
3. 疑虑感	0	0	100.000	0
4. 抑郁感	0	100.000	0	0
5. 现实性	0	0	33.333	66.667
6. 独立性	0	0	0	100.000
7. 传统性	0	0	50.000	50.000
8. 聪慧性	0	0	0	100.000
9. 世故性	0	0	0	100.000
10. 狭隘性	0	100.000	0	0
11. 主动性	0	100.000	0	0
12. 敏感性	0	0	0	100.000
13. 自律性	0	0	0	100.000
14. 创新性	0	0	0	100.000
15. 情绪性	25.000	0	0	75.000

---

[1] 王晓钧:《四种人格量表的因素分析研究》,《心理科学》,1991 年第 3 期。

五、五因素模型的测量

（一）NEO 人格量表

卡斯塔和麦克雷于 1980 年代初开始编制用于测量三大个性维度——神经质、外倾性和开放性的 NEO 人格量表（1985 年发表）。1992 年，发表了修订后的 NEO 人格量表（NEO PI-R，NEO Personality Inventory-Revised），该量表加入了宜人性和责任感，从而包括了五个维度，每一维度下包括六个方面的具体内容。于是，可以依据每个因素的六个具体层面对每一个大五维度进行测量。下表是界定每一因素的六个层面、一个与自我评定有高相关的形容词（来自形容词测查表），以及高分者和低分者的特征（见表 12-11）。

表 12-11　NEO PI-R 层面

	大五维度	层面（相关的特质形容词）	高分者的特征	低分者的特征
E	外倾性对内倾性	乐群（善交际的） 自信（坚强的） 活跃（精力旺盛的） 寻求兴奋（爱冒险的） 正向情绪（热心的） 热情（开朗的）	好社交、活跃、健谈、乐群、乐观、好玩乐、重感情	谨慎、冷静、无精打采、冷淡、乐于做事、退让、少话
A	宜人性对敌对性	信任（宽大的） 坦率（不请求的） 利他（温暖的） 顺从（不顽固的） 谦逊（不炫耀的） 温柔（有同情心的）	心肠软、脾气好、信任人、宽宏大量、易轻信、直率	愤世嫉俗、粗鲁、多疑、不合作、报复心重、残忍、易怒、好操纵别人
C	责任感对散漫性	能力（有效率的） 条理性（有组织的） 责任心（不粗心的） 上进心（精益求精的） 自律（不懒惰的） 沉着（不冲动的）	有条理、可靠、勤奋、自律、准时、细心、整洁、有抱负、有毅力	无目标、不可靠、懒惰、粗心、松懈、不检点、意志弱、享乐
N	神经质对情绪稳定性	焦虑（紧张的） 愤怒敌意（易激怒的） 抑郁（不满足的） 自我意识（害羞的） 冲动（情绪化的） 脆弱（不自信的）	烦恼、紧张、情绪化、不安全、不准确、忧郁	平静、放松、不情绪化、果敢安全、自我陶醉
O	经验开放性对封闭性	观点（好奇的） 幻想（想象力丰富的） 审美（艺术的） 行动（兴趣广泛的） 情感（易兴奋的） 价值（非传统的）	好奇、兴趣广泛、有创造力、有创新性、富于想象、非传统的	习俗化、讲实际、兴趣少、无艺术性、非分析性

该量表共有 240 个题项，其中有 106 个题项是反向记分，每个特质量表均为八个题项，采用五级评分。研究表明该量表具有显著的内部一致性、时间稳定性，以及较高的效度（Costa & McCrae，1992），而且，30 个层面的量表因素结构在许多语言和文化中都非常接近（McCrae & Costa，1997）。

但对许多研究来说，240个题项稍显冗长，于是，卡斯塔和麦克雷（Casta & McCrae，1992）在对1985年版本的NEO人格量表进行因素分析的基础上得出了一套60个题项的NEO-FFI简版。NEO-FFI简版的五个分量表各包括12个题项，每个分量表包括了因素分析中负荷最高的项目。操作手册中报告的信度较高（Costa & McCrae，1992），而且与NEO PI－R有显著相关。

一般来说，NEO问卷是问卷传统中效度最好的大五测量工具，是西方国家使用最为广泛的个性评定量表之一，已被用于个性的测量和研究、临床心理学、工业与管理心理学等许多领域。目前已经有德国、葡萄牙、中国、韩国、日本、以色列等国的翻译本。

题目举例：

1. 迫切的	5	4	3	2	1	冷静的
2. 群居的	5	4	3	2	1	独处的
3. 善幻觉的	5	4	3	2	1	现实的
4. 礼貌的	5	4	3	2	1	无礼貌的
5. 整洁的	5	4	3	2	1	混乱的

......

21. 容易分心的	5	4	3	2	1	集中注意的
22. 保守的	5	4	3	2	1	开放的
23. 适宜折中的	5	4	3	2	1	分清是非的
24. 信任的	5	4	3	2	1	怀疑的
25. 遵守时间的	5	4	3	2	1	拖拉的

......

该量表具有跨时间的稳定性和跨文化的一致性。它的出版提高了人格心理学研究的进程。有些研究者称之为"心理学中静悄悄的革命"，把这个模型作为人格心理学研究的标准。

（二）大五量表

在五因素模型的测量方面，除了卡斯塔和麦克雷的NEO个性量表（NEO PI－R，1992）和NEO-FFI简版（1992）之外，较为常用的量表还有约翰、多纳休和肯特尔（John，Donahue & Kentle，1991）发表的大五量表（Big Five Inventory，简称BFI）。该量表有44个题项，施测仅需5分钟，效率较高。其特征是用短语来测量大五的核心特征，如外倾性维度的题项有"开朗、善社交"，宜人性维度的题项有"是乐于助人和不自私的"，开放性维度的题项有"是放松的，能很好地应付压力"等。BFI量表的每个分量表都只有8—10个题项，信效度都较高。

BFI的题目举例：

我认为我……

1. 是健谈的

5. 是独创性的，不断地有新想法

40. 喜欢反省，与观念打交道

44. 擅长艺术、音乐或文学

六、中国人人格量表

王登峰教授等,在我国各地抽取大量样本,经过长期研究,得出 7 个分量表,用于人格测评。全量表 180 题,具有良好的信度和效度,还编制了简版量表(见表 12 - 12)。

表 12 - 12　中国人格量表的分量表

编号	名称	内容
1	外向性	活跃、合群、乐观
2	善良	利他、诚信、重感情
3	行事风格	严谨、自制、沉稳
4	才干	决断、坚韧、机敏
5	情绪性	耐性、爽直
6	人际关系	宽和、热情
7	处世态度	自信、淡泊

七、YG 性格测验

《YG 性格测验》日文原文为《YG 性格检查》。"Y"是日本心理学家矢田部达郎姓氏读音"YATABUTATSROU"的第一个字母,"G"是美国心理学家吉尔福特(Guilford)姓氏的第一个字母。

吉尔福特用因素分析方法在 1940 年代编制了三个个性量表:吉尔福特个性调查表、吉尔福特—马丁个性调查表、吉尔福特—马丁人事调查表,用来测量社会内向性、思维内向性、抑郁性、循环性、乐天性、一般活动性、支配—服从、男性—女性、自卑感、神经质、客观性、攻击性、合作性等 13 个个性特征。1950 年代,吉尔福特又在此基础上和齐默尔曼(W. S. Zimmerman)合编了气质量表,用来测量 10 个个性特质。

日本原京都大学教授矢田部达郎首先研究了吉尔福特的个性量表,后来(1957 年)他又与日本关西大学教授迁冈美延和京都大学名誉教授园原太郎一起,以吉尔福特的个性量表为基础,创造性地编制了适合日本国情的"YG 性格测验"。1960 年他们又发表了适合儿童(小学二—六年级)的版本。YG 性格测验已成为日本广泛使用的一种性格问卷测验。

我们从 1983 年开始对 YG 性格测验进行研究和修订。全国取样 4000 多人,被试来自六大区,文化程度以高中以上为多。被试除汉族外,还包括我国多种少数民族。修订后的测验已广泛地运用于科研、青少年心理咨询、就业指导、人才选拔和培训、公安司法等方面。

YG 性格测验是问卷式量表,包括 12 个分量表,120 个问题。每个分量表(含 10 个问题)用以测量 1 种特质。12 种特质的高分者和低分者的行为特征见表 12 - 13。

表 12 - 13　12 种特质的高分和低分的含义

特质	高　分	低　分
抑郁性 D	忧郁、悲观、有罪恶感、对什么都不感兴趣、常常感到疲劳、无精神	乐观、满足、感到充实、什么也不担心、有精神
循环性 C	情绪变化明显、易惊慌气量小、常把小事放心上、经常担心	心情平静安定、不担心事

特质	高 分	低 分
自卑感 I	缺乏自信、过低评价自己、不适应感强烈、畏首畏尾、优柔寡断	充满自信、心情开朗、积极
神经质 N	常担心事、神经过敏、易不满、焦躁	不担心事、开朗、乐观、爽快
主观性 O	爱幻想、过敏、主观不能冷静、客观地判断事物	现实主义、冷静、客观地判断事物、乐观、安定、充实、稳健
非合作性 Co	牢骚多、不信任别人、不适应社会环境	设法与别人合作、善于人合作、有时对此过于费心机
攻击性 Ag	攻击性强、具有社会活动性	有自卑感、无斗争性、处世采取保守态度
一般活动性 G	活泼、喜欢身体活动、动作敏捷、干事爽快效率高、乐观、和他人关系好、能干	认为自己无能、工作效率低、比较忧郁、行动不活泼
乐天性 R	开朗、活泼、快乐、冲动、随便、粗心大意	过于慎重、优柔寡断、不易下决心、不开朗、稳重
思维外向性 T	不爱沉思默想、无忧无虑、漫不经心、乐观、随和、爱交际、思维深度不够	常把小事放在心上、悲观、爱思考、行动不活泼
支配性 A	具有社会指导性、能领导他人、自信	不想指导别人、缺乏自信、爱沉思
社会外向性 S	外向、喜欢社会交往、社交活动多	不爱交际、喜欢独处、缺乏自信心

YG 性格测验除测量特质外,还可以评定性格类型,它将性格类型划分为五大类 15 种(见表 12 - 14)。五大类典型性类型的一般特征见表 12 - 15。

表 12 - 14　15 种性格类型的记号

类型	A 类	B 类	C 类	D 类	E 类
典型	A	B	C	D	E
次典型	A′	B′	C′	D′	E′
亚型(混合型)	A″	AB	AC	AD	AE

表 12 - 15　五类性格类型(典型)的一般特征

类型	情绪稳定性	社会适应性	向性	一般特征
A	一般	一般	一般	不引人注意的平均型。主导性弱。在智力低的情况下,往往表现为平凡,没有精力
B	不稳定	不适应	外向	不稳定积极的类型。在人际关系方面易产生问题,在智力低的情况下特别如此
C	稳定	适应	内向	稳定消极型。平稳、被动。如果是领导者,则表现为对别人缺乏吸引力
D	稳定	适应或一般	外向	稳定积极型。人际关系方面较少产生问题,行动积极,有领导者的性格
E	不稳定	不适应或一般	内向	不稳定消极型。退缩、消极、孤独,但不少人充满着内在的修养和高雅兴趣

测验时采用"强制速度法"以保持测验的信度和效度。规定智力较高的成年人在15分钟内完成,中学生在20分钟内完成(主试的解说和被试的练习时间除外)。

YG性格测验在日本应用极为广泛,在我国近年来有不少地方都进行了YG性格测验的应用研究。我们对华东师范大学87—90级本科全体新生约5000人进行心理素质测量时,使用了YG性格量表。结果表明,理想的性格类型D型较多(占51.6％和42.1％)。性格类型与心理健康水平有非常密切的关系,D型中心理健康者远多于其他类型。

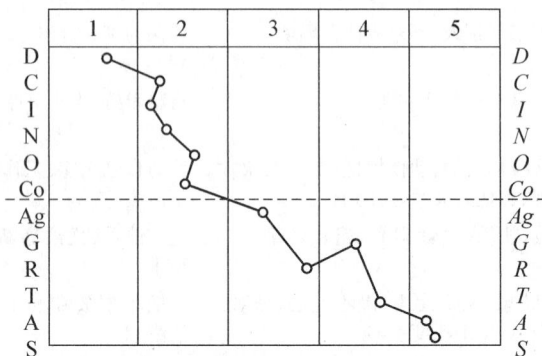

图 12-2　简化后的 YG 性格测验剖面图

当前,国际上所广泛流行的个性测验都是根据特质论编制的,虽然可以对各种特质进行测量,但是缺乏对个性从整体上进行概括和评定。YG性格测验兼顾了类型论和特质论二者的优点,突破了它们各自的局限。YG性格测验日本原量表的信度是比较高的,其各分量表的内在一致性系数为0.70—0.92,再测信度为0.56—0.82。使用的实际情况表明,它的效度也是较高的。我们修订的量表,其信效度仍是较高的。YG性格测验的题目数量比较适中,但它也存在一般问卷法的缺点,如由于被试的自我防卫或其他原因而造成的虚假,等等。

YG性格测验题目举例:

2. 在人群中总是退缩在后面吗 ……………………………………………… 是　否

11. 情绪经常流露在脸上吗 …………………………………………………… 是　否

60. 经常担心事而忧虑吗 ……………………………………………………… 是　否

110. 怕在人前说话吗 …………………………………………………………… 是　否

八、内向—外向测验

内外向被认为是气质的主要维度,由于它的内容简单,施测方便,已广泛地应用到生活的多个方面。在众多的量表中,如EPQ和MMPI等量表中也都包含有内外向分量表。

孔克勤教授等人修订了日本学者淡路的向性测验,下面是修订后的问题举例:

题目举例:

5. 遇事经常认为与其反复思考还不如赶快行动吗 …………………… (是)? 否

6. 常常感到心情忧郁吗 ………………………………………………… (是)? 否

7. 这在遭到失败以后就不再尝试了吗? ······	(是)? 否
8. 经常总是无忧无虑的吗 ······	(是)? 否
31. 常有不满情绪吗 ······	(是)? 否
32. 经常分析和评价自己吗 ······	(是)? 否
33. 爱评论别人吗 ······	(是)? 否
34. 常把自己的事情托付给别人吗 ······	(是)? 否
35. 不愿意听人的命令吗 ······	(是)? 否
36. 能领导别人吗 ······	(是)? 否
37. 能坦率地听取别人意见吗 ······	(是)? 否
38. 一清闲下来就感到闷得慌吗 ······	(是)? 否

在测验时,要求被试根据自己的实际情况,对每一个问题进行回答。如果自己的实际情况与问题相符合,就在"是"上找一个"〇";如果不符合,就在"否"上划一个"〇";如果不能确定"是"或"否",就在"?"上找一个"〇"。从题目中可以看出,凡带括号的代表外向,无括号的代表内向。例如,第38题,"一清闲下来就感到闷得慌吗",如果被试选择"是",属外向;如果选择"否",属内向。记分时,括号上划"〇"的记1分;"?"上划"〇"的记0.5分。将分数相加,除以25,乘以100,即被试的向性商数。

评分公式如下:

$$向性商数 = \frac{外向性反应总数 + \frac{1}{2} \times 不能确定的总数}{25} \times 100$$

一般以向性商数100为中心,被试得分在100以上,可以认为外向性占优势;得分在100以下,可以认为内向性占优势。

对部分青年进行测试研究,结果如表12-16。

表 12-16 不同性别中青年的向性商数

类　型	男	女
外向Ⅱ型	143 以上	136 以上
外向Ⅰ型	122—142	115—135
中间型	100—121	95—114
内向Ⅰ型	78—99	75—94
内向Ⅱ型	77 以下	74 以下

第二节　投　射　法

虽然在1921年,一种经典的投射测验(罗夏墨渍测验)已经开始使用,但尚未引起人们的足够重视。投射技术(projective technique)这个名词首先是弗兰克(L. K. Frank)在1939年明确提出的。他明确地表述了投射技术的重要性:投射技术能够唤醒被试的内心世界或个性的不同表现形式,从而在反应中"投射"出这种内在的需要和状态。

投射技术主要有三个特点:(1)使用含糊、模棱两可的刺激材料;(2)测验目的的掩蔽性;(3)注重个性整体的测量。

主要的投射测验有罗夏墨渍测验和主题统觉测验。

一、罗夏墨渍测验

罗夏墨渍测验(Rorschach Ink-Blot Test)为瑞士精神科医生罗夏(H. Rorshach)所创。他在 1921 年出版的《心理诊断学》一书中提出,精神病人在知觉上有特殊性,如果用主题清楚的刺激来研究,则可能不易发现他们的知觉特点。应该采用无主题、无结构的墨渍图。该图的制作过程是:先在一张纸中间滴上墨汁,然后将纸对折,用力压下,墨汁便四面八方流动,形成对称的但图形不定的图形。罗夏发现不同类型的精神病人,对墨渍图的反应是不同的。然后,他将这些反应与正常人、艺术家、低能者等人的反应作比较,从成千张图片中,选定 10 张作为测验材料,并确定记分方法和解释反应的原则等。

罗夏测验是 1921 年正式发表的。罗夏编制该测验虽源于精神分析的思想,但在解释测验的结果时却有着浓厚的经验主义的色彩。该测验原来是一种临床测验,现在已发展成为一种重要的个性测验。

(一)测验的内容和方法

罗夏所制成的瑞士版图版由 10 张图片构成,10 张图片都是没有意义与内容的墨迹,其中五张(1、4、5、6、7)为黑白的,三张(8、9、10)为彩色的,两张(2、3)除黑色外,还加有鲜明的红色。图 12-3 是其中的两张图片。

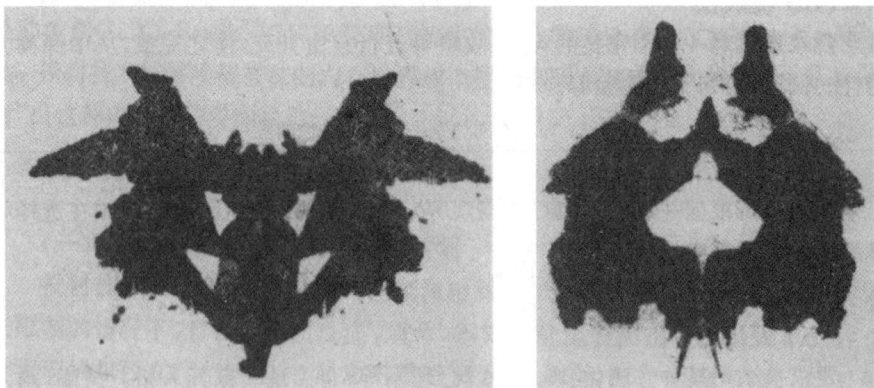

图 12-3 罗夏墨渍测验(图版Ⅰ、Ⅱ)

测验要个别进行,不能集体测试。测验应该在安静、光线充足、温度适合的房间内,由一位经过严格训练的主试对一位被试进行,并且要求被试充分合作。主试按既定的顺序,逐一出示图片。主试问被试"你看到什么?"、"这像什么东西?"、"这使你想到什么?"等等。主试可以转动图片,让被试从不同的角度观看(不受时间的限制),然后要求被试根据自己想象的内容,自由地描述。如果被试不愿作答,主试应该尽量鼓励他,实在不能回答时再换一张图片。主试要把被试的全部反应都详细地记录下来,逐字逐句地记下被试所讲的话,记下每张图片出现到第一次反应所需的时间、反应较长停顿的时间、对每张图片反应所需要的时间,以及被试的附带动作和其他重要行为,等等。主试将被试的回答标记在记录纸上,标明回答所指的部分。

(二) 记分方法和测验结果的解释

罗夏测验一般从四个方面记分,每一个方面都有规定的符号和它们可能代表的意义。

1. 反应的部位

被试对墨渍图的反应着重什么部位? 是全体、部分、小部分、细节或空白? 它可分为:

W(整体反应) 被试对墨渍的全部或几乎全部进行反应。W 分数过高可能提示被试思维有过分概括的倾向,或愿望过高。W 分数过低或没有,表示被试缺乏综合能力。

D(普通大部分反应) 被试对被墨渍图的空白、浓淡或色彩所隔开来的大部分进行反应。有较多数量 D 答案的被试,可能表示此人有良好的常识。

d(普通小部分反应) 被试对墨渍图的空白、浓淡或色彩所隔开来的部分进行反应。

Dd(异常部分反应) 被试对墨渍的极小的或不同一般方式分割的一部分进行反应。Dd 分数高的被试,可能提示刻板或不依习俗的思维。

S(空白部分反应) 被试将墨迹部分作为背景,将空白部分作为对象,对白色空间进行反应。

2. 反应的决定因素

被试进行反应的决定因素是什么? 是墨渍的形状,还是颜色? 把图形看成静的还是动的? 一般应注意下列四个因素:

(1) F(形状) 知觉由形状或者形式决定。根据形状的相似程度可以分为 F^+、F、F^-。F^+ 指被试的反应与墨迹形状甚为接近,通常为被试具有现实性思维;F^- 则相反,极差的外形相似性,可能意味着被试思维过程的混乱。

(2) M(运动) 被试在墨迹中看到人或动物在运动。M 多表示情感丰富,M 少可能意味着人际关系差,M 也是内向性的符号。

(3) C(彩色反应) 被试的反应由墨渍的色彩决定。C 分高表示外向,情绪不稳定。

(4) K(阴影反应) 被试的反应决定于墨渍的阴影部分。可被认为是焦虑的指标。

3. 反应的内容

被试把墨渍看成什么。罗夏墨渍测验的反应内容如表 12 - 17 所示。

4. 反应的普遍性

被试的反应与一般人的反应相同,还是不相同? 一般分为两种:普遍反应(P)表示多数人共有的反应,独特反应(O)表示比较特殊的反应。作出特殊反应的被试,可能基于创造性联想,也可能是病态思想的象征。只有经验丰富的主试才能作出正确的区分。

罗夏墨渍测验的评分和解释是很困难的,极为费时费力,只有训练有素、具有丰富经验的人才能掌握这种方法。对罗夏墨渍测验结果还必须从多方面作综合的解释,不能单凭任何一个结果的情况来判断一个人的人格。

表 12-17　罗夏墨渍测验反应的内容[1]

记号	意义	记号	意义	记号	意义
H	人	Ad	动物的部分	Map	地图
(H)	非现实的人	(Ad)	非现实动物的部分	Lds	风景
Hd	人的部分	Aobj	动物制品	Art	艺术
(Hd)	非现实人的部分	A. At	动物解剖	Abst	抽象
At	人的解剖	Pi	植物	Bl	血液
Sex	性	Na	自然	Cl	云、烟
A	动物	Obj	物体	Fire	火
(A)	非现实的动物	Arch	建筑物	Expi	爆发

实例　Ⅰ：[2]被试对图版Ⅱ的反应。

当主试出示该图版后，被试回答：有两只熊，熊掌贴着熊掌，好像在拍掌玩；或者，也可能在打架，红色（原版图上有几块红色）是打架流出的血。

计分：DFM，CAP

位置：D＝大部分

决定的因素：FM＝在动的动物

　　　　　　　C＝红色，表示血

内容：A＝动物

反应的普遍性：P＝普遍反应（看到两只熊，这是对该卡片的普遍反应）

解释：被试一开始的反应即为"动物"，提出看到两只熊，这是一个普遍反应。指出熊在玩拍掌，表示被试的嬉戏和幼稚的行为。接着是敌意的反应，把对颜色的反应与血联系起来，显示他可能不易克制对环境的反应。他是否用嬉戏、幼稚的外表来掩饰敌意和破坏的感觉？而这种感觉可能会影响他对环境的处理。

（三）墨渍测验的发展和评价

罗夏墨渍测验发表后，很多人认为是一大创举，该测验被译成多种文字。可以认为，1940至1960年代是墨渍测验的黄金时代。该测验主要应用在精神医学的临床诊断，也可以用于人格研究和跨文化研究。有人认为，这种测验在研究潜意识上特别有效。但是，这种测验记分困难，对结果的解释常常带有主观性，信度和效度的研究也很少。另外，测验本身的效度与测验者解释分数的效度难以分清。

早期的墨渍测验只运用于成人，现在儿童和青少年的资料也有人建立起来了。爱姆斯（Ames）等人在1971年已经建立了2—10岁儿童的常模和10—16岁青年的常模，别洛斯基（Piotrowski）等人用电子计算机来解释罗夏墨渍测验的结果，团体的墨渍测验也开展起来了。

---

[1] 凌文辁、滨治世编著：《心理测验法》，科学出版社1988年版，第189页。

[2] 实例出处：Personality：Theory，Assessment and Research. 转引自：宋维真、张瑶主编：《心理测验》，科学出版社1987年版，第247—249页。

二、主题统觉测验

主题统觉测验（Thematic Apperception Test，TAT）是由心理学家默里构思并与摩尔根（C. D. Morgan）等人共同编制的一种著名的投射测验。该测验于1935年编成,现在常用的第三版不仅在内容上有所改动,而且图片的尺寸也比首版放大了一倍。

罗夏墨渍测验和主题统觉测验是国际上两种最著名的投射测验。它们虽同属投射测验,但开始的方向是不同的。TAT是在美国发展起来的,最初是为了研究正常的人,以后才用于临床。TAT在投射测验中的地位仅次于罗夏墨渍测验。它与韦氏成人智力量表、罗夏测验一起,被认为是三种基本成套测验。

TAT的理论基础是默里的"需要—压力"理论。测验时以被试想象出来的故事为中介,对进入被试生活中的主题作出推测,从而了解潜伏于动力学中的个性的"需要"和"压力"。默里对个性研究的贡献得到了很高的评价。贝拉克（L. Bellak）推崇他为"美国出生的最重要的个性测验之父"。1958年投射技术杂志为祝贺他的生日,出版了TAT专集。

（一）测验的内容和方法

TAT包括30张印有人物风景的图片,全部是黑白的,另有一张空白卡片,图上的图画有些比较明显或有结构,有些是模糊的、阴暗的和抽象的。在图片的背后印有字母、数字。有些图片只标有数字,表示该图片适合于任何性别或年龄（1、2、4、5、10、11、14、15、16、19、20）。"BM"表示该图片可用于男孩和较大年龄的男人,"GF"表示该图片可用于女孩和较大年龄的女人,"B"表示该图片只能用于男孩,"G"表示该图片只能用于女孩,"BG"表示该图片只能用于男孩和女孩,"M"表示该图片只适用于14岁以上的男子,"F"表示该图片只适用于14岁以上的女子,"MF"表示该图片适用于14岁以上的男子和女子。

14岁以上的被试,分为男子组（Male）、女子组（Female）;14岁以下的被试,分为男孩组（Boy）、女孩组（Girl）。

根据图片的内容性质的不同,可以把31张图划分为九类（见表12-18）。

表12-18　TAT图片的分类

性质	图片标号	图片数（张）
公用图片	1、2、4、5、10、11、14、15、16（白卡）、19、20	11
男孩专用图片	13B	1
女孩专用图片	13G	1
男孩女孩共用图片	12BG	1
男孩男子共用图片	3BM、6BM、7BM、8BM、9BM、17BM、18BM	7
女孩女子共用图片	3GF、6GF、7GF、8GF、9GF、17GF、18GF	7
男子专用图片	12M	1
女子专用图片	12F	1
男子女子共用图片	13F	1

许多学者对图片的价值进行了研究。一般认为,对男性被试来说,基本的图片是:1、2、3BM、4、6BM、7BM、11、12M和13MF。对女性被试来说,基本的图片是:1、2、3BM、4、6GF、7GF、11和13MF。1969年霍茨曼（A. H. Hartman）请90位心理学家对标准的TAT卡片进

行排序,统计后,结果是:13MF、1、6BM、4、7BM、2、3BM、10、12M 和 8BM。我国华东师范大学陈明杰的进一步研究表明:图片 11 使用中价值并不很大,可用较为有效率的 8BM 和 10 代替。一般认为基本的最常用的 TAT 图片是:1、2、3BM、4、6BM、7BM、13MF 和 8BM。

测验时,每组被试选取适用的图片 20 张(其中 1 张白卡),每套图片分为每组 10 张的两个系列,分两次进行测验。第二系列的图片设计得较为独特,比第一系列的图片更富有戏剧性、更离奇古怪。第一次测验约需 1 小时,第 2 次测验需要 1 天或更多的时间。两次测验间至少应该相隔一天的时间,并且要使被试的想象充分自由。

对于青少年和一般成人被试的指导语是:"这是一个想象力测验,是测验你的智力。我将向你呈现一些图片,每张图片你看一会儿。你的任务是,对每张图片尽你所能编一个富有戏剧性的故事,说明是什么导致图片上所出现的事情,现在正在发生什么,图上的人物正在想什么、感觉到什么,结果怎么样。明白了吗? 因为有 50 分钟来看 10 张图片,所以你可以用 5 分钟讲述一个故事。这是第 1 张图片。"成人被试所述的标准长度是 300 字,10 岁儿童所述故事一般是 150 字。如果正常成人所讲述的故事字数不足 140 字,则被认为缺乏合作态度。如被试缺乏自我投入,一般对他们的测验不计分和分析。测验要在友好的气氛中进行,要得到被试的合作,主试要对被试进行鼓励和赞许。TAT 中有一张空白卡,先应要求被试想象卡片上一幅图画,并且将这一幅图画加以描述,然后根据这张图画编造故事。

测验后,主试要与被试谈一次话,以便深入了解和理清故事的内容。测验通常个别进行,由主试记录或录音,并注意被试在测验时的反应,也可以要被试把故事写出来。

TAT 也可以团体测验,测验时也可以只选用其中的一些图片。例如,第 1 张图片适合于探索儿童对父母的态度,第 2 张图片适合于了解家庭关系,等等。

(二) 测验结果的解释

个人对图画所编造的故事与他的生活经验有密切关系。故事内容虽然受当时的知觉影响,但其想象部分则包括了个人意识与潜意识的反应。在编造故事时,人们常常不自觉地把隐藏在内心的冲动和欲望等人格特征穿插到故事中去,将个人的心理活动投射到故事中去。

在解释结果时,特别要注意被试编造故事的主题,找出故事中的主人公和英雄人物。默里认为,故事中的主人公或英雄人物就是被试假定的他自己的化身,进一步分析这些主人公或英雄的需要和压力可以了解被试的个性。

默里等人认为应该从六个方面来分析:

1. 主人公

分析一个故事首先要辨别被试在故事中认同的角色,如领袖、隐士、优越者和犯罪者,等等。有时故事里不只有一个主人公,会产生一系列的主人公:两个"合成的主人公"、"主要主人公"和"次要主人公"、不存在能辨别清楚的独立的主人公,等等。

2. 主人公的动机倾向和情感

分析时要注意主人公的行为,特别是非常行为,被试提到的次数多,就是强烈的表示。主人公身上所表现出来的每一种需要和每一种情绪的强度,都可以用五个等级予以评定。强度的指标是:强烈、持续性、重复次数和重要性。例如,强烈的反应(如暴怒)或是中等强度但是连续发生或重复发生,则记 5 分,2 分、3 分、4 分则表示中间程度的反应。

3. 主人公所处的环境力量

主人公所处的环境力量特别是人事的力量,有时是图画中没有的,而是被试自己杜撰出来的。这些对主人公所产生影响的力量(如控制力、缺陷、失误、拒绝和身体伤害等)可以根据其强度而列成五等级量表。

4. 结果

把主人公的力量和环境力量进行对比。主人公经历了多少困难和挫折? 结果是成功还是失败? 是快乐还是不快乐?

5. 主题

主人公的需要与环境压力的相互作用与故事结局一起构成一个"简单主题",简单主题的联合,形成一个序列,则被称为"复杂主题"。主题标明一个事件的抽象动力结构或称为故事的情节、基本的戏剧特点。主试要从中分析出被试最严重、最普遍的难题是来自环境压力,还是来自自身的需要。

6. 兴趣和情操

被试对图片中各种人物的比喻,如将老年妇女经常比喻为母亲,将老年男人经常比喻为父亲,等等。在角色的表现上,有的被试表现为正面人物(正的方向),有的被试表现为反面人物(负的方向)。

图 12-4 是 TAT 中的图片 12F,是一张女子专用图片。画面有一位青年女子的头像,后面有一个正在做鬼脸的老妇人。被试看了这张图片编造故事:这是一位多疑的女子。她正在照镜子,后面的老妇人是她想象中自己的老年。她受不了这种看法,发疯了,摔掉镜子冲出屋子,在精神病院度过终生。[1]

下面是投射测验中的两个实例:

图 12-5 是 TAT 中的图片 5,是一个中年女子站在半开

图 12-4 (TAT 12F)

的门旁,向室内观看。被试是一位 30 岁左右的女子,她看了这张图片后编造故事:一位妈妈下班后回家,开门一看,感到惊喜,因为早晨上班匆忙,没有时间收拾房间,家中很乱,现在却变得十分整洁,不仅桌椅都揩得很干净,而且花瓶里还插着美丽的鲜花,使人感到愉快。但不知道是谁收拾的? 妈妈忽然看到高高的书橱没有整理,心中一下全明白了。故事反映被试自己的家庭情况,被试有一个和睦的家庭,有一个体贴父母又爱劳动的孩子。

---

① 陈仲庚、张雨新编著:《人格心理学》,辽宁人民出版社 1986 年版,第 369 页。

图 12 - 5 （TAT 5）

图 12 - 6 （TAT 1）

图 12 - 6 是 TAT 中的图片 1，是一个男孩正在注视着一把放在他前面桌上的小提琴。一位 12 岁的男孩看了这张图片编造故事：这个小朋友，他的父亲强迫他学习小提琴，规定他每天必须练琴两个小时。但是他一见到提琴就发愁，他真的不喜欢拉提琴。现在，他正在想怎样才能逃出这间屋子，和小朋友一起去踢球。故事反映了这个男孩的兴趣特点，被试是一个喜欢运动而不喜欢弹琴的孩子。故事也反映了儿童与父母的关系，表现出父母是专制、厉害的。

TAT 不仅可以应用在临床方面，而且在发展心理学方面和跨文化研究方面也能广泛应用。默里等人指出，TAT 是一种窥探一些主要的动机、情绪、个性的方法，它的特殊价值在于展示了被试的潜在的被抑制的倾向。TAT 的优点还在于整体地描述个性。

许多心理学家致力于 TAT 分析和记分的标准化。他们把每一张图片的众多反应分成几种类型，这样有助于对被试反应的解释。TAT 的测试手续比较简单，但解释甚为复杂。一位主试对测验结果的解释难免受主观影响，往往只有由几名富有经验的专家合议判断，才能使对测验结果的解释更具科学性。哈里森（Harrison）等人指出：应该把罗夏墨渍测验和 TAT 结合起来使用，得到相互补充的信息。TAT 的信度和效度研究是困难的，许多研究者指出，TAT 效度的高低取决于主试的技术，必须由经验丰富的专家来计分和解释。

（三）儿童统觉测验

儿童统觉测验（Children Apperception Test，CAT）是心理学家为了测验儿童个性所编制的投射测验。CAT 是从 TAT 直接派生出来的。1949 年以前的 CAT 所采用的都是动物图片。一般认为，儿童更容易对动物认同，与人物图片相比，采用动物图片还可以避免文化的差异所带来的影响。但是，朱平（J. Zubin）发现儿童对人物图片的反应比对动物图片的反应更为丰富、更为活跃，表现出更多的情感。在最近的几年内，许多学者对动物图片和人物图片进行了比较研究，看哪一种更好。主试从被试所编的故事中可以分析儿童对父母、兄弟、姐妹、吃、睡的态度，竞争性、攻击性、清洁卫生训练，等等，但 CAT 不适用于 4 岁以下的儿童，因为幼儿缺乏编造故事的能力。

美国贝拉克（L. Bellak）等人编制的 CAT 有动物图片和人物图片两种，每套都是 10 张黑白的图片。日本早稻田大学教授户川行男根据贝拉克的测验，编制了一套日本版的 CAT，共有黑白图片 17 张,学龄前儿童只用其中的 11 张。例如,在贝拉克等人所编制的一套动物图片中的图片 9,画面是从近处明亮的房间通过打开的门可以看见黑暗的另一间房间。在这黑暗的房间里有一张供儿童用的床,床上一只小兔子正注视着门的方向。被试对这幅画一般会表现出对黑暗的恐怖、对独处的恐怖、被父母遗弃的恐怖,对另一间屋子里发生什么事会产生强烈的好奇心。

(四) 其他统觉测验

为了改进 TAT,许多心理学家致力于发展出更符合心理测验标准的统觉测验。主要有下列两种:(1)密西西比主题统觉测验。列茨勒(B. A. Ritzler)等人所编制的密西西比主题统觉测验(SM—TAT),设计时应用了较多的现代心理测量学的方法,选用的图片也更广泛。该测验所揭示的能量和活动水平也较 TAT 广泛,并且还在故事内容的悲喜主题间进行了调整(TAT 故事主题多悲剧色彩)。(2)密执安图片测验。哈特(M. L. Hutt)等人所编制的密执安图片测验(Michigan Picture Test)适用于 8—14 岁的儿童。该测验共有 16 张图片,分男女两组(8 张共用,另外 8 张男女各 4 张)。该测验在标准化和信度方面作了改进和努力。

第五篇

能　力

第十三章 能力概述

第一节 能力的概念

一、能力的含义

能力(ability)是指人们成功地完成某种活动所必需的个性心理特征。它是成功地完成某种活动的必要条件。能力和活动联系在一起,掌握活动的速度和成果的质量被认为是能力的两种标志。克鲁捷茨基指出:如果一个人能迅速而成功地掌握某种活动,比其他人较易于得到相应的技能和达到熟练程度,并且能取得比中等水平优越得多的成果,那么这个人就被认为是有能力的。[①] 成功地完成某种活动所需要的因素是多方面的,但能力是其中一个很重要的因素。此外,个人的身体健康状况、活动动机的强度和有关的知识经验等都是完成活动所必需的。所以能力是成功地完成某种活动所必须具备的个性心理特征之一。

一般认为,能力有两种含义:其一是指已经发展出或是表现出的实际能力(actual ability)。例如,会开汽车,1 分钟内能打出 60 个英文单词,能讲 3 种外语等。其二是指潜在能力(potential ability)。它不是指已经发展出来的实际能力,而是指可能发展的潜在能力。实际能力代表着成就(achievement)的获得,潜在能力代表着能量(capacity)的发挥。

潜在能力是一个抽象的概念,它只是各种实际能力展现的可能性,只有在遗传和成熟的基础上,通过学习才有可能变成实际能力。潜在能力是实际能力形成的基础和条件,而实际能力是潜在能力的展现,二者不可分割地联系着。

要成功地完成某种复杂的活动,仅仅具备一种能力是不够的,通常需要有多种能力的完备结合。为了成功地完成某种活动,多种能力的完备结合称为才能。例如,教师要成功地完成教学活动,必须具备教材的组织能力、逻辑思维能力、语言的表达能力、敏锐的观察能力和注意分配能力,等等。

才能的高度发展就是天才,它是多种能力最完备的结合,使人能够创造性地完成某种或多种活动。单一的能力即使达到高度发展水平,也不能称为天才。例如,仅有非凡的记忆力,不能称为天才。研究表明:各种活动的天才结构是不同的,但无论是哪一种天才,都是由高度发展的一般能力和高度发展的特殊能力所构成。天才并非天生之才,它是在良好素质基础上,通过后天环境、教育的影响,加上自己的主观努力发展起来的。社会的进步、时代的要求和实

---

① [苏]克鲁捷茨基著,赵璧如译:《心理学》,人民教育出版社 1984 年版,第 280 页。

践的需要,促使人们的能力得到发展。不同时代的要求,会激发不同天才的发展。在和平时期,工程师、经济师等的天才会得到迅速发展;在战争时期,统帅的天才会得到迅速发展。天才人物的产生是受社会历史条件制约的。马克思指出:每一个历史时代都需要有自己的伟大人物,如果没有这样的人物,它就要创造出来。例如,正是欧洲文艺复兴时代造就了达·芬奇这样的天才。

二、能力和知识

历史上曾有形式教育派和实质教育派的争论。英国哲学家和教育家洛克(J. Locke)被认为是形式教育论的倡导者。他指出:"要使所有的人都成为深奥的数学家,没有必要,我只认为研究数学一定会使人心获得推理的方法,当他们有机会时,就会把推理的方法移用到知识的其他部分去。"形式教育论者认为,人类知识浩如烟海,不可能全部灌输给学生,教育与其灌输知识,不如发展能力,教育的主要任务在于用一些专门知识去发展学生的智力。他们重视拉丁文、数学和古典文学等学科的教学,轻视自然科学知识的教学。德国教育家赫尔巴特(J. F. Herbart)被认为是实质教育论的代表。实质教育论者认为,教育的主要任务在于使学生获得知识,学生的心灵不过是一个容器,需要各种具体知识来充实,学生掌握了知识,也就发展了能力。他们强调课程和教材的实用性。形式教育论和实质教育论虽都有其合理的方面,但都有片面性。到了 20 世纪,两个学派对自己的论点进行了一定的修正和补充,双方的观点逐渐接近。

现代心理学认为,能力和知识既有区别,又有密切联系。

能力和知识是有区别的,不能把它们等同起来。第一,它们属于不同的范畴。能力和知识虽然都是成功地完成活动的心理因素,但能力属于人的个性心理特征,而知识本身则是人类社会历史经验的总结和概括。每个人在生活过程中都不断地学习和掌握人类已有的知识经验,知识为个人所掌握就成为个体的心理内容。例如,证明几何题时,所用的公理、定理和公式等属于知识范畴,而证题过程中思维的严密性和灵活性等属于能力范畴。又如,关于音程、和弦、音阶等的概念和理论属于知识范畴,而听音、辨音、节奏感和曲调感等属于能力范畴。第二,知识的掌握和能力的发展不是同步的,能力的发展比知识的获得要慢得多。朱智贤教授指出:"通过掌握知识、技能到发展智力也有一个量变到质变的过程。只有掌握知识、技能达到一定熟练程度时,才会引起智力(如观察力、概括能力等)的量变和质变。"[①]

能力和知识又是密切联系的。一方面能力是在掌握知识的过程中逐步形成和发展起来的。孔子说过:"多学近乎智。"学生在掌握知识的同时,必然有一系列的智力操作,在不同程度上发展着自己的智力。学生在组织得当、方法合理地掌握知识的过程中,同时发展着能力。另一方面,掌握知识又是以一定的能力为前提的,能力是掌握知识的内在条件和可能性。一个人的能力影响着他学习和掌握知识的快慢、难易、深浅和巩固程度。智力发展快的学生,掌握知识又多又快;智力发展慢的学生,掌握知识时常常有较大的困难。能力既是掌握知识的结果,

---

① 朱智贤:《有关智力发展的几个问题》,《北京师范大学学报》(社会科学版),1981 年第 1 期。

又是掌握知识的前提,能力和知识密切联系,相互促进。

知识和能力既有联系,又有区别,因此,教师不能简单地、直接地根据学生的知识水平来确定他的能力高低。在教学过程中,教师不仅要向学生传授知识,而且也要注意培养学生的能力。

三、能力的种类

心理学工作者从不同的角度对能力进行分类。

(一)一般能力和特殊能力

能力按照它的倾向性可划分为一般能力和特殊能力。

一般能力指大多数活动所共同需要的能力。它又称普通能力,是人所共有的最基本的能力,适用于广泛的活动范围,符合多种活动的要求,并保证人们比较容易和有效地掌握知识。它和认识活动紧密地联系着。观察力、记忆力、思维力、想象力、注意力都是一般能力,而一般能力以抽象概括能力为核心。一般能力也就是通常说的智力。

特殊能力指为某项专门活动所必需的能力。它又称专门能力,它只在特殊活动领域内发生作用,是完成有关活动必不可少的能力。阿纳斯塔西(A. Anastasi)把特殊能力划分为:动作能力、机械能力、核对能力(从事登录、校对、核算等工作的能力)、美术能力和音乐能力。一般认为:数学能力、音乐能力、绘画能力、体育能力、写作能力等都是特殊能力。一个人可以具有多种特殊能力,但其中有 1—2 种占优势。同一种特殊能力,包含有多种成分,其中各种成分对活动的作用是不同的。例如,音乐能力包括音乐感知能力、音乐记忆和想象能力、音乐情感能力和音乐动作能力。这些能力使人们成功地完成音乐活动,但有些人可能音乐情感能力占优势,有些人可能音乐感知能力占优势,等等。这些要素的不同组合,就构成各种独特的音乐才能。

在活动中,一般能力和特殊能力共同起作用。要成功地完成一项活动,既需要一般能力参加,也必须依靠特殊能力。一般能力和特殊能力有机地联系着,一般能力是各种特殊能力形成和发展的基础,一般能力愈是发展,就为特殊能力的发展创造了更有利的条件;在各种活动中,特殊能力的发展同时也会促进一般能力的发展。

(二)认知能力、操作能力和社交能力

能力按照它的功能可划分为认知能力、操作能力和社交能力。

认知能力指接收、加工、储存和应用信息的能力。它是人们成功地完成活动最重要的心理条件。操作能力就是操纵、制作和运动的能力。劳动能力、艺术表现能力、体育运动能力、实验操作能力等都被认为是操作能力。操作能力是在操作技能的基础上发展起来的,又成为顺利地掌握操作技能的重要条件。认知中一定有操作,操作中必然有认知,这两类能力是紧密结合在一起的。另一种能力——社交能力,即人们在社会交往活动中所表现出来的能力,它是在社会交往过程中发展起来的。组织管理能力、言语感染能力等都被认为是社交能力。

(三)模仿能力和创造能力

能力按照它参与其中的活动的性质可划分为模仿能力和创造能力。模仿能力是指仿效

他人的言行举止而引起的与之相类似的行为活动的能力。例如,学画、习字时的临摹,儿童模仿父母的说话、表情等。班杜拉认为,模仿是人们彼此之间相互影响的重要方式,是实现个体行为社会化的基本历程之一。他指出,通过模仿,能使原有的行为巩固或改变;使原来潜伏的行为表现出来;习得新的行为动作。

创造能力是指产生新思想,发现和创造新事物的能力。从拉丁语词源上看,创造是指在原先一无所有的情况下,创造出新的东西。创造能力是成功地完成某种创造性活动所必需的条件。

一般认为,创造能力包含独特性和有价值性两个基本特征,但是在对这两个基本特征的看法上心理学家有不同的意见。例如,黑菲伦(J. W. Haefele)等人认为,创造是提供对整个社会来说独特而有社会意义的活动,人具备了这种能力才能说得上有创造能力。罗杰斯等人则认为创造的独特性和有价值性的标准应该是创造者自己,不必上升到社会的高度。

表 13 - 1　创造力的三种水平

级　别	创造力水平
高	社会水平的创造力
中	群体水平的创造力
低	个体水平的创造力

关于创造过程,荣格认为,创造是偶发的全有全无的顿悟过程,无法理解。瓦拉斯(G. Wallas)等人则认为,创造是一个逐步演进的系统过程。

美国心理学家吉尔福特等人认为,分散思维表现于外部行为就代表个人的创造能力。强调分散思维在创造能力结构中的作用,但并不排斥集中思维的作用。人们在进行创造思维时,整个过程反复交织着分散思维和集中思维。

创造能力与智力的关系问题是一个具有重大理论意义和实践意义的问题。有人认为,智力和创造能力之间有很高的相关,但实际上并非如此。托伦斯(E. P. Torrance)等人发现创造能力和智力之间有时相关较低。沃利奇(Wallach)等人研究了 151 个五年级学生的创造能力和智力的关系,发现有四种类型:(1)创造能力和智力在测量上都得到高分,既聪明,创造力又高;(2)聪明,但创造力得分低;(3)有创造能力,但智力得分低;(4)创造能力和智力的得分都比较低。可见,创造能力与智力并非完全相关,这是因为大多数智力测验重视集中思维,不能识别被试是否擅长于分散思维能力,而分散思维与创造性关系更为密切。

一般地说,智商和创造能力测验的分数倾向于正相关,即具有中等以上智商的人在创造性测验中也倾向于有中等以上的分数,但是如果超过一定的智力水平(约 IQ120)则智力和创造性的分数之间很少有关系。有些人具有很高的智商,但在创造性测验中得分很低;有些人只有中等以上的智力,但在创造性测验中得分非常高。这样,在分布的较高端显示出创造性独立于智商的特征。有些专家提出了创造性的"阈限模型",一个人在他作出创造性贡献之前,智力的一定水平是需要的,但超过这个阈限,创造性成就就依赖于其他因素,如观念流畅性和某些人格变量等。①

由此可见,创造能力和智力之间的关系并不简单(见图 13-1),智商低的人很少有高的创造力,智商高的人可能有低的创造力。智商是创造力的必要条件,但不是充分条件。智商高的人不一定都有较高的创造力。特殊能力、强烈的动机和坚持性等对创造活动是必要的;但是,智商低必然会阻碍创造性的发展和发挥。

创造能力与个性特征有密切关系。吉尔福特用因素分析法得出六个创造个性的主要特征:(1)对问题的敏感性,(2)思维的流畅性,(3)思维的变通性,
(4)独创性,(5)重组能力,(6)概念结构的复合性。其中又以流畅性、变通性和独创性为主要特征。美国心理学家卡特尔等人研究表明,创造能力强的人具有下列个性因素:缄默孤独,聪慧富有才识,好强固执,严肃审慎,冒险敢为,敏感、感情用事,幻想、狂放不羁,坦白直率,自由、批评、激进,自立、当机立断。

把能力划分为模仿能力和创造能力是相对的,模仿能力中包含有创造能力的成分,创造能力中包含有模仿能力的成分。这两种能力相互渗透着。模仿能力和创造能力又是相互联系的,创造能力是在模仿能力的基础上发展起来的。人们的活动一般总是先模仿,后创造,由模仿到创造,模仿是创造的前提和基础,创造是模仿的发展。

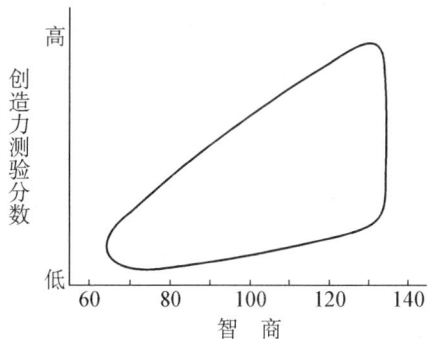

图 13-1 智力与创造力的关系

第二节 智力的概述

一、智力的含义

智力(intelligence)又称智能或智慧。智力是心理学工作者普遍关注的概念,目前心理学界对智力的定义众说纷纭、莫衷一是。在西方,直至在英国心理学家高尔顿等人的著作中,才开始使用,用来表示人的心理能力。"intelligence"的词源是拉丁文"inter legence",原意是"合起来"的意思。智力是一个长期争论的问题,有人甚至说:智力的定义是一项没有穷尽的探索。

在我国古代和古希腊的一些哲人的著作中已经涉及智力的概念。在我国先秦诸子的书里,"智"与"知"常常是通用的,如"知者不惑"②,"知者不失人,亦不失言"③。我国古代史书《国语》把智力概括为"言智必及事"④,韦昭注:"能处事物为智。"所谓"能处事物"大体上相当于现代心理学教科书中说的"能顺利地完成活动任务"。

---

① 〔美〕希尔加德等著,周先庚等译:《心理学导论》(下册),北京大学出版社 1987 年版,第 578—579 页。
② 《论语·宪问》。
③ 《论语·为政》。
④ 《国语·周语》。

在西方心理学中对智力的解释主要有下列几种。

（一）智力是个体适应环境的能力

在西方最早给智力下定义的是德国心理学家斯腾，他认为，"智力是指个体有意识地以思维活动来适应新情境的一种潜力"。瑞士心理学家皮亚杰认为，智力的本质就是适应。威尔斯（F. L. Wells）认为，"智力就是改变自己的行为，以适应新环境的能力"。爱德华（A. S. Edward）认为，"智力就是随机应变的能力"。

（二）智力是个体学习的能力

有些心理学家认为，智力就是个体的学习能力，个体的学习成绩可以代表智力水平。智力高的学生，学习快，获得和保存知识多；智力低的学生，学习慢，获得和保存知识少。例如，伯金汉（B. R. Buckingham）认为，"智力就是学习的能力"。亨孟（J. A. C. Henmon）认为，"智力就是获得知识和保持知识的能力"。伍德罗（H. H. Woodrow）认为，"智力就是获得的能力"。所以，他们往往从智力来推断学习能力，或由学习能力推断智力。如克龙巴赫（L. J. Cronbach）指出：智商130的人，可以获得哲学博士学位；智商120的人，可以大学毕业；智商115的人，可以读到大学一年级；智商110的人，可以高中毕业，有一半机会大学毕业；智商105的人，有一半机会专科学校毕业。

（三）智力是个体抽象思维的能力

有些心理学家认为，智力高的人善于抽象思维，善于判断和推理。例如，法国心理学家比纳认为，"智力是一种判断能力、创造能力、适应环境能力"。又说："善于判断，善于理解和善于推理是智力的三种要素。"美国心理学家推孟认为，一个人的智力与他的抽象思维能力成正比。

（四）智力是智力测验所测的能力

这是一种操作性的定义，对智力的内涵并没有作出规定。持这种观点的心理学家认为，智力是抽象的概念，离开智力测验，几乎无法了解智力的含义。例如，弗里曼（F. W. Freeman）认为，"智力就是运用智力测验所测到的东西"。史蒂芬斯（J. M. Stephens）认为，"智力就是智力测验所测量的事物"。希尔加德（E. R. Hilgard）认为，"智力是智力测验测定的结果"。

弗拉维尔（J. H. Flavell）提出用广义的认知来代替狭义的智力。他认为，人是一个复杂的认知系统，认知包括人类一切与知识和思想有关的心智能力与过程。心理学家还对智力作出综合性的定义。例如，美国心理学家韦克斯勒认为："所谓智力，是有目的地行动，合理地思考，有效地处理环境的个人的综合能力。"日本心理学家矢田部达郎把智力定义为："很好理解、记忆事物，在面临新问题时，利用自己的知识有效地解决它的能力。"综合性的定义虽然在一定程度上克服了前面各个定义的片面性，但在揭露智力的本质上则可能变得暧昧了。

我国较多的心理学家认为，智力是指个体认识方面的各种能力的综合，其中抽象逻辑思维能力是智力的核心。

二、能力和智力

能力和智力的关系，主要有以下三种不同的看法。

（一）智力包括能力

西方心理学家倾向于把智力看作是一个总的概念，能力包括在内，他们把智力理解为各种能力的综合。例如，美国心理学家瑟斯顿认为，智力包括七种平等的主要能力。

（二）能力包括智力

原苏联心理学家倾向于把能力看作是一个总的概念，智力包括在内。例如，原苏联心理学家波果斯洛夫斯基等把能力划分为三类：一般能力（智力）、专门能力和实践活动的能力。[①] 我国张厚粲在她主编的《心理学》一书中指出："能力……它在多个方面都有表现，它可以表现在肢体或动作方面的能力，表现在人际关系方面即交际能力，表现在处理事物方面的才能等等……而智力则只表现在人的认知学习方面。"[②]

（三）智力就是能力

有些心理学家倾向于把智力和能力看作同义词。我国林传鼎指出："智力就是能力或智能。"[③]

第三节　智　力　的　理　论

一、我国学者的智力理论

（一）刘劭的智力理论

我国三国时刘劭，提出了多种智力论，被认为是古代心理学智力的高峰。他认为：智力与能力是两个独立的概念，既有联系，又有区别。他在智力独立论的基础上提出了 4 种智力、10 种能力和 14 种智能。他提出的 4 种智力如表 13-2[④]。

表 13-2　刘劭的四种智力

智力	基本特征	认识对象
道理之家	质性平淡，思维精细深刻，能掌握自然变化规律	自然
事理之家	质性警彻，运用谋略机敏通达，善于处理烦剧而紧迫的任务	政事
义理之家	质性平和，能够讨论评判社会事务，辨别其是非得失	社会
情理之家	质性机解，能以自己之情意推知他人之情意，并能适应变化，因事判宜	心理

（二）朱智贤教授的智力理论

北京师范大学朱智贤教授认为，智力是一种综合的认识方面的心理特性，它主要包括：

（1）感知记忆能力，特别是观察力。

（2）抽象概括能力（包括想象能力），抽象概括能力（即逻辑思维能力）是智力的核心成分。

（3）创造力，是智力的高级表现。智力不是单一的能力，而是一种综合的整体结构[⑤]。

---

① ［苏］波果斯洛夫斯基等主编，魏庆安等译：《普通心理学》，人民教育出版社 1979 年版，第 380 页。

② 张厚粲主编：《心理学》，南开大学出版社 2004 年版，第 130 页。

③ 胡德辉等编：《心理学教学参考资料》，人民教育出版社 1981 年版，第 244 页。

④ 燕国材：《评刘劭的多元智能论》，《心理科学》，2008 年第 1 期。

⑤ 朱智贤：《有关儿童智力发展的几个问题》，《儿童发展心理学问题》，北京师范大学出版社 1982 年版，第 63—64 页。

朱智贤教授等进一步指出："智力的核心成分是思维。"[1]并且深入地、全面地探讨了思维的特点,具体为:

(1)思维的概括性

思维之所以能揭露事物的本质和规律,主要是思维的抽象和概括过程。思维的概括性是思维最显著的特征。

(2)思维的间接性

思维是凭借知识经验对客观事物的间接反映。

(3)思维的逻辑性

思维的逻辑性,就是指思维过程中有一定形式、方法,是按一定规律进行的。在思维发展的初级阶段,个体思维遵循同一律、排中律和矛盾律。在思维发展的高级阶段,个体思维应该遵循辩证逻辑规律,即对立统一的思维规律、量变质变的思维规律和否定之否定的思维规律。

(4)思维的目的性和问题性

思维首先产生于实践活动向主体提出的新目的、新问题和新的要求,而且表现在解决问题过程的思维活动上,也表现在对问题或任务的理解上。

(5)思维的层次性

可以通过个体的思维品质(敏捷性、灵活性、深刻性、独创性、批判性)来确定一个人的思维层次。研究表明:大部分人的思维属于中间水平,思维超常和思维落后者是少数。

(6)思维的产生性

思维产生的产品主要有4类:

第1类认识性产品,例如,科学考察、调查报告等。

第2类表现性产品,例如,文艺作品等。

第3类指导性产品,例如,工程图纸,工作设计等。

第4类创造性产品,例如,科学技术发明等。

(三)林传鼎教授的智力理论

1981年首都师范大学林传鼎教授认为,"智力应该被看成是一种多维的连续论。说它是一种多维连续论,是因为它不是一种全或无的问题,不是智能的有无,而是智能的多少的问题。我们说它是多维的,是因为它包含着许多特殊的技能和能力。"[2]

根据上述观点,林传鼎教授认为智力结构中应包括下述6种能力:

(1)对各种模式进行分类的能力。

(2)适宜地观察行为的能力,即学习的能力。

(3)归纳推理的能力,即概括的能力。

(4)演绎推理的能力。

(5)形成概念模型并使用这种模型的能力。

---

[1] 朱智贤、林崇德:《思维发展心理学》,北京师范大学出版社1986年版,第11—20页。
[2] 胡德辉等编:《心理学教育参考资料》,人民教育出版社1981年版,第244—245页。

（6）理解能力。

这6种能力在智力结构中的关系，林传鼎教授认为，智力活动是以逻辑思维为主。但是，日常生活中，更重要的是辩证思维的智力活动。这是因为：

（1）它侧重于从不同方面思考同一种情景，要求人们全面考虑一种情景的所有因素。

（2）要求人们看到事物的正、反两方面，而不是简单地接受或拒绝。

（3）明确行动的目的。

（4）要注意一种行动的近期后果和长远后果。

（5）按问题的重要性安排顺序，优先解决比较重要的问题。

（6）要想出解决问题的新的可能性，不要拘泥于老一套的办法。

（7）要敢于放弃自己的观点去考虑多数人的观点，正确认识情境。

（8）要对情境加以分析，对各种因素进行比较。

（9）审慎地向情境中的某一环节突进，做到有方向地、有组织地行动。

（10）准确地掌握中心问题，巩固既得成果，做出明确结论。

1985年林传鼎教授把智力定义为，人们在获得知识和运用知识解决实际问题时所必须具备的心理条件或特征。他指出智力活动包括下列几个侧面[①]。

（1）思维。

（2）创造力。

（3）解决问题的能力。

（4）元认知能力。元认知指个人对认知活动的认知。元认知的作用大体包括3个方面的内容：①元认知知识；②元认知体验；③元认知技能。

林传鼎教授认为，人的智力具有3个特征。

1. 智力应该反映客观现实

荀子说："知有所合谓之智"[②]这一点揭露了事物的本质属性。因为人的心理按其内容和源泉及其发生方式是客观的。智力也是一样，是人脑对客观现实的反映。这种反映是在实践中，通过人已有的知识、经验来进行的。人在实践活动中，积极能动地反映客观现实。

2. 智力应能顺利地完成任务

他认为，智力脱离了人的具体活动是不存在的。智力决定了知识、技能的成就。智力表现于知识、技能的动态中。即表现在知识、技能活动的广度、速度、难度、巩固度、通达度和提取策略。智力鉴定也离不开人对知识技能的掌握和运用。

3. 智力是"施用累能"和"博达疏通"

"施用累能"[③]，意思是智力是在使用过程中积累起来的，用则进，不用则退。实践出真知，智力是不断变化的。"博达疏通"，主要包括思维的敏捷性、灵活性、流畅性、扩展性和引起思维

———————————

① 林传鼎著：《智力开发的心理学问题》，知识出版社1985年版，第61—78页。

② 《荀子·正名》。

③ 《论衡·程材篇》。

活动的质的变化,包括创造性活动和辩证思维。通过"施用累能"做到"博达疏通",智力要解决实际问题,智力是多维度、多层次的。

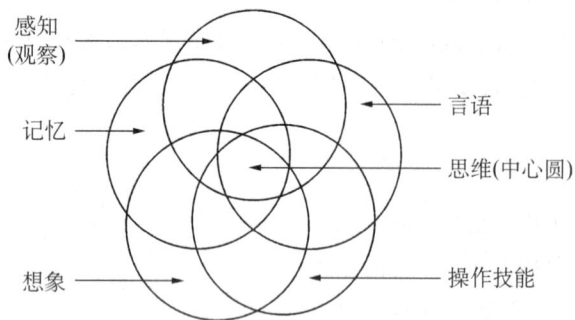

图 13-2　构成智力成分模型

(四)林崇德教授的智力结构理论

北京师范大学林崇德教授认为,智力和能力是不能绝对地分开的,它们同属于个性的范畴。他指出:不论智力还是能力,核心成分都是思维,最基本的特征是概括。智力的成分有:思维、感知(观察)、记忆、想象、言语和操作技能(图 13-2)。

思维是智力结构的核心成分。思维的结构是一个多侧面、多形态、多水平、多联系的结构,即有目的、过程、结果或材料。整个结构是由自我意识来监控和调节,并表现出各种思维品质。思维结构是一个智力因素与非智力因素交互作用的系统。

林崇德教授认为,思维的结构是在实践活动中实现的,它依赖一系列的客观条件,并逐步通过内化和结构内部的动力作用获得发展。这种发展表现在:

(1)从种族上看,动作思维、形象逻辑思维和抽象逻辑思维一起发展、变化。

(2)从形态上看,思维结构的发展是一种内化、深入和简缩化的过程。

(3)从顺序上看,思维结构发展要经历一系列的阶段。

(五)燕国材教授的智力结构理论

上海师范大学燕国材教授对智力结构指出:

(1)智力各要素在智力中起整体作用。智力不是 5 种基本要素为机械相加的结果,而是由五种要素有机结合所构成的。智力本身是一种完整的独特的心理特征,而不能把它还原为:智力 = 观察力 + 记忆力 + 想象力 + 思维力 + 注意力。这个观点和美国斯腾伯格等人在 1991 年提出的创造力的投资理论(investment theory)相一致。斯腾伯格等人认为,在这些特质之间不具有可加性,而是缺一不可的。因此智力高要求各种组成要素水平都高,并且还要这些组成要素处在良好的结构中。燕国材教授指出:"我们不能用模式图中任何点或线来表示智力,智力只能用整个图的结构来表示。"(图 13-3)

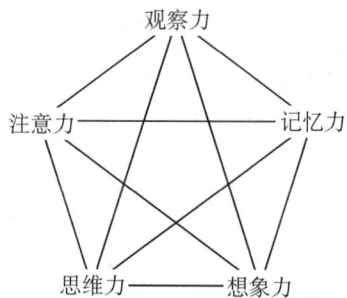

图 13-3　智力结构中各要素的关系

(2)智力是一个整体,智力结构中任何一个组成要素的水平,都会影响整个智力水平和其他 4 个组成要素的水平。例如,一个人注意力低,则他的观察力、记忆力、想象力和思维力的水平都会受到影响,这个人的智力也是低的。

(3)智力中的各个要素在相互联系、彼此制约的前提下,各自发挥独立的作用。燕国材教

授认为:

① 观察力是智力活动的门户和源泉。

② 记忆力是智力活动的仓库和基础。

③ 想象力是智力活动的翅膀和富有创造性的重要条件。

④ 思维力是智力活动的方法和核心。

⑤ 注意力是智力活动的警卫、组织者和维持者。

(六) 丁润生和孙菲等人的智力结构理论

丁润生(1988)提出智力的矢量结构模型,他认为智力受环境因素、先天因素和个人能动作用的制约,并建立了智力的三维坐标系 O – XYZ。(图 13 – 4)。

图中 O 表示人类智力的起点,X 轴是先天轴,Y 轴是能动轴,反映个体的主动性和努力程度。Z 轴为环境轴,反映环境中的各种信息对智力发展的影响。

该图反映了遗传因素和环境因素在智力形成中的作用,并且反映了智力的能动性。

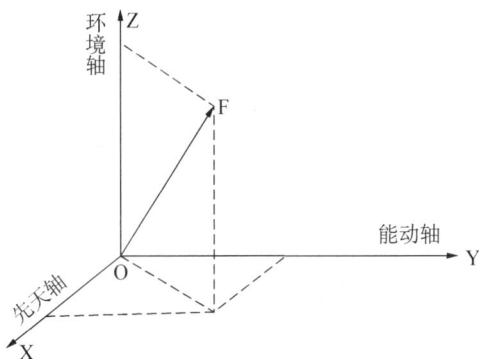

图 13 – 4 智力结构的矢量坐标图

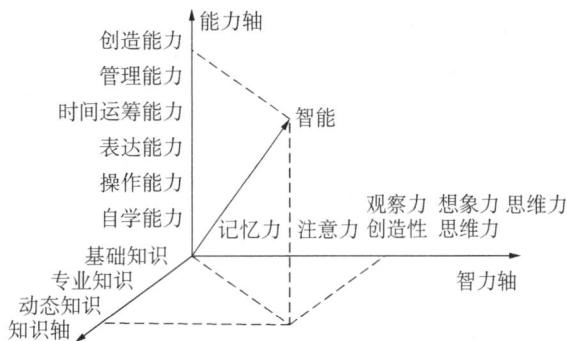

图 13 – 5 智能结构三维模式

孙菲等人(1992)发展了丁润生的思想。他们认为,智能结构是由智力因素、能力因素和知识结构内容所组成的多层次、多序列的动态综合体系。智力、能力、知识三方面的因素组成三维坐标系,构成智能结构三维模式(图 13 – 5)。

由此可以组合成多种智力结构。他们认为,最优化的智力结构,应符合三个原则:

(1) 效能原则。有效地为社会发展服务,这是衡量智能结构优化的最重要标准。

(2) 个性原则。智能结构要有利于个人主动性和创造性的发挥。

(3) 创新原则。智能结构要有利于人们不断地进行创造性劳动,取得创造性成果。

(七) 公众智力观

北京师范大学张厚粲教授和吴正在 1994 年对中国大众的智力观进行研究后发现,高智力成人和高智力儿童都具有思维能力、好奇心、想象力、创造性和记忆力五项特征。这是高智力者共同具有的显著特征。这与现代认知心理学的智力观是一致的。[1]

---

[1] 张厚粲、吴正:《公众的智力观:北京普通居民对智力看法的调查研究》,《心理科学》1994 年第 2 期。

二、国外学者的智力理论

对智力本质的认识,目前在心理学界有许多相关的理论。这些理论都是研究者长期研究的成果,各有特色,对我们认识智力的本质是有帮助的。

智力的因素理论和智力的认知理论是当代智力理论中主要的两大派别。智力因素理论者认为,智力结构可以通过智力测验的因素分析得到,它们是以因素分析法为基础的,因此称为智力因素理论。智力因素理论最早发生在英国,后来主要在英国、美国发展。他们各自的理论倾向不同,一般地说,英国学者比较重视一般因素,美国学者比较重视特殊因素。英国学者由一般因素向下分析出特殊因素。美国学者则由特殊因素归纳出一般因素。英国的智力因素理论由斯皮尔曼提出,后经伯特、阜南和艾森克等人发展。美国的智力因素理论是瑟斯顿提出,经过卡特尔、吉尔福特等人不断发展。智力的层次结构模型,也得到支持。这种理论认为,顶端是一般因素、中间是群因素,下面是为数众多的特殊因素。

20 世纪 60 年代以前,在国外一直是智力因素理论占优势,主要方法是因素分析方法。这种理论主要是对智力进行静态的因素描述。因素的数目各不相同,从 1 个到 180 个不等。

(一) 智力的因素理论

1. 单因素论

单因素论者认为,人的智力有高低,但只有一种。智力是指总的能力。例如,高尔顿、比奈、推孟都认为智力是单因素的。所以他们所编制的智力测验量表只提供单一分数(智商),只测量一种智力。

2. 斯皮尔曼的二因素论

英国心理学家斯皮尔曼(C. E. Spearman)是因素分析的发明人。他发现在一些智力测验之间有或多或少的相关,他提出了"智力功能的普遍单位"。1904 年,他在《美国心理学》杂志上发表了论文《一般智力,测量和决定的客观因素》(*General Intelligence, Objectively Determined and Measured*),在论文中提出了他的智力二因素理论。1927 年他假定,这相关部分是智力的普遍因素(G),而其余部分是特殊因素(S),或者是误差(e)。而其中 G 是主要的,它具有重要的心理学意义。一般因素所表现的能力渗入到所有的智力任务中,特殊因素所表现的能力只渗入到某一种单一的任务中。完成任何一种作业都必须依靠这两种因素。他认为,智力的首要因素,即普遍因素,基本上是一种推理因素。普遍因素在相当程度上来自遗传。他还验证了从感知到思维的智力测验成绩,都发现 G 因素的普遍存在。

斯皮尔曼发现有五类特殊因素:(1)口语能力因素,(2)数算能力因素,(3)机械能力因素,(4)注意力,(5)想象力。他认为可能还有第六种因素,即智力速度(mental speed)。他指出:每一个人的 G 因素和 S 因素都不相同,即使具有同样一种 S 因素(如口语能力因素),但在程度上是不同的。

普遍因素和特殊因素互相联系着,其中普遍因素是智力结构的关键和基础。图 13-6 中椭圆形 V 代表词汇测验,A 代表算术测验。

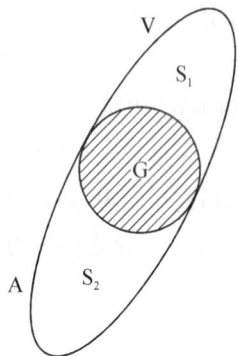

图 13-6 斯皮尔曼的二因素论

个性心理学(第四版)

这两套测验结果出现正相关,因为每种测验中有普遍因素(图中斜线部分),但它们不是完全相关,因为每种测验中包含有特殊因素(图中 S_1、S_2)。

斯皮尔曼的二因素理论在现代智力理论中具有重要地位。在一定意义上可以说,现代智力理论是从二因素论开始的。斯皮尔曼确信,G 因素基本上是一种迅速理解关系并且有效地利用这些关系的能力。这样,对 G 因素的界说就非常广泛了。他的理论也引起学术界的争论。后来,斯皮尔曼对自己的理论进行修正,他认为两个内容极其相似的能力测验,它们的 S 因素自然会有部分重叠,重叠起来的公共因素称之为群因(groud factor),他承认可能有群因的存在。但他并没有放弃他最初关于 G 因素和 S 因素的观点,G 因素仍然是最重要的普遍因素,群因被认为在活动范围上处于中间地位。斯皮尔曼还提出了其他的普遍因素 P、O、W。P 代表坚持力,表示个人供应心理能量的惯性;O 代表摆动力,表示心理能量波动可以达到的范围;W 代表意志力,是一种在智力测验中起作用的动机—个性因素。

3. 桑代克的三因素论

美国心理学家桑代克(E. L. Throndike)在本世纪初提出智力的特殊因素说,认为智力由许多因素(或许多能力)组成,这些能力相互独立,彼此无关,智力发展只能是单个因素独立地发展。桑代克认为,可能有三种智力:

(1)抽象智力(abstract intelligence)。包括心智能力,特别是处理语言和数学符号的能力。

(2)具体智力(concrete intelligence)。即一个人处理事物的能力。

(3)社会智力(social intelligence)。即处理人与人之间关系的能力。

桑代克认为,各种智力是人大脑皮层中神经元相"联结"(bonds)的数量,例如一个人的交际能力,便是由这些"联结"的数目和速度所决定的。

桑代克及其同事还设计了 CAVU 智力量表。C(completion)指填充;A(arithmetic)指算术;V(vocabulary)指词汇;U(understand)指理解。这也说明智力是由许多不同能力组成的。这个量表共有 17 组测验,每组测验反映一定的智力水平。最低的 1 组适合于 3 岁的儿童,第 17 组测验对部分大学生说来,还感到困难。

4. 瑟斯顿的群因素论

美国心理学家瑟斯顿(L. L. Thurstone,1887—1955),凯勒(T. L. Kelly)在 30 年代曾提出了"多因素说",认为智力由彼此不同,相互并列的原始能力因素组成。凯勒提出了 5 种因素:数、形、语言、记忆和推理。

瑟斯顿不同意斯皮尔曼的二因素理论,反对共同因素。他根据多因素分析方法,在 1931 年对斯皮尔曼的理论进行了修改。1938 年,他又用多因素分析法提出了基本能力(primary ability)学说。瑟斯顿把人的智力活动分解成 7 个原始群,这就是 7 种基本心理能力。这些基本能力的不同搭配,就构成了每一个人的独特智力。

瑟斯顿的群因素论可用图 13-7 来表示。图上的椭圆形 V_1,V_2,V_3,V_4 代表 4 种言语能力;椭圆形 S_1、S_2、S_3、S_4 代表 4 种空间能力。各种言语测验和各种空间测验都有相当高的相关。图上的 V 和 S 分别代表词汇理解能力和空间知觉能力。但是,这两种能力是分立的,彼此不相关的。

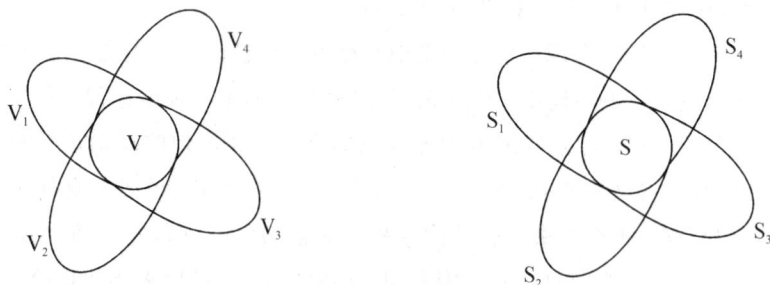

图 13-7　瑟斯顿的群因素论

瑟斯顿提出的 7 种基本能力是：

（1）空间能力（S）（spatial or visaalization）

空间能力是有关空间知觉的能力，即想象空间几何模式，想象物体或图形在二维或三维空间中彼此间关系的能力。这是瑟斯顿从测量变量中最初分离出的一个基本能力因素。

（2）计数能力（N）（number）

计数能力是迅速而正确地计算简单算术和处理数字的能力。

（3）言语理解（V）（verbal comprehension）

言语理解能力是对词的意义以及词与词之间关系的理解能力。

（4）词汇流畅性（W）（word fluency）

词汇流畅性是一种应用字词的能力，即迅速生成和流畅使用词汇的能力。

（5）记忆（M）（memory）

记忆能力包括迅速强记的能力，对无意义材料即时回忆的能力，回忆过去经历事件的能力。这个因素与其他因素相对独立。

（6）推理与归纳能力（R 或 I）（reasoning and induction）

瑟斯顿认为推理与归纳能力是一种超越具体内容的能力。推理能力强的人，可以利用已有的知识经验，对当前的问题作出正确的研究、判断，并且解决问题。这种能力因素是他最感兴趣的因素，他推测这种能力可能与创造性有关。

（7）知觉速度（P）（perceptual speed）

这种能力是正确与迅速辨别事物、图形和符号的细节及异同的能力，即迅速而精确地注意细节的能力。这是瑟斯顿最后提出的一种能力因素。

1941 年瑟斯顿编制成"基本心理能力测验"（Primary Mental Abilities Test，PMAT）。

后来，由于各测验之间存在正相关，瑟斯顿修改了自己的理论。他认为除了七种主要因素之外，还有第二级的一般因素（the second-order general factor）的存在。斯腾伯格指出：瑟斯顿（1938）在他的因素中没有包括智力的一般因素。但这 7 种基本心理能力是彼此相关的。如果对这 7 种因素进行因素分析，就会出现一个一般因素（Sternberg，1985）。研究者还发现：各种测验彼此相关关系在年级低的儿童中趋向上升，到了中学和大学阶段则趋向于下降。研究者认为，随着个体年龄的增长，各种能力从一般智力分化出来，成为相对独立的因素。

最后瑟斯顿承认 G 因素作为一个高级因素而存在,斯皮尔曼也承认存在着群因素。他们两人之间的不同,仅仅是侧重点不同。斯皮尔曼认为测验分数之间相关主要决定者是 G 因素,瑟斯顿认为群因素起决定作用。

瑟斯顿所提出的七种基本能力,已经成为心理学工作者研究智力结构的重要资料。在现代智力因素理论中,他的群因素论起着承前启后的重要作用。自从群因素学说提出后,智力因素研究转向对智力的深入的因素分析,此后形成两种倾向:一种是构造包括普遍因素和各种基本能力在内的智力等级体系;另一种是在独立的智力因素之上建立智力结构模型。

(二) 智力的结构理论

1. 吉尔福特的三维结构模型

美国心理学家吉尔福特(J. P. Guilford)用因素分析法研究智力,否定 G 因素的存在,坚持智力的独立性。吉尔福特是智力立体结构的代表,也是智力多因素论的代表。他将智力归纳为三个维度:操作、内容和产物,提出了著名的智力三维结构模型(见图 13 - 8)

吉尔福特不断地扩展这个三维结构模型。

1967 年吉尔福特提出有 120 种智力因素(操作 5×内容 4×产物 6 = 120)。

1982 年他将"图形"划分为"视觉"和"听觉",这样就有 150 种智力因素(操作 5×内容 5×产物 6 = 150)。

1988 年他又将"记忆"划分为"记忆记录"和"记忆保持",这样就有 180 种智力因素(操作 6×内容 5×产物 6 = 180)。

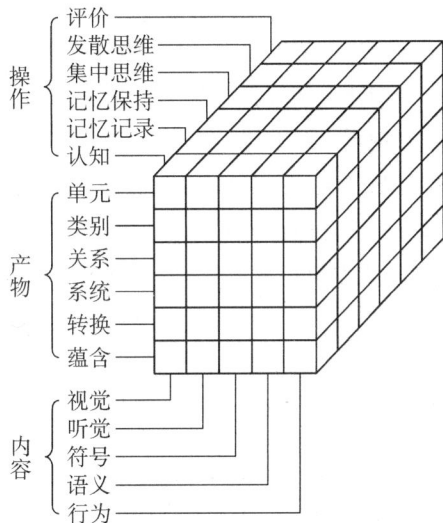

图 13 - 8　吉尔福特智力三维结构模型

(资料来源:J. P. Guilford, 1988)

(1)操作

智力的第一个维度是操作(operation)。吉尔福特把操作定义为:"主要的心理活动或过程,也就是个体对原始信息材料的处理。"吉尔福特根据因素分析的结果,把操作分成六种:认知、记忆记录、记忆保持、发散思维、集中思维和评价。认知是发现或认识。记忆记录是录入信息,记忆保持是保持信息。发散思维是吉尔福特理论的一个创新,也是最富有特色的概念,因为它与创造力密切相关,发散意味着由一项给定的信息扩散而成多项信息,以答案的多元化为特征。吉尔福特把发散思维定义为:"由给定信息而产生信息,强调从同一个起源产生结果的多样化和数量,它往往体现出迁移的作用。"集中思维的起始条件比较严格,问题的要求也很明确,只能产生有限的结果。吉尔福特认为,集中思维实际上是逻辑演绎能力,以答案的一元化为特征。评价是根据一定的标准进行比较的过程。

（2）内容

智力的第二个维度是内容（content），即信息材料的类型。吉尔福特把内容分成五种：视觉、听觉、符号、语义和行为。视觉指通过视觉器官获得的具体信息；听觉指通过听觉器官获得的具体信息；符号主要指字母、数字等；语义指对文字含义的解释；行为指理解别人的心理状态和行为的能力。

（3）产物

智力的第三个维度是产物（product），即对心理测验的资料进行因素分析的结果。吉尔福特把产物分成六种：单元、类别、关系、系统、转换和蕴含。单元指字母、音节、单词、熟悉事物的图案和概念等；类别指一类单元，如名词、物种等；关系指单元与单元之间的关系；系统指用逻辑方法组成的概念；转换指改变，包括对安排、组织和意义的修改；蕴含指从已知信息中观察某些结果。从单元到蕴含是从最简单的产物到最复杂的产物。

吉尔福特的智力结构理论具有启发性，比传统的理论能更好地说明创造性。吉尔福特声称他的智力结构理论是一种类似门捷列夫化学元素周期表性质的理论框架，它引导和推动人们去探索未知的智力因素。自从这一智力结构理论提出到 1966 年，已经有 20 余种新的智力因素被发现，至 1970 年代，已经发现的智力因素有近百种。吉尔福特在操作维度上包容了"发散思维"，这是他对理解人类智力作出的一个独特的贡献。绝大多数传统智力测验只测量集中思维，吉尔福特则为测量发散思维编制了新的测验，这就为研究人类的创造能力提供了工具。

吉尔福特否定 G 因素的存在，坚持智力因素的独立性，受到一些学者的批评。在吉尔福特的测验数据中有 76% 的相关具有显著性，24% 的相关则不显著，也可能这是由于他的智力结构模型中容纳了非智力因素等原因所造成的。

2. 阜南的智力层次结构模型

1960 年英国心理学家阜南（P. E. Vernon）正式提出智力层次结构模型。他认为，智力结构不是立方体三维结构，而是按层次排列的结构。他把智力分为四个层次（见图 13-9），最高层次是智力的普遍因素（G）；第二层次区分为两大因素群，即言语和教育方面的因素，操作和机械方面的因素；第三层次分为几个小因素群，即言语理解、数量、机械信息、空间能力和手工操作等；第四层次指各种特殊因素。

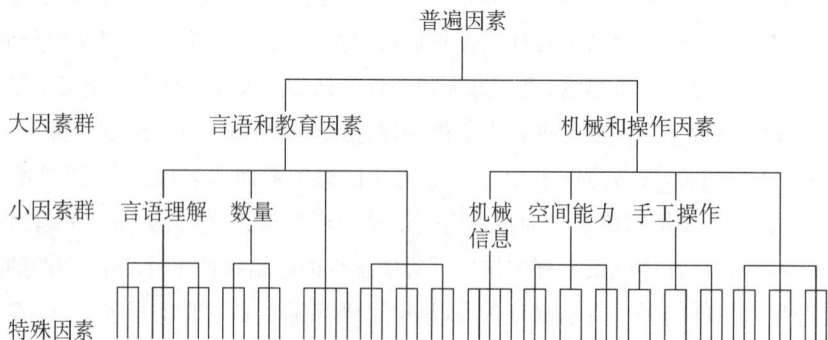

图 13-9　阜南的智力层次结构模型

阜南的智力层次结构模型是斯皮尔曼二因素论的深入,他在 G 和 S 之间增加了大因素群和小因素群两个层次。阜南的智力层次结构模型又是智力层次结构理论的先导。他把大因素群分为言语和教育因素、机械和操作因素,在一定程度上得到近年来脑科学研究成果的支持,即大脑左半球以语言机能为主,右半球以空间图像感知机能为主。

3. 艾森克的智力结构理论

英国心理学家艾森克(H. J. Eysenck)把因素分析方法和实验心理学方法结合起来研究智力,致力于研究方法的科学化。1953 年他提出智力三维结构模型,这三个维度分别为心理过程(推理、记忆、知觉)、材料(语词、数字、空间)和品质(速度、质量)。他提出的智力三维结构模型与吉尔福特的智力三维结构模型相类似(见图 13 - 10)。艾森克模型中的"心理过程"维度与吉尔福特模型中的"操作"维度相类似;艾森克的"材料"与吉尔福特的"内容"相类似;艾森克的"品质"与吉尔福特的"产物"相类似(见表 13 - 3)。

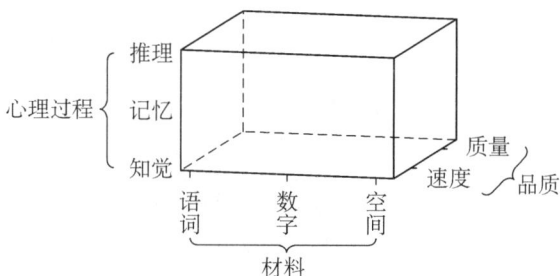

图 13 - 10 艾森克的智力三维结构模型

表 13 - 3 艾森克智力模型与吉尔福特智力模型对照

艾森克智力模型	吉尔福特智力模型
心理过程	操 作
材 料	内 容
品 质	产 物

艾森克模型中的品质包括速度和质量。速度指被试在智力测验中的反应速度,质量指被试改正错误的多少和解决问题时的正确性和坚持性等。有人认为,艾森克的"品质"维度比吉尔福特的"产物"维度更能反映成绩的高低,因为用相同的材料测验不同的被试时,被试的心理过程相似,但所得的成绩"品质"却有个别差异。例如,反应速度有快慢,错误有多少,坚持性也有不同,等等。艾森克等人曾用计算机进行测验,采用了新的智力测验的记录方法。他除了记录被试正确应答数外,还记录了被试的正确应答、错误应答和放弃应答所需的时间,并对被试修正应答的次数加以记录,等等。艾森克认为:"几乎很少事例可以证实吉尔福特的智力三维结构模型,但有许多事例可以证实艾森克的智力三维结构模型。"[①]这句话有一定的参考价值,艾森克的"品质"维度比吉尔福特的"产物"维度更能剖析智力的实质。

---

① Eysenck,H. J. (1979). *The Structure and Measurement of Intelligence*.

1970 年代,艾森克根据瑟斯顿的七种主要心理能力之间的相关量和每种能力与 G 因素的相关量设计出一种能力层次模型(见图 13-11)。不过,艾森克的能力层次模型肯定了斯皮尔曼的二因素论中的 G 因素的存在,它是一般智力,是人类在一切活动中所必需的基本能力,如感觉能力、记忆能力、想象能力和思维能力;第二级是特殊能力,指人类在各种专业活动中所必需的能力,如推理能力、语词理解能力、计数能力、空间能力以及创造能力等;第三级是与各种测验所测的内容相应的各种特殊能力的具体表现,例如,在解决数学问题时需要有理解数学符号关系的能力、概括能力和运算的敏捷性等,这些都是计算能力的具体表现。

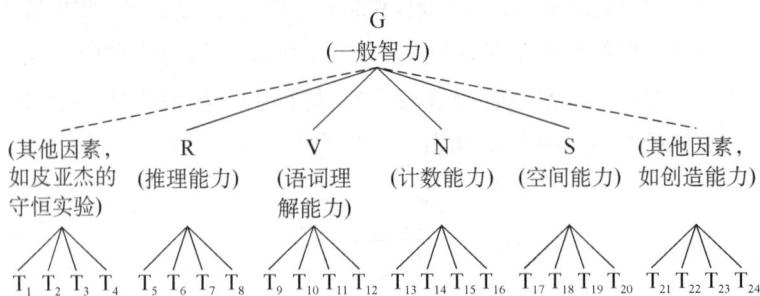

图 13-11　能力层次模型

　　吉尔福特把人类智力分离为 180 个独立因素,但从 1970 年代起,心理学家又倾向于智力因素的统一化,卡特尔的两种智力理论就是一个例子。

　　4. 卡特尔的流体智力和晶体智力理论

　　英国出生的美国心理学家卡特尔(R. B. Cattell)用多因素分析法,发展了斯皮尔曼(C. Spearman)和瑟斯顿(L. L. Thurstone)的理论,提出了一个智力结构理论,后来为霍恩(J. L. Horn, 1982)所发展和修订。他们最后确定了两个主要因素:流体智力(fluid intelligence)和晶体智力(crystallized intelligence)。

　　流体智力"主要是先天的,能够适应不同材料并且与过去经验无关的一般因素"。[1] 卡特尔认为,流体智力比晶体智力更多地来自遗传。它代表一个人的基本生物学上的潜能,指洞察复杂关系的能力。它是获得新概念和在新环境中表示出一般"聪明"和适应性的能力,流体智力主要与神经生理的结构和功能有关,神经系统损伤时,流体智力就会发生变化,相对地说不依赖于教育。知觉的整合能力、反应速度、瞬时记忆和思维的敏捷性等均被认为流体智力。它几乎参与到一切活动中去,因此,称为流体智力。类比测验和数列完成测验(如 1、4、9、16、25、……)是对流体智力最好的测量。

　　晶体智力是"一种一般因素,大部分属于从学校中学到的那种能力,它代表了过去对流体智力应用的结果以及学校教育中的数量和深度;它一般在词汇和计算能力测量的那些测验中表现出来"。[2] 晶体智力与知识经验的积累有关。知识、词汇和计算方面的能力被认为是晶体智力。它与学习能力密切联系着,包含有大量的知识和技能。这种智力是经验的结晶,因此称

① R. B. Cattell：The scientific analysis of personality, 1965 年, P. 369.
② 同上注。

个性心理学(第四版)

为晶体智力。

流体智力和晶体智力是两个相关的智力因素,有一定程度的相关,多数研究者发现$r = 0.5$。这两种智力在人生的早期不易区别,随着年龄的发展而显示出区别,个体的接受能力取决于流体智力,个体的学识则是流体智力和学习相互作用的结果,它是晶体智力的标志。通常在任何一种智力活动中,两种智力协同活动,流体智力是晶体智力的基础。研究者对许多智力测验进行分析,认为有的测验与晶体智力相关高,有的测验与流体智力相关高,表13 - 4是霍恩(J. L. Horn)的研究结果。

表13 - 4　在流体智力和晶体智力上有较大因素负荷的测验摘要

测验	因素负荷的近似值	
	流体智力	晶体智力
图形相似	.57	.01
记忆广度	.50	.00
联想的记忆	.32	.00
归纳	.41	.06
一般推理	.31	.34
语义的关系	.37	.43
形式推理	.31	.41
数字的敏捷性	.21	.29
经验评价	.08	.43
语言理解	.08	.68

卡特尔认为,传统的智力测验所测的是晶体智力,他于1940年设计了《文化平等智力测验》(Culture Fair Intelligence Test)来测量流体智力。通过因素分析研究,该测验与流体智力有较高的正相关($+0.48$—$+0.78$),而与晶体智力有较低的负相关(-0.02—-0.11)。卡特尔按被试程度分作3个量表。

① 量表1,供4岁—8岁儿童使用,弱智成人亦可使用。

② 量表2,供8岁—15岁儿童使用。

③ 量表3,供高中文化程度以上和较高智商成人使用。

在人的一生中,流体智力和晶体智力有不同的发展曲线。1963年卡特尔认为,流体智力在40岁以前就开始下降,但晶体智力在人年老时还保持在高水平上。对一些健康的老人进行晶体智力测验(词汇测验),结果发现,他们的成绩与中年人和青年人几乎一样(Blum et al., 1970)。(图13 - 12),这说明老年人以过去经验为依据的知识和判断能保持不变,在掌握同过去已牢固确立的知识相反的新资料时,会感到困难。

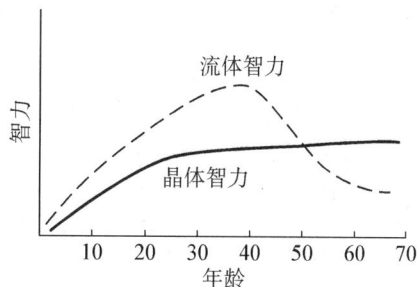

图13 - 12　流体智力和晶体智力的发展

博特威尼克(Botwinick)对老年人流体智力和晶体智力的变化,提出了不同的观点。博特威尼克认为流体智力是通过各种非语言材料加工测定的,晶体智力是通过各种语言材料加工测定的。前者是不熟悉的材料,被试以不熟悉的方式进行智力活动。后者是经过加工了的熟悉材料,被试以较为熟悉的方式进行智力活动。研究表明:智力测验的效果很大程度上决定于测验材料熟悉程度和智力活动方式熟悉程度。因此,老年人晶体智力不仅不随年龄增加而下降,反而增长;流体智力则随年龄的增加而下降。

1982年霍恩(J. L. Horn et al.)等人进一步发展了卡特尔的智力理论。他们提出一般智力可以分为4个层次的9项智力测验:

第一层次:感觉层次。包括视觉识别和听觉识别测验。

第二层次:联想层次。包括短时记忆和长时记忆的回忆测验。

第三层次:知觉机能。包括视知觉、听知觉和速度测验。

第四层次:与教育有关的个体机能。霍恩等认为,在第四层次中又包括晶体智力和流体智力,他们吸收了当代神经生理学研究的成果,进一步指出:晶体智力与大脑的抽象思维和言语有关,可能与大脑左半球功能关系密切;流体智力与形象思维有关,可能与大脑右半球功能关系密切,他们还认为,抽象概括的思维能力和智力活动,可能与大脑的颞叶等皮层功能有关;而流体智力与注意、感觉、知觉和记忆等心理活动关系密切,可能与海马及整个边缘系统功能更密切,老年人脑血流量减少,血压升高,脑损伤发生的概率增加,海马及整个边缘系统更为敏感,因而流体智力下降,晶体智力随着知识经验的增加有所增长。

赫布和纳什也有类似的观点。

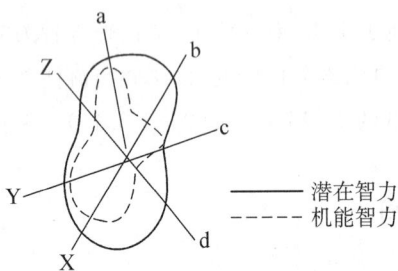

图13-13 潜在智力和机能智力的关系

赫布(D. O. Hebb)认为,人有两种智力:一种是先天的,即潜在智力(potential intelligence),称为智力A,不能测量,也无法观察;另一种是机能智力(function intelligence),是后天环境和教育对先天智力起作用的结果,称智力B。

纳什(J. Nash)指出:先天智力和后天智力相互制约、相互影响。图中的a、b、c、d、X、Y、Z代表各种智力,由于后天教育和环境的影响,a、X得到发展,达到潜在智力的边界,而b、d、Z的发展则较差(图13-13)。

(三)智力的信息加工理论

与智力的结构理论不同,心理学工作者按信息加工取向而提出智力理论。主要的有斯腾伯格的智力三元理论、达斯和纳格利里的PASS模型。现把近代心理学工作者提出的智力理论阐述如下:

1. 斯腾伯格的智力三元理论、成功智力理论和智力的投资理论

美国心理学家斯腾伯格(R. J. Sternberg)认为,一个智力理论应该考虑智力与内在世界、外在世界以及人的经验的关系。出于对传统智商测验的不满,斯腾伯格在其著作《超越IQ——人类智力的三元理论》中提出了智力的三元理论(triachic theory of intelligence)。智力的三元理论由三个亚理论组成,即智力的成分亚理论、智力的情境亚理论和智力的经验亚理

论。它们分别从主体的内部世界、客观外部世界和联系个体内外部世界的经验这三个方面阐述智力的本质及其结构。

（1）智力的成分亚理论

智力的成分亚理论是三元理论中较早提出且研究最多的部分，将智力与个体的内部环境相联系。它明确了构成智力行为的结构和机制，确定了个体对环境适应、选择和改造的认知过程，对某种行为在多大程度上属于智力行为进行了定义。

在该亚理论中，信息—加工成分是分析的基本单元。"成分"是对物体或符号的内部表征进行操作的基本信息加工过程。成分可以将感觉输入转换成概念表征，或将一个概念表征转化为另一个表征，或将概念表征转换成动作输出。根据成分的功能和普遍性水平，可以对成分加以分类。

根据成分的功能，可以将成分分为以下三类：

① 元成分是用于计划、控制和决策的高级执行过程。斯腾伯格已经确定了七种元成分，它们是：确定要解决的问题究竟是什么；选择一系列较低级的成分；选择信息的一种或多种表征或组织；选择结合较低级成分的策略；决定注意资源的分配；对解决问题进行监控和敏感地应对外部反馈。元成分被认为是最概括性的成分，它概括水平最高，参与面最广，并且更高层的元成分会控制其他层次的元成分。

② 操作成分，是用于任务执行的过程，在任务操作时执行不同的策略。它包括编码成分，对新信息进行最初的知觉和储存；组合与比较成分，将信息组合起来并进行比较；以及反应成分。

③ 知识获得成分，是用于学习新知识、获得新信息的过程。其中，选择性编码，是将相关信息从无关信息中挑选出来；选择性组合，是将经过选择性编码的信息组合起来，以形成完整而适当的整体；选择性比较，将新获得的信息或新提取出的信息与过去获得的信息联系起来。

也可以根据成分的概括水平，将成分分为以下三类：（1）一般成分，用于执行特定任务系列中的所有任务；（2）类成分，用于执行一组适当的子任务；（3）特殊成分，用于执行特定任务系列中的单项任务。

（2）智力的情境亚理论

智力的情境亚理论，将智力与个体的外部环境相联系，它明确了智力行为在其发生的社会文化情境中是如何被定义的。

智力情境定义的限定有：根据现实生活环境中的行为来定义智力；根据与个体的生活有关的行为或可能有关的环境中的行为来定义智力；智力具有目的性，直接指向目标；智力包括对环境的适应，对环境的选择，还包括对环境的塑造。

这一亚理论反映出智力是一个相对的概念，因为在不同的文化背景中，人们看重的内容是不一样的。比如，在西方社会中，语言技能对个体成功地适应环境非常重要，但在其他一些文化中，其他能力（如航海能力）却可能更加重要。情境智力反映了个体适应环境、选择环境和改造环境的能力。

（3）智力的经验亚理论

智力的经验亚理论，同时应用于内外部环境。这一亚理论提出了测量"智力"的任务，在一定程度上是后面一种或两种能力(即处理新任务、新情境要求的能力、信息加工过程自动化的能力)的函数。

① 应对新任务和新情境时所要求的能力

智力包括处理新任务的能力,在测量智力时,呈现的任务应该新颖,但不能完全超出个体过去的经验。其中,任务的新异性具体指理解任务中的新异性和根据对任务的理解进行操作时的新异性。理解任务中的新异性指当个体面对新任务时,其理解过程中的新异性。一旦个体理解了任务,对之进行操作就应该没有问题。而根据对任务的理解进行操作时的新异性,是指解决问题时的新异性。任务的种类是熟悉的,但对特殊任务的具体内容却不熟悉。斯腾伯格认为在测量智力时,仅仅在任务的理解或执行中存在新异性比二者都有新异性的效果好。

斯腾伯格认为,智力尤其适合在新的情境中加以测量,个体需要对环境中新异的和富于挑战性的要求加以适应,另外,在测量智力时还应该考虑任务、情境和个体之间的相互作用。

② 信息加工自动化的能力

信息加工自动化的能力既可以表现在任务理解时,又可以表现在任务执行过程中,或在两种情况下均发生。许多需要进行复杂信息加工的任务,执行起来非常困难。只有操作中的许多运算都自动化后,复杂任务才容易执行。而且,信息加工自动化的能力会受到任务、情境和人之间的相互作用的影响。

对智力的三元理论的结构,可以用图 13-14 表示。

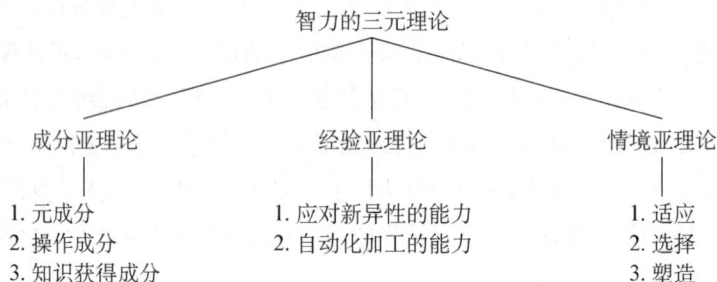

图 13-14 智力三元理论

(资料来源:Sternberg, 1985)

斯腾伯格 1985 年提出了三元智力理论,11 年后他提出了"成功智力"(successful intelligence)的概念,赋予智力以新的含义。所谓成功智力,就是用以达成人生中主要目标的智力。它导致个体以目标为导向并采取相应的行动,是对现实生活真正起到重大影响的智力。

斯腾伯格认为,成功智力包括分析性智力、创造性智力和实践性智力三个方面。分析性智力是一种分析和评价各种思想,解决问题和制定决策的能力,用来解决问题和判定思维成果的质量;创造性智力是一种能超越已知给定的内容,产生新异有趣思想的能力,可以帮助我们从一开始就形成好的问题和想法;实践性智力是一种将理论转化为实践,将抽象思想转化为实际成果的能力,可将思想及其分析结果以一种行之有效的方法来加以实施。成功智力是一个有机整体,"只有在分析、创造和实践能力三方面协调和平衡时,才最为有效。知道什么时候以何种方式来运用成功智力的三个方面,比仅仅具有这三个方面的素质更为重要。具有成功

个性心理学(第四版)

智力的人不仅具备这些能力,而且还会考虑在什么时候,以何种方式来有效地使用这些能力"。

斯腾伯格还指出,具有成功智力的人有许多共同的特点。(1)能自我激励;(2)会控制自己的冲动;(3)知道什么时候应该坚持;(4)知道如何充分发挥自身的能力;(5)能将思想转变为行动;(6)以产品成果为导向;(7)完成任务并能坚持到底;(8)都是带头者;(9)不怕冒失败的风险;(10)从不拖延;(11)接受合理的批评和指责;(12)拒绝自哀自怜;(13)具有独立性;(14)寻求克服个人困难的办法;(15)能集中精力达到目标;(16)既不会过高要求自己,也不会对自己的要求过低;(17)具有延迟满足的能力;(18)既能看到树木,也能看到森林——即既能注意微观的结构,也能看到宏观的结构;(19)具有合理的自信及达成目标的信念;(20)能均衡地进行分析性、创造性和实践性的思维,等等。他认为,在我们的工作和生活中,如果缺少这些品质,就可能导致自我损坏和失败;如果具有了这些品质,就可能最终走向成功。

斯腾伯格认为,成功智力不是偶然获得的,通过学校给学生(甚至从很小的时候就开始)开设一些不仅需要分析技能,同时还能够挑战其创造性和实践性智力的课程,成功智力完全可以加以培养和发展。在现实世界中真正起作用的不是凝固不变的智力,而是成功智力。所以,我们应该传授成功智力。

斯腾伯格和罗巴脱 1991 年提出智力投资理论(investment theory)。智力投资理论是一种创造性理论,能够预测人的创造性。他们假设创造性有六种基本资源:

(1)智力过程:包括三元论中的资源。

(2)知识:知识太高会导致思维僵化。

(3)思维风格:斯腾伯格等人认为,立法型风格和渐进型风格的人有利于创造。立法型的人喜欢自己编制规则;渐进型的人喜欢变化和创新。

(4)人格:能够容忍不确定性、愿意超越障碍和束缚、对新事物保持开放性的人容易创造。

(5)动机:特别是任务取向动机有利于创造。

(6)环境:环境可以压制或激发创造性思维。

他们认为,这六个因素是相互影响、相互作用的,对创造性来说是缺一不可的,如果缺乏某一方面的因素,就不会有创造性。

斯腾伯格等人发现,各种智力测验方法都可以最好地预测人的创造性,包括流体智力测验、选择性编码、选择性组合和选择性类比度量。知识也能够很好地预测创造力。中等水平的动机和对发展的渴望都与高创造力有关。[①]

斯腾伯格在智力的许多方面都作出了创造性的贡献,推进了智力系统理论的发展。他的主要工作是对智力过程进行"组成要素的分析",力图把认知心理学和智力理论联系起来。他的研究可以说是当前西方智力理论发展的一个新的方向。首先,他对智力三元理论提出了一种新的解释,并系统地探讨了内部心理过程如何与外部环境及文化因素相互作用,以产生有效的智力。智力的三元理论的主要缺陷在于只提出了一个智力的框架,而没有对智力中涉及的过程和结构进行详细的阐述,而且,他在三元论中,在智力与人格的关系方面的阐述也不是

---

① 〔英〕M·艾森克主编,阎巩固译:《心理学:一条整合的途径》,华东师范大学出版社 2000 年版,第 671—672 页。

很清楚。其次,斯腾伯格较全面论述了成功智力,有益于社会发展。最后,斯腾伯格还发展了创造性的投资理论,对培养创造人才作出了贡献。

2. 智力的 PASS 模型

加拿大心理学家达斯(J. P. Das)和纳格利里(J. A. Naglieri)在 20 世纪 90 年代提出了智力的 PASS 模型。PASS 模型即计划——注意——同时性加工——继时性加工模型(Planning-Attention-Simultaneous-Successive Processing model,PASS)。

达斯等人认为:"必须把智力看作认知过程来重新构造智力的概念。"他们将因素分析法、信息加工理论和认知研究的新方法结合起来,经过大量的实验研究,探讨了智力活动中的信息加工过程,并且和原苏联心理学家鲁利亚的大脑三级的功能区学说联系起来,提出了个体的智力活动三个认知功能系统,这三个认知功能系统相互联系、共同作用,同时又执行各自的功能。

(1)注意——唤醒系统

这个系统起着激活和唤醒作用,处于心理加工的基础地位,使大脑处于合适的工作状态,影响个体的信息加工等。其功能类似于鲁利亚提出的大脑皮层一级功能区的功能。

(2)编码——加工系统

这个系统对信息进行同时性加工和继时性加工,是智力的主要操作系统,智力活动的大部分"实际动作"是在这个系统中进行。其功能相当于鲁利亚提出的大脑皮层二级功能区的功能。

(3)计划系统

这个系统是处于最高层次的认知功能系统,从事智力活动的计划性工作,与智力三元结构理论中的元成分相似。在智力活动中确定目标、制定策略,并起着监控和调节作用。其功能相当于鲁利亚提出的大脑皮层三级功能区的功能。

达斯等人根据 PASS 模型编制了智力测验,称为 DN 认知评价系统(The DasNaglieri: Cognitive Assessment Systems)。这为新型的智力测验提供了"健全的理论基础"。从而使我们能建立一种"超越传统测验的能力测量"。

DN 评价系统有四个分测验,每一个分测验有三种任务,分别对计划、注意、同时性加工和继时性加工进行测量,这个评价系统能够提供被试的信息要比传统的智力测验丰富(见表 13 - 5)。

表 13 - 5 DN 认知评价系统的结构

分测验	调查内容	任 务
1	计划功能系统	视觉搜索 计划连接 数字匹配
2	注意——唤醒系统	表现的注意 寻找数字 听觉选择注意

分测验	调查内容	任 务
3	同时性加工成分	图形记忆 矩阵问题 同时性语言加工
4	继时性加工成分	句子重复 句子问题 字词回忆

一般认为,PASS模型是一种新的智力理论,它致力于对信息加工的分析,这与当代认知心理学的研究是一致的,在一定程度上标志着智力理论和智力测验发展的新方向。但是,有人认为,这四个系统是人类智力活动中最基本的过程,把它们作为评价智力的指标,似乎是简单了一些,分析的内容也较简单,一般认为其分析的内容比斯腾伯格的智力三元理论要简单得多。

3. 加德纳的多元智力理论

1983年,美国心理学家霍华德·加德纳(Howard Gardner)在其《智能的结构》一书中提出了关于多元智力的理论,向传统偏向认知的智力理论提出了挑战。1993年,加德纳又出版了《多元智能》一书,对多元智力的理论和实践进行了总结。加德纳认为:"智力是在特定的文化背景下或社会中,解决问题或制造产品的能力。解决问题的能力,就是能够针对某一特定的目标,找到通向这一目标的正确路线的能力;产品的制造,则需要有获取知识、传播知识、表达个人观点和感受的能力。""多元"是强调多种互不相关的未知潜能,"智力"则用以和智商测试所测出的能力相比较。

加德纳认为,人的智力结构中存在着七种相对独立的智力,每种智力都有其独特的解决问题的方法,都有其自身的符号系统。这七种智力在每个人身上的组合方式是多种多样的,有的人可能在某一两个方面是天才,而在其余方面却很差;有的人可能各种智力都很一般,但如果他所拥有的各种智力巧妙地组合在一起,却可能在解决某些问题时显得很出色。

加德纳提出的七种智力是:

(1)语言智力。指处理词和语言的能力,包括口头语言和书面语言。作家、演说家是语言智力高的人。

(2)逻辑数学智力。指在数学和逻辑推理上的能力,以及科学分析问题的能力。一般来说,数学家的逻辑数学智力很高。

(3)空间智力。指在脑中形成一个外部空间的模式,并运用和操作该模式的能力。水手、工程师、外科医生、画家、雕塑家和建筑师等的空间智力很高。

(4)音乐智力。指感知并创造音调和旋律的能力。作曲家等是音乐智力很高的人。

(5)身体运动智力。指运用整个身体或身体的一部分解决问题或制造产品的能力。舞蹈家、运动员、外科医生和手工艺大师的身体运动智力较高。

(6)人际智力。指理解他人的能力,即理解和认识什么是他人的动机、他人是怎样工作的、如何才能与他人更好地合作等。人际智力高的人善于处理人际关系,善于与人交往。成功的销售商、政治家、教师、心理咨询师和宗教领袖等都是拥有较高人际智力的人。

(7)自我观察智力。指深入自己内心世界的能力。善于了解自己的内心感受,进行自我内省的能力,即建立准确而真实的自我模式并在实际生活中有效地运用这一模式的能力。

到1999年,加德纳还提出了第八种智力,即认识自然的智力。这种智力是指认识自然,并对周围环境中的各种事物进行分类的能力。

加德纳认为,以上只是智力的大略分类,每一种智力还可以再细分,彼此之间的顺序也可以重新排列。智力是原始的生物潜能,从技能的角度看,这种潜能只有在那些奇特的个体身上才以单一的形式表现出来。除此之外,几乎在所有的个体身上,都是数种智力组合在一起解决问题,或生产各式各样的、专业的或业余的文化产品。

加德纳指出,实践证明每一种智力在人类认识世界和改造世界的过程中都发挥着巨大的作用,具有同等的重要性。每个人与生俱来都在某种程度上拥有这七种以上智力的潜能,环境和教育对于能否使这些智力潜能得到开发和培育有着重要的作用。加德纳认为,上述智力在相当程度上是彼此独立存在的。如对大脑损伤成人的研究结果表明,某一种能力可能在其他能力完好无损时丧失。智力的这种独立性,意味着即使一个人有很高的某一种智力,如数学逻辑智力,却并不一定有同样的其他智力,如语言或音乐。加德纳还支持一种假设,即每个成年人只有一种智力可以达到辉煌的境界。但是,事实上几乎任何文化程度背景的人,都需要运用多种智力的组合来解决问题。即使看起来很简单的一件事情,如拉小提琴,仅靠某一种智力也是不能很好地完成的。

加德纳的多元智力理论一经提出,就对教育实践产生了重大的影响。传统智力理论强调数理逻辑智力和语言智力,而加德纳认为智力是多元化的。加德纳指出,单纯依靠纸笔的标准化考试来区分儿童智力的高低,考察学校教育的效果,甚至预言他们未来的成就和贡献,是片面的。那样做实际上是过分强调了语言智能和数学逻辑智力,否定了其他同样为社会所需要的智能,使学生身上的许多重要潜能得不到确认和开发。由此造成了他们当中相当数量的人虽然考试成绩很好,但走上社会后却不能独立解决实际问题。这一教育弊端,是人才的极大浪费。加德纳认为,学校教育的宗旨应该是开发多种智力,帮助学生发现适合其智力特点的职业和业余爱好。

在心理学中,加德纳的智力理论包含了更多的智力内容,丰富了智力的概念,特别是四种智力,研究的人很少。但是,他认为这七种智力是独立的,具有同等的重要性,而实际上这七种智力彼此有正相关。多重智力理论是描述性的,不是解释性的。

(四)专家和公众的智力观

斯腾伯格等人用问卷法,要求大众回答:他们认为什么是一般智力、学术智力和日常智力。然后聘请65位专家评定,并将其结果进行因素分析,结果发现了智力的三个主要因素:因素Ⅰ:言语智力;因素Ⅱ:问题智力;因素Ⅲ:实践智力。

研究表明:外行人与专家关于智力概念的看法非常相似,在智力特征的评价方面,两者之间的相关为0.96;在特征的重要性评价方面,两者之间的相关为0.85。

美国心理学家库恩(D. Coon, 2003), 调查了 1020 位专家, 关于"智力的重要元素", 至少有 3/4 的专家同意表 13-6 内列出的智力重要元素。

表 13-6 智力的重要元素

重要元素	专家中认同的人数百分数
抽象思维或推理能力	99.3
问题的解决能力	97.7
知识获得能力	96.0
记忆力	80.5
对环境的适应能力	77.2

近年来国外心理学工作者讨论智力是一元的还是多元的, 并提出 CHC 模型等。

1. 一元和多元的智力观

一元的智力观认为: 智力有一个普遍因素(G 因素), 它在各个方面起作用, 也是智力测验的对象(Spearman, 1927)。

当前更多的心理学工作者, 不把智力看作一元的, 而是把它看作多元概念, 它包括多种类型的智力(Sternberg, 2005)。他们认为: 每个人都有所有类型的智力, 但在发展水平上存在差异, 在一般情况下, 几种智力协同活动(R. S. Feldman, 2000)。费尔德曼将当代主要智力理论分为 5 种:

① 流体智力和晶体智力。

② 加德纳的多元智力。

③ 信息加工方法。

④ 操作智力。

⑤ 情绪智力。

2. CHC 模型

傅拉克等(Flanagan et al., 2005)提出了一个智力结构模型, 用以调和当前智力的各种层次模型, 即 CHC 模型。该模型把卡罗尔(Carroll)的认知能力三层模型作为框架, 与卡特尔-霍恩(Cattell-Horn)的晶体智力和流体智力的概念结合起来, 因此称为 CHC(Cattell-Horn-Carroll)模型。该模型被同外心理学工作者称为: 全面地描述人类认知能力的最佳层次模型(表 13-7)。

表 13-7 CHC 模型的层次内容举例

层次	内容举例
最高层次	一般智力(如斯皮尔曼的 G 因素)
第二级层次	群因素(如瑟斯顿的 7 种平等的基本能力)
第三级层次	特殊因素(如阜南的特殊因素)

3. 智力和神经系统、计算机等

部分心理学研究者致力于智力的神经基础的研究, 探讨神经系统对智力差异的影响(Coon, 1999)。特别是最近 20 年来, 一些无创伤研究方法(包括 PET、fMRI 和 MRI 等脑成像和行为基因学的技术）得到充分应用，为研究正常人的个性生物学机制提供了较好的手段。新近的研究成果显示，心理活动，既受到脑内某些独立成分的操纵，又是这些独立成分组合而成的多重系统协调活动的结果（赵静波，2009）。有些心理学工作者强调影响性格最基本的物质是激素和神经化学物质（赵静波，2009）。

部分心理学研究者把人的智力看成思维技能，把神经系统比作高速运行的计算机（Coon，1999）。

第十四章 能力的个别差异

德国哲学家莱布尼茨(G. W. Leibniz)有一句名言:"世界上没有两片相同的绿叶。"世界上也没有两个智力完全相同的人,人与人之间在智力上的个别差异是明显的。这是因为人的遗传因素和环境因素不可能完全相同,而智力则是个体为遗传因素和环境因素交互作用的结果。智力的个别差异表现在:智力不同侧面的类型差异,智力发展的水平差异和智力表现的早晚差异。研究智力的个别差异有助于在管理上合理地使用人才,在教育上因材施教等等。

第一节 能力的类型差异

一、一般能力的类型差异

知觉方面的类型差异有:

1. 分析型

对事物的细节能够清晰感知,知觉的分析能力较强,但对事物的综合能力较弱,即对事物的整体知觉能力较弱。

2. 综合型

知觉具有概括性和整体性,但对事物的分析能力较弱。

3. 分析综合型

知觉兼有上述两种类型的特点。

记忆方面的类型差异有:

根据个人记忆材料的方法可分为:

1. 视觉型

视觉识记效果较好,画家多属于这种类型。达·芬奇在十几岁时,到一个寺院游玩,看了很多的壁画和雕刻。回家后他能够全部默画下来,不仅轮廓、比例、细节一样,而且彩色明暗也很逼真。法国著名画家柯罗德·罗兰不是面对实物风景作画,而是回到自己的画室后根据视觉表象画风景画。

2. 听觉型

听觉识记效果较好,音乐家多属于这种类型。贝多芬在完全耳聋后,仍能根据听觉表象创作出著名的第九交响曲。

3. 运动型

有运动觉参加的识记效果较好,运动员属于这种类型。

4. 混合型

运用多种表象识记时效果较好,大部分人是属于中间型。

根据个人识记不同材料的效果和方法可分为:

1. 直觉形象记忆型

艺术家属于这种类型,这种人识记物体、图画、颜色和声音的效果好。

2. 词的抽象记忆型

数学家属于这种类型,这种人识记词的材料、概念和数字较好。

3. 中间记忆型

大部分人属于这种类型,这种人对于上述两种材料的识记效果都较好。

言语和思维方面的类型差异有:

1. 生动的思维言语型

这种人在思维和言语中有丰富的形象因素和情绪因素。

2. 逻辑联系的思维言语型

这种人的思维和言语是概括的、逻辑联系占优势。

3. 中间型

大部分人属于中间型,这种人对上述两种材料的识记效果都较好。

爱因斯坦在分析自己的思维过程时说:"在我的思维机构中,书面的或口头的文字似乎不起任何作用,作为思维元素的心理的东西是一些记号和有一定明晰程度的意象,它们可以由我'随意地'再生和组合。……这种组合活动似乎是创造思维的主要形式。"与此相反,奥尔德斯·赫胥黎说:"从我能记忆的时候起一直到现在,我经常是一个贫于视觉意象的人,即使是意味很深的诗句也不能在我心目中引起图象,在睡意朦胧之际也没有产生过催眠式的视觉,当我回想什么时,我的记忆也不能提供事物的鲜明视象。经过意志的努力,我能对昨天下午发生的事情产生一种非常不鲜明的意象。"①

二、特殊能力的类型差异

人的特殊能力也存在着不同的类型。音乐能力是由曲调感、听觉表象和节奏感三个方面的能力结合起来的。捷普洛夫曾研究了三个学习音乐成绩最好的学生。其中一个学生有较强烈的曲调感和很高的听觉表象能力,但节奏感较弱;第二个学生有很好的听觉表象能力和强烈的节奏感,但曲调感较弱;第三个学生有强烈的曲调感和音乐节奏感,但听觉表象能力较弱。他们三人在音乐结构能力方面存在着差异。

击剑运动能力由观察力、反应速度、攻击力量和意志力等所组成。一个击剑家反应速度并不突出,但具有高度发展的观察力和准确地估计情况与及时作出动作的能力;另一个则以一

---

① 克雷奇等著,周先庚等译:《心理学纲要》,文化教育出版社 1980 年版第 211 页。

个性心理学(第四版)

般的灵活性与坚韧性为特点;第三个则有强烈的攻击力量和必胜的信心。[1]

第二节　能力发展水平的差异

人与人之间的能力在发展水平上存在着明显差异。全人口的能力差异从低到高有许多不同的层次。但在全人口中,智力分布基本上呈常态分布:两头小,中间大。标准的常态分布曲线两侧是完全对称的。近期研究表明:智力分布曲线的两侧并不完全对称,智力低的一端范围较大(智力低下的人比智力高的人数略多)。这是因为人类智力除按正常的变异规律分布外,还有一些疾病可以损害大脑,导致智力低下。但是,智商是可以提高的,随着社会和科学的进步,智力高的一端范围将会逐步扩大。

一、智力分类研究

对大量未经筛选的人进行智力测验,智商分布见表 14-1。

表 14-1　智商的分布

智商	类别	占全人口总数的%
130 以上	智力超常	1
110—129	智力偏高	19
90—109	智力中等	60
70—89	智力偏低	19
70 以下	智力低常	1

许多心理学家对智商进行分类,其中最有代表性的是推孟和韦克斯勒的智力分类。

推孟(L. M. Terman)和梅里尔(M. A. Merrill)对 2904 名 2 岁至 18 岁的儿童进行测验,根据测得的智商分布情况,可列出一张智力分类表(表 14-2)。

表 14-2　智力分类表

智商	类别	%
139 以上	非常优秀	1
120—139	优秀	11
110—119	中上	18
90—109	中智	46
80—89	中下	15
70—79	临界	6
70 以下	智力迟钝	3

---

[1] 李孝忠编著:《能力心理学》,陕西人民教育出版社 1985 年版,第 177—178 页。

将上表的智商作横坐标,百分比作纵坐标,可以画成一条曲线,这条曲线基本上呈正态分布(图 14-1)。该项研究样本大,研究的是人类智力发展阶段,具有理论和应用的价值。

智力发展水平差异,可以在智力发展曲线上清楚地显示出来。图 14-2 是优秀儿童、普通儿童和迟钝儿童的智力发展曲线。图 14-3 是优秀儿童、普通儿童、迟钝儿童、智力缺陷儿童、痴愚和白痴的智力发展曲线。

另一项著名的智力分类是韦克斯勒提出的(表 14-3)。

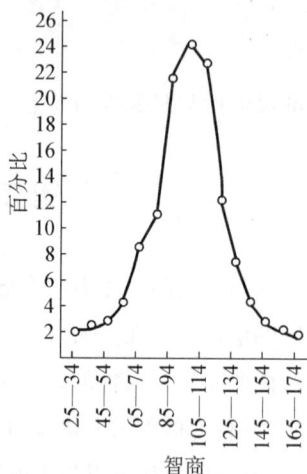

图 14-1 智商分布曲线

(根据 Terman et al.)

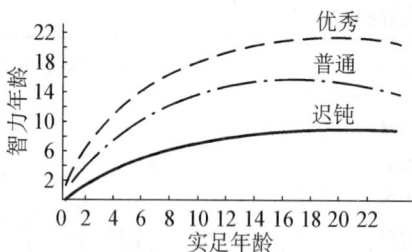

图 14-2 优秀、普通和迟钝儿童的智力发展

(资料来源:盖睿,1934)

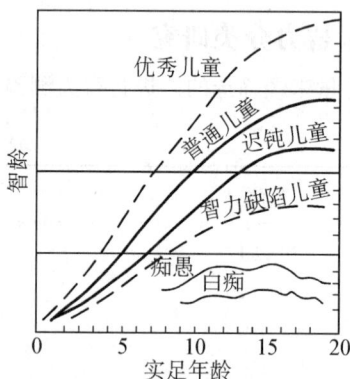

图 14-3 智力发展曲线

(阪本一郎,1968)

表 14-3 韦克斯勒对智力的分类

智商	类别	百分比	
		理论常态曲线	实际样组
130 以上	极优秀	2.2	2.3
120—129	优秀(上智)	6.7	7.4
110—119	中上(聪颖)	16.1	16.5
90—109	中材	50.0	49.4
80—89	中下(迟钝)	16.1	16.2
70—79	低能边缘	6.7	6.0
70 以下	智力缺陷	2.2	2.2

二、超常儿童

(一) 什么是超常儿童

超常儿童是指儿童的智力发展显著地超过同年龄常态儿童的水平,或指具有某种特殊才能,能创造性地完成某种或多种活动的儿童。

我国古代称超常儿童为"神童"。例如,唐代诗人白居易,1岁开始识字,5、6岁就能做诗,9岁时已精通声韵。西方国家称超常儿童为"天才儿童"。例如,莫扎特5岁时就开始作曲,11岁时已能创作歌剧。

在20世纪以前的西方心理学著作中,genius(天才)和gifted(有天才的)这两个词是互用的,都是指在某一有价值的实际领域中对人类作出杰出贡献的人。随着智力测验的发展,"gifted"通过标准化的智力测验分数来表示。在我国这两个词都译为"天才"。

20世纪初,主要以智商作为天才儿童的指标。美国心理学家推孟认为,凡智商超过140的儿童就称为天才儿童。一般研究者把智商130作为划分天才儿童的最低临界线,也有把智商140或120作为最低临界线。

1950年代后,许多心理学家认为,单个智商不是鉴别天才儿童的完善指标,应该进行多种指标结合的评定。吉尔福特指出,智力是一个复杂的多维结构,仅仅通过一种智力测验难以测定儿童的全部智力,智商不能鉴别儿童的创造能力。阜南指出,比纳和韦克斯勒智力量表只能测量学习能力,不能测定儿童的创造能力、领导能力和科学能力,因此,这些智力量表不是鉴别所有天才儿童的完善工具。鲁宾逊(H. B. Robinson)认为,由于科学工作者满足于比纳和韦克斯勒所编制的智力测验,导致了天才儿童研究的缓慢。

1972年美国联邦教育部根据许多研究的结果指出鉴别天才儿童的范围包括:一般智力(general intellectual ability)、特殊学习能力倾向(specific academic aptitude)、创造性思维(creative and productive thinking)、领导才能(leadership ability)、视觉和演奏艺术(visual and performing arts)以及心理运动能力(psychomotor ability)六个方面,儿童只要有一个方面表现优异,就可以称为天才儿童。不过,心理运动能力后来删掉了。

1978年美国心理学家任朱利(J. S. Renzulli)认为,美国联邦教育部在1972年所提出的五个方面,并没有包括天才儿童的重要成分——非智力因素,因此是不周全的。他提出了天才儿童三个圆圈的概念(见图14-4)。他认为,天才儿童应该具有以下三个方面特点:(1)具有超过一般水平的能力,包括一般能力,也包括特殊能力;(2)工作的责任心强,力图完成任务,有强烈的动机、浓厚的兴趣、热情、自信和毅力;(3)较高的创造力,包括思维的流畅性、灵活性、独特性,好奇、不保守、对新鲜事物敏感、敢冒风险、敢于创新、深思熟虑。天才儿童是这三方面的心理成分相互作用的结果。

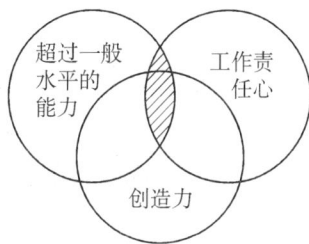

图14-4 天才儿童三圆圈概念示意图

(资料来源:J. S. Renzulli, 1978)

我国心理学者普遍认为,超常儿童的心理结构不仅包括优异的智力和创造力,而且还包括良好的个性倾向和品质。这个观点与任朱利的观点基本一致。

(二) 对超常儿童的研究

1. 高尔顿的研究

英国学者高尔顿(F. Galton)最早对天才人物进行了系统的研究,他分析了977个名人家族系谱,1869年发表了《遗传的天才》一书。他在该书中阐述了智力由遗传决定的观点,这是不正确的。但是,他指出天才在人类的分布上,严格地遵循正常分布,在 100 万人口中有 250 人是天才。

2. 推孟和西尔斯的研究

美国心理学家推孟(L. M. Terman)1921 年在纽约市联合基金会的赞助下,在斯坦福大学主持了一项著名的天才儿童的追踪研究。他们选取了 1528 名智商在 140 以上的儿童(男孩 857 名,女孩 671 名)进行研究。这是时间最长的一项著名的追踪研究。

根据测定这些被试,智商在 140 以上的儿童,无论在健康上,还是在情绪稳定性和社会适应性方面都比一般同龄儿童好。后来又对他们进行了 3 次追踪研究(1927—1928 年,1939—1940 年,1951—1952 年),结果表明被试有 90％进入大学,70％大学毕业(其中三分之二进入研究院)。

接着,他又选取其中的 800 名深入调查,结果表明,其中 78 人获得哲学博士或相当学位,85 人获得法学学位,48 人获得医学学位,74 人在大学中担任教学工作,47 人被选入 1949 年《美国科学家年鉴》。推孟指出:"保守的估计,一半以上儿童……超前两个年级掌握了学校中的课程,有的甚至超前三到四个年级。"推孟还对天才组生育的 1525 人进行智力测验,平均分数高达 132.7,三分之一的人智商在 140 以上,只有 2％的人分数在 100 以下。

推孟的研究还否定了隆布罗索等人对高智商者多数人在身体和性格上有缺陷的偏见。推孟的研究表明:天才儿童在身体健康方面也超过一般美国儿童水平,身高和体重都比一般儿童为好,心理健康和社会适应性也比一般儿童为好,犯罪率低于一般水平。性格测验表明:天才儿童的每一项评定成绩都在平均水平之上,他们不大说谎,也很少说过头话;在情绪稳定性测定中,86％的男孩和 84％的女孩都超过了对照组的平均水平。

1956 年推孟去世后,该项追踪研究继续进行。研究组由西尔斯(R. R. Sears)领导,继续进行追踪研究。该项研究已进入第七个 10 年,被试平均年龄已是 80 岁左右(去世的只有 400 余人)。推孟和西尔斯等人的研究否定了对天才儿童进行加速教育有害的观点。

3. 科克斯的研究

科克斯(C. Cox)对许多历史名人的智商进行了估计(表 14-4)。

表 14-4　历史名人的智商

人名	智商	人名	智商
伏尔泰	190	林肯	150
牛顿	190	拜伦	150
伽利略	185	培根	145
笛卡尔	180	瓦特	140
康德	175	华盛顿	140
富兰克林	160	达尔文	140

科克斯还研究了哲学家、文学家、科学家、音乐家和艺术家的平均智商。她所研究的 300 名人的智商平均 155。

科克斯还发现:成年后有成就的人,幼年即初露头角,但也不是所有的早年智商得分高的人,长大了都有成就。

4. 林传鼎教授的研究

首都师范大学林传鼎教授,研究了唐宋以来34位历史人物的心理特质,编写成《唐宋以来三十四个历史人物心理特质的估计》一书。他用一个由零到十的十一点量表(5表示一般人的智力水平;5以上为上智和天才;5以下为下愚),聘请了多位专家根据这个量表、当时教育状况和考试制度等,评估34位历史人物的智力。该项研究表明:34位历史人物智力都在7分以上(其中7—7.5分有4人,7.5分—8分有7人,8—8.5分有11人,8.5—9分有7人,9—9.5分有4人,9.5—10分有1人),平均分数达到8.29分。[①]

图14-5是两个天才儿童的发展特征测验[②]。

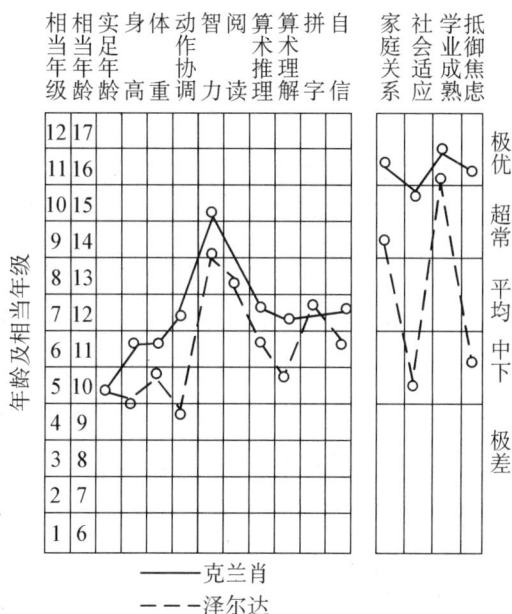

图14-5 两个天才儿童的发展特征测验图

5. 中国超常儿童研究协作组的研究

我国超常儿童研究协作组从1978年开始对超常儿童进行调查和追踪研究。这是一项全国范围的协作研究,取得了一系列的研究成果。他们的研究发现,超常儿童表现为多种类型:有的幼年大量识字,3至4岁能掌握汉字两千多个,能够津津有味地阅读儿童读物;有的5岁开始学写字和作文,文笔通顺生动;有的数学才华早露,两岁多就表现出对算术的特别兴趣,四五岁已掌握了四则混合运算;有的长于外语,7岁时就已掌握了英语常用词3000个以上,能阅读英文儿童读物,还能自如地同外宾用英语会话;有的是小画家、小歌手;有的在抽象逻辑思维和形象思维方面都发展得很优异,等等。超常儿童智力发展水平也不一样,有的超常儿童高于

① 林传鼎著:《唐宋以来三十四个历史人物心理特质的估计》,辅仁大学心理系,辅仁心理研究专刊,1939年。
② 柯克、加拉赫著,汤盛钦等主编译:《特殊儿童的心理与教育》,天津教育出版社1989年版,第71页。

同年龄常态儿童发展水平两岁以上,有的则高于同年龄常态儿童发展水平四至五岁。[1]

该协作组的研究还发现了超常儿童的共同特点:[2](1)浓厚的认知兴趣,旺盛的求知欲;(2)思维敏捷,理解力强,有独创性;(3)敏锐的感知觉,良好的观察力;(4)注意力集中,记忆力强;(5)进取心强、自信、勤奋、有坚持性。

超常儿童与常态儿童就差异的具体情况来看,创造思维和数类比推理成绩的差异最大,语词类比推理次之,图形类比推理及观察力成绩差异最小。这一趋势随儿童年龄增长而显得突出;超常儿童与常态儿童在认知方面构成的模式有明显不同的特点,构成了与常态儿童特点不同的认知模式(图 14 - 6)[3]。

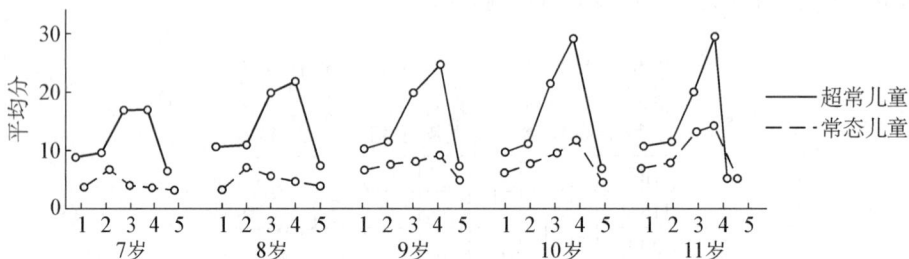

图 14 - 6 7—11 岁超常儿童与常态儿童认知发展剖面图比较

超常儿童个性发展的速度比常态儿童快得多,个性发展水平也明显地高于常态儿童。[4]从总体上看,超常儿童的社会适应性比较好,情绪比较稳定,意志坚强,喜欢并善于智力活动,动机效能高,特别是成就动机的水平较高等等[5]。该协作组的一项研究表明:超常儿童在主动性、坚持性、自制力、自信心和个性的某些情绪特征的发展水平方面高于常态儿童。他们对天津市超常儿童实验班和北京市某小学二年级的同龄儿童进行比较研究,超常和常态儿童各取20 名作被试。结果,两组儿童得分的差异是显著的,超常儿童几项个性特征所得总分明显地高于常态儿童,在分项中,主动性、坚持性和自信心方面的差异也达到显著水平(表 14 - 5)。[6]

表 14 - 5 超常儿童和常态儿童几项个性特征得分比较

	总平均分	主动性	坚持性	自信心
超常儿童	87.7	24.5	15.15	11.7
常态儿童	80.5	22.1	13.65	10.4
两组差异	非常显著	显著	显著	显著

中国科技大学少年班的资料表明,超常儿童在体质上的健康水平超过同龄人,这和推孟

---

① 中国超常儿童追踪研究协作组编:《智蕾初绽:超常儿童追踪研究》,青海人民出版社,1983 年版,第 13 页。
② 中国超常儿童追踪研究协作组编:《怎样培养超常儿童》,西安交通大学出版社 1987 年版,第 2—6 页。
③ 白学军:《智力心理学的研究进展》,浙江人民出版社 1996 年版,第 197—198 页。
④ 凌培炎著:《超常儿童与早期教育》,河南大学出版社 1988 年版,第 60 页。
⑤ 查子秀主编:《超常儿童心理学》,人民教育出版社 1993 年版,第 142 页。
⑥ 中国超常儿童追踪研究协作组编:《怎样培养超常儿童》,西安交通大学出版社 1987 年版,第 19—21 页。

个性心理学(第四版)

252

的研究结果是一致的(表 14 - 6)。①

表14 - 6 少年班学生和全国同年龄青少年体质对比表

		形态			机能	素质				
		身高	体重	胸围	肺活量	60 米	仰卧起坐	屈臂悬垂	立定跳远	400 米
男生	14 岁	+	+	+	+	−	−	+	−	−
	15 岁	+	+	+	+	+	+	+	+	+
	16 岁	+	+	+	+	+	+	+	+	+
	17 岁	+	+	+	+	+	−	+	+	+
	18 岁	+	−	+	−	+	+	+	−	+
女生	15 岁	+	+	+	+	+	−	+	+	+
	16 岁	+	+	+	+	+	+	+	+	+
	17 岁	−	+	+	+	+	+	−	+	+

+ 表示该项目少年班学生的平均值超过了全国的标准值
− 表示该项目少年班学生的平均值低于全国的标准值

为了加速超常儿童健康成长,目前在我国已经有 30 多个中小学建立了超常儿童实验班,十余所大学办起了少年班,许多学校允许超常儿童提前入学、插班或跳级等等。有些师范院校开设了超常儿童心理学课。

(三) 超常儿童的特质

许多学者对超常儿童的特质进行了研究,这对鉴别超常儿童具有重要的参考价值,为鉴别超常儿童提供了观察线索。

(1) 高韦和托伦斯的研究。1971 年,为了协助对天才儿童的鉴别,高韦和托伦斯(Gowan & Torrance)要求教师指出具有下列特征的学生:①最好的学生,②领导能力最强的学生,③最具有创意的学生,④学习动机最强的学生,⑤对科学最有倾向的学生,⑥学习成绩最好的学生,⑦在班级里最受欢迎的学生。

(2) 加德纳的研究。1977 年,加德纳提出几个特征,作为教师鉴别天才儿童的参考:①独创性强或技术水准高;②学习轻松和迅速、好奇心强;③身高、体重和健康方面都超过普通人的发展水平;④多才多艺;⑤比一般儿童提前运用许多词汇;⑥记忆力强;⑦观察敏锐,反应动作迅速;⑧能够解决高度抽象的问题;⑨掌握阅读技能迅速;⑩对语文的理解力强;⑪具有独立性和支配性,社会适应能力强;⑫可能产生个人或社会的问题;⑬潜能充分;⑭兴趣广泛。

(3) 吉尔奇特的研究。1980 年吉尔奇特(Gearheart)认为,在推荐学生时要注意儿童是否经常有下列行为表现:①好奇心强烈,②不寻常的毅力,③对重复机械工作厌烦,④工作的独创性,⑤丰富的想象力。

(4) 邓拉普②的研究。邓拉普(J. M. Dunlap)对天才儿童进行积极特征和消极特征两个方面的研究。这对于鉴别天才儿童更具有参考价值。

积极特征方面的研究发现:天才儿童身体都很健康,适应性强,友好,理解力强,感觉敏锐。

---

① 康庄、朱源:《第三期少年班学生智力发展初探》,《教育与现代化》1988 年 S1 期,第 29 页。
② 叶于模著:《心理学综论》,金文图书有限公司,1986 年版,第 496—497 页。

在学习过程中表现为：①好奇性强；②对文字和概念有兴趣；③词汇丰富,显示创造性；④喜爱阅读,阅读速度快,并容易理解；⑤喜欢与成人交友；⑥兴致勃勃,富有幽默感；⑦理解力强；⑧容易指导；⑨好胜心强；⑩能够找出事物之间关系,联想能力强；⑪对科学、世界观、人生观问题具有兴趣；⑫记忆力强；⑬富有创造力和想象力；⑭爱好制图、收集、分类等。

消极特征方面的研究发现：天才儿童可能具有下列四种消极特征。①不注意书法、拼字差,由于对细节少耐性,算术有时做错；②漫不经心、不愿意休息、给人找麻烦、捣乱；③作业不能准时交,对作业不热心,对不感兴趣的学科反应冷漠；④常有与他人隔绝的态度。

(5) 斯特拉克的研究。斯特拉克(R. Strang)对智商在 120 以上的 300 名中学生进行研究,发现他们在适应上有下列问题：①自卑感和不圆满感,②在选择职业和专业上发生困难,③在人际关系上不尽如人意,④知觉到未能发挥自己的智力潜能。

超常儿童会有自卑感和不圆满感,这是因为他们特别聪明,抱负水准特别高,有时会把自己的短处和别人的长处相比较,有时则是由于他们的理想自我和现实自我之间差距很大而造成的。马斯洛也指出,有些自我实现的人,虽然已经取得很大的成就,但可能自认为是一个失败者。他们在选择职业和专业时也可能发生困难,因为他们对一些问题考虑过多,一时难以作出判断。超常儿童的发展超过同年龄的儿童,他们的想法和做法不易为同龄人接受,这样在人际关系上可能会不尽如人意,产生孤独感,影响社会关系的协调等。

三、低常儿童

(一) 什么是低常儿童

智力发展明显低于同龄儿童平均水平并有适应行为障碍的儿童称低常儿童。

低常儿童又称弱智儿童、智力落后儿童、智力不足儿童、智力残疾儿童等。

现代心理学根据下列三个指标来确定低常儿童。

1. 智商明显低下

一般认为智商在 70 以下的儿童是低常儿童。推孟把智商在 50—70 之间的儿童称为高级低能；25—50 之间的儿童称为中级低能；20 或 25 以下的儿童称为低级低能。

2. 社会适应不良

低常儿童不能适应社会环境,他们不能从事简单的劳动,对自己的生活也不能自理,在学校里不能跟班学习,等等。

3. 问题发生在早年

低常儿童的问题发生在早年,发生在发育阶段,即发生在 1 岁至 16 岁或 18 岁以前。

(二) 低常儿童的分级

我国参照世界卫生组织(WHO)和美国智力缺陷协会(AAMD)的分类标准把低常儿童分为四级。①

1. 一级智力残疾(极重度)

一级智力残疾儿童智商在 20 或 25 以下,适应行为极差,面容明显呆滞,全部生活需要他

---

① 朱智贤主编：《心理学大词典》,北京师范大学出版社 1989 年版,第 110 页。

人照料,运动感觉功能极差。

2. 二级智力残疾(重度)

二级智力残疾儿童智商在 20—35 或 25—40 之间,适应行为差,即使经过训练也难以达到生活自理,仍需要他人照料,运动、语言发育差,与他人交往能力也差。

3. 三级智力残疾(中度)

三级智力残疾儿童智商在 35—50 或 40—55 之间,适应行为和实用技能不完全,生活能部分自理,能做简单的家务劳动,具有初步的卫生和安全常识,阅读和计算能力很差,对周围环境辨别能力差,只能以简单方式与人交往。

4. 四级智力残疾(轻度)

四级智力残疾儿童智商在 50—70 或 55—75 之间,适应能力低于一般人的水平,具有相当的实用技能,生活能自理,能承担一般的家务劳动或工作,但缺乏技巧和创造性,在一般指导下能适应社会,能比较恰当地与人交往。

在低常儿童中,极重度占 5%,重度和中度占 20%,轻度占 75%。

(三) 低常儿童的心理特点

低常儿童不是某一种心理活动水平低下,而是整个心理活动各个方面的水平都很低下。[1]

1. 知觉特点

低常儿童的知觉速度慢,容量小,内容笼统而不够分化。知觉速度是对客观刺激反应的快慢,从刺激物出现到认出它所需的时间长短。低常儿童的知觉速度是缓慢的,比常态儿童所需的时间要长得多。苏联学者研究表明,在 22 毫秒时,常态儿童(一年级学生)平均能认出 57% 的物体图片,同年级智力落后儿童则不能正确认出任何一个物体图片。把呈现时间延长到 42 毫秒时,常态儿童能认出 95% 的物体图片,智力落后的一年级学生只能认出 55% 的物体图片。[2] 知觉速度缓慢必然影响低常儿童的知觉容量,低常儿童的知觉容量比常态儿童小得多。低常儿童在街上遇见熟人会视而不见,因为他们视知觉缓慢,知觉容量小。常态儿童可以一下子看到很多东西,而智力落后儿童则需要一个一个地感知。因此,他们久久不能理解新事物,对新情况会感到不知所措。

低常儿童的知觉内容笼统而不够分化,正常人的知觉具有高度的分化性。智力落后的儿童很难区分相似的物体,他们可能把松鼠当成猫。常态儿童在 3 岁时已经能够正确辨别基本颜色(红、黄、蓝、绿等),并能正确区分各种混合色;到 5、6 岁时,不仅能够把各种基本颜色和其名称巩固地联系起来,还能把光谱中的全部颜色和其名称巩固地联系起来。智力落后儿童到了很大年龄还不能正确辨别基本颜色和各种颜色的不同饱和度,要他们说出颜色的名称往往是困难的。

2. 注意特点

重度智力低常儿童完全缺乏注意力,对周围事物漠不关心、置若罔闻。轻度智力低常儿童可以有被动注意,对感兴趣的事物也能有主动注意,但注意力不稳定,注意广度也比一般人狭

---

[1] [美]柯克、加拉赫著,汤盛钦等译:《特殊儿童的心理与教育》,天津教育出版社 1989 年版,第 141 页。

[2] [苏]索洛维耶夫主编,卢仲衡等译:《智力落后儿童认识活动的特点:心理学论文集》,人民教育出版社 1958 年版,第10页。

窄。泽曼和豪斯(D. Zaeman & B. J. House)等人的实验表明,智力不足的儿童在开始学习时学习效果尚可,但因为注意力无法持久,稍后学习就落后了。

3. 记忆特点

低常儿童对词和直观材料的识记都很差,再现中会发生大量的歪曲和错误,缺乏逻辑和意义的联系。记忆的保持也很差,视觉表象贫乏,缺乏分化而不稳定。有人让辅助学校一年级学生知觉不太复杂的事物,然后要他们凭记忆画出图画,结果事物的许多带有特征性的部分没有画出来。有的学生所画的手表没有秒针和秒针的字盘,也没有上弦的螺丝。值得注意的是,有些被试所画的物体的位置与物体的实际位置相反,如所画的鞋,鞋尖朝向不是转了 90 度,就是转了 180 度,或鞋底朝上①。就短时记忆和长时记忆相比较,低常儿童短时记忆特别显得拙劣。他们所能储存的材料比常态儿童要少,不仅即刻回忆(immediate recall)困难,组织材料帮助保持的能力也差。低常儿童在长时记忆方面,一旦记住一些概念或一些事物,则保持能力与常态儿童差不多。

埃利斯(N. R. Ellis)专门研究了低常儿童的记忆特点。早期他用刺激痕迹学说(stimulus trace theory)来说明低常儿童记忆的缺陷。低常儿童由于脑和神经系统结构和机能上的问题,外部刺激只能在大脑皮层上留下比较弱的痕迹,造成记忆上的缺陷。后来埃利斯放弃了刺激痕迹学说,认为智力缺陷者记忆方面的缺陷主要表现在短时记忆方面,短时记忆的困难,主要是他们不善于运用合理的复习策略,而复习策略上的缺陷,很可能是由于他们语言能力上的缺陷所造成的。

4. 言语特点

低常儿童的言语发生晚而且发展缓慢,表达能力差,常常言不达意。低常儿童的言语发生要比常态儿童晚得多,一般要到 2、3 岁甚至更晚一些才开始说话,而且无论是理解能力,还是运用能力发展都很缓慢。低常儿童的词汇贫乏,语法简单。常态儿童在 6 岁时已经能够掌握2500—3000 个词汇,而即使是轻度的智力落后儿童,到了入学年龄,也只能掌握几百个词汇,并且意义含糊。智力落后儿童对语法结构的掌握也很差,一般只能使用简单句。智力落后儿童发音不准,吐词不清,鲁利亚发现低常儿童在语言对动作的控制方面亦有缺陷。

5. 思维特点

瑞士心理学家皮亚杰把智力发展划分为四个阶段:感知——运动阶段、前运算阶段、具体运算阶段和形式运算阶段。低常儿童的发展速度比常态儿童缓慢,其发展所能达到的最高阶段也较常态儿童低。瑞士心理学家英海尔德(Inhelder)指出各类智力不足儿童可能达到的最高阶段是:重度与极重度智力不足者,感知——运动阶段;中度智力不足者,前运算阶段;轻度智力不足者,具体运算阶段;临界智力不足者(智商 70—85),仅能从事简单的形式运算。

低常儿童的思维带有具体性,概括水平低。常人在学习解答算术应用题时,通过解答不同

---

① [苏]索洛维耶夫主编,卢仲衡等译:《智力落后儿童认识活动的特点:心理学论文集》,人民教育出版社 1958 年版,第 143—144 页。

个性心理学(第四版)

物体的习题来理解其共同的东西,形成对数学材料的概括力。低常儿童较难形成这种概括能力。他们虽然学会解答"早晨买了 2 公斤面包,晚上又买了 2 公斤面包,一共买了多少面包",但却不能回答"早晨买了 2 个苹果,晚上又买了 2 个苹果,一共买了几个苹果"这种同类性质的问题。[①] 低常儿童一般在归纳、推理和概念化上都有困难,这些困难限制其对抽象教材的学习。低常儿童的思维缺乏目的性、灵活性和独立性。

6. 个性特点

低常儿童在个性特征上比常态儿童表现出更多的沮丧、缺乏自信、对人有敌意,情绪紧张、压抑,常常以失败的心情来对待自己所做的工作,思想方法绝对化,等等。

根据鲁宾逊和麦克米伦(Robinson & MacMillan)等人的研究,一般可以把智能不足者的人格特征概括为以下八个方面[②]:(1)智能不足者与普通人的人格特征只有量的区别,没有质的不同。(2)智能不足者焦虑高。(3)自我概念比普通人消极。由于生活和学习上长期失败的经验和挫折,智能不足者对任何事物失败的期待要比对成功的期待高,遇事则偏于外在导向(outerdirectedness),专事模仿,企图从中寻求解决问题的线索。(4)更多地使用比较原始的防卫机制(primitive defense mechanisms),如拒绝、退化和压抑等。在防卫机制使用上缺少变通,对某些防卫机制一而再再而三地使用,他们对心理冲突常常是束手无策。(5)对接纳和赞许的需要程度比一般人为高,这是因为他们经常得不到社会的接纳和赞许。(6)好胜性动机比一般人低。(7)缺乏随机应变的能力,常表现为固执性,遇事反应刻板,缺乏弹性。(8)智能不足儿童的行为比普通儿童更受外在动机的左右。安全、金钱、舒适或其他的具体奖励,会使他们感到更满足。物质鼓励比精神上的鼓励,更能促进他们行为方面的改变。

第三节　能力表现的早晚差异

一、能力早期表现

能力的早期表现又叫人才早熟。有些人在童年时期就表现出某些方面的优异能力。

我国唐代诗人王勃 6 岁就善于文辞,13 岁时写了著名的《滕王阁序》,"落霞与孤鹜齐飞,秋水共长天一色"的名句流传千古;唐代诗人白居易,1 岁开始识字,5—6 岁就会作诗,9 岁已精通声韵;近年来,我国出现众多的少年大学生,他们在早期就有优异的能力表现。国外,德国大数学家高斯 3 岁时就会心算,8—9 岁时就会解级数求和的问题(从 1 累积加到 100 的和等于首尾之和乘以级数个数的 1/2,即 5050);德国大诗人歌德在 9 岁时就能用德文、拉丁文和希腊文写诗;美国著名科学家维纳在 3 岁时就会阅读,14 岁从哈佛大学毕业,19 岁获博士学位,成为控制论的创始人;俄罗斯著名诗人普希金 8 岁就能用法文写诗;日本儿童翻译家三轮光范 1岁 8 个月就能读书、写字,两岁开始记日记。

能力的早期表现,一方面是有良好的素质基础,同时也与其环境的早期影响、家庭的早期

---

① 〔苏〕索洛维耶夫主编,卢仲衡等译:《智力落后儿童认识活动的特点:心理学论文集》,人民教育出版社 1958 年版,第 178—179 页。

② 何华国著:《特殊儿童心理与教育》,五南图书出版公司 1978 年版,第 109—111 页。

教育和实践活动等有密切关系。

能力的早期表现在音乐、绘画等领域中最为常见。哈克（Haecker）等人的研究表明，儿童在 3 岁左右开始显露音乐才能的情况最多。

二、能力晚期表现

有些人的才能表现较晚。能力的晚期表现又叫大器晚成。

我国医学家和药学家李时珍在 61 岁时才写成巨著《本草纲目》；画家齐白石在 40 岁时才显露出他的绘画才能。国外，摩尔根发表基因遗传理论时已经是 60 岁了；达尔文在 50 岁时才开始有研究成果，写出名著《物种起源》一书。

大器晚成的原因是多方面的。从个人的角度看，大器晚成可能是在年轻时不努力，后来加倍勤奋的结果；也可能小时候智力平常，但通过长期的主观上刻苦努力，智力像菊花一样到了秋天才绚丽多彩。尤其是有些个体早年得不到学习机会，智力得不到发展，才能得不到开发。

三、中年成才

中年是成才和创造发明的最佳年龄，是人生的黄金时代。中年人年富力强、体格健壮、精力充沛、敏锐、少保守，既有较强的抽象思维能力和记忆能力，又有较丰富的基础知识和实际经验。中年期是个人成就最多，对社会贡献最多的时期。一般认为，30—45 岁是人的智力最佳年龄阶段，其峰值在 37 岁左右。

有人对 325 位诺贝尔奖获得者作了调查，发现其中 301 人在 30—50 岁之间取得研究成果。张苗梅统计，从公元 600 年至 1960 年，共有 1243 位科学家发明家作出 1911 项重大科学创造发明，王通讯等据此作出科学人才成功曲线图（见图 14-7）。

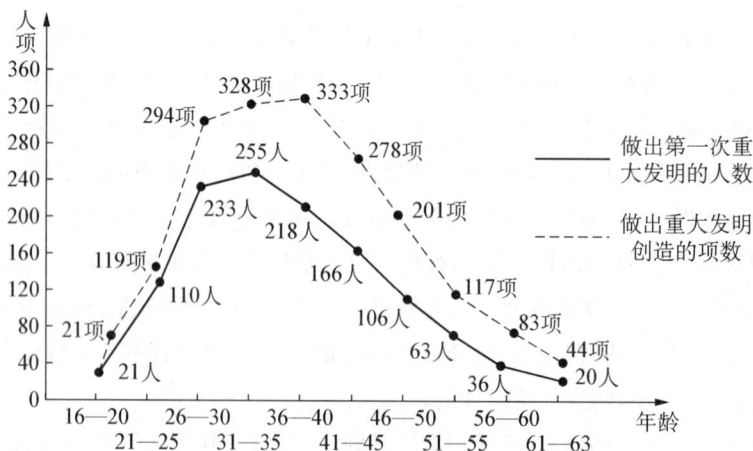

图 14-7 科学人才成功曲线图

美国心理学家李曼（H. C. Lehman），从 1930 年代开始一直从事人的创造发明的研究。他和他的助手研究了大量的科学家、艺术家和文学家等的年龄与成就，认为 25—40 岁是成才的最佳年龄。他的研究还表明,从事不同学科的人最佳创造的年龄是不同的(见表14-7)。

表14-7　不同学科的最佳创造的平均年龄

学　科	最佳创造的平均年龄(岁)	学　科	最佳创造的平均年龄(岁)
化　学	26—36	声　乐	30—34
数　学	30—34	歌　剧	35—39
物　理	30—34	诗　歌	25—29
实用发明	30—34	小　说	30—34
医　学	30—39	哲　学	35—39
植物学	30—34	绘　画	32—36
心理学	30—39	雕　刻	35—39
生理学	35—39		

　　创造有个最佳年龄阶段,但并不是说人在这个年龄阶段之外就不可能有所创造、有所发明,有人才早熟,也有大器晚成。另外,随着社会进步、科学发展和教育质量的提高,创造的最佳年龄将向两端延伸。[①]

---

① 叶奕乾、杨治良、孔克勤等著:《图解心理学》,江西人民出版社1982年版,第348—350页。

第十五章 影响能力发展的因素：遗传与环境

遗传(heredity)和环境(environment)是影响能力形成和发展的两大因素,在能力的形成和发展过程中,这两种因素交互作用。遗传因素和环境因素相互渗透、相互转化,一般地说,个体每一方面的能力都是在这两种因素的交互作用下形成和发展起来的。至于遗传和环境如何交互作用,它们各自对智力的影响有多少,这是一个非常复杂的问题,远远还没有搞清楚。

遗传因素和环境因素的作用是无法分离的,二者相互依存,彼此渗透,使能力得到发展。没有环境,遗传的作用是无法体现出来的;没有遗传作为最初的基础,环境也无法产生影响。

在个性心理学中,各个学派对遗传与环境在个性形成和发展中的作用看法不尽相同。例如,特质论者认为,特质主要是遗传因素决定的;弗洛伊德认为,个性主要是儿童早期经验决定的,但他肯定遗传因素在个性发展中的作用;人本主义者认为,个体一生经验在个性发展中起重要作用;社会认知论者认为,个性主要取决于个体经历的经验(图 15-1)。

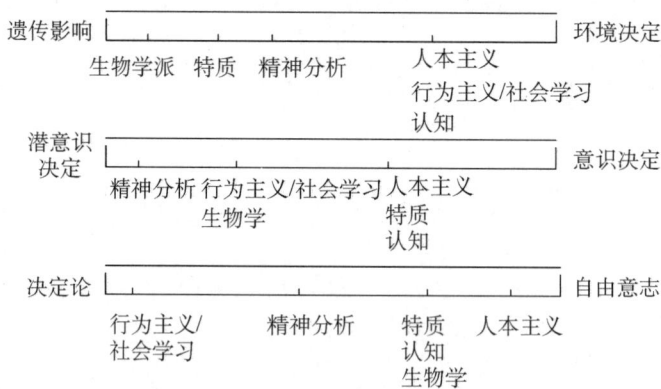

图 15-1 六个学派在三种理论上的立场

(资料来源:J. M. Burger 2004)

第一节 遗 传 因 素

遗传指亲代的某种特性通过基因在子代再表现的现象。

一、遗传机理

遗传决定于受精作用,受精作用是精细胞和卵细胞的结合。人体细胞核内有 46 条染色体(chromosome),排列成 23 对。染色体主要由脱氧核糖核酸(DNA)和蛋白质所组成。

20 世纪 40 年代后期,埃弗里(O. T. Avery)在纽约洛克菲勒学院证明,遗传特性能被 DNA 化合物的纯分子遗传,至少在细菌中是如此。1951 年,生物物理学家威尔金斯(M. H. Wilkins)宣布了他关于传递结晶的有规则结构的 X 光照片。这促进了英国生物物理学家克里克(F. H. Crick)与美国生物学家沃森(J. D. Watson)合作的工作。他们 1953 年提出了 DNA 分子双螺旋结构模型,1962 年获医学和生理学诺贝尔奖。这个发现被称为"分子生物学这个新学科的心脏"。DNA 分子有两个长链,向右盘绕,成为双螺旋形的"梯子"(见图 15-2)。如果把"梯子"拉直,就成为图 15-3 的那样。

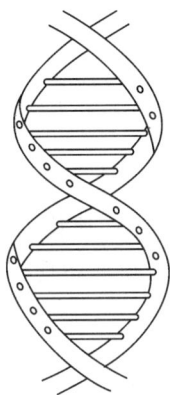

图 15-2 DNA 双螺旋结构模型　　　图 15-3 DNA 分子组成

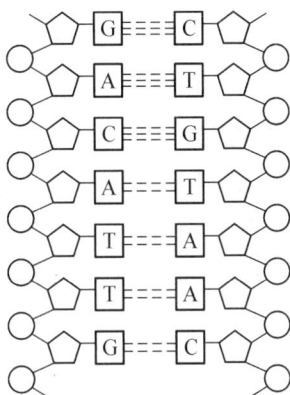

图中"梯子"的两边由磷酸和脱氧核糖一个隔一个地连接而成,阶梯由一边与脱氧核糖相连的碱基配对,并通过氢键相连而成。每个碱基的一边与脱氧核糖相连,另一边通过氢键与相对位置的碱基相连。DNA 分子中的碱基主要有腺嘌呤(A)、鸟嘌呤(G)、胸腺嘧啶(T)和胞嘧啶(C)4 种,其中 A 与 T 配对,G 与 C 配对。一个磷酸,一个脱氧核糖和一个碱基分子构成一个核苷酸,"梯子"的每一级就是一对核苷酸。DNA 分子实际上由两根多核苷酸长链组成。

基因(gene)是 DNA 的一个节段,由许多核苷酸组成。基因是遗传的基本单元。在基因上核苷酸有一定的组合和排列顺序,贮存不同的信息,通过蛋白质的合成来决定有机体的结构和机能。

基因不能直接支配行为,没有"内向"、"利他"和"攻击性"之分,它对人格发展的影响是通过个体身体的生理机能起作用。遗传信息控制个体的生物过程,指导有机体的行为。戈德史密斯(H. H. Goldsmith)指出,基础还是基因指导下的生物过程。

二、布沙尔和丹恩的研究

20 世纪 90 年代一项特大规模的研究,布沙尔(T. J. Bouchard)和丹恩(P. L. Donn)等许多著名的心理学家都参加，这项研究的结果见表 15-1。

表 15-1　遗传率①的估计

特质	遗传率估计	特质	遗传率估计	特质	遗传率估计
		大五因素		EASI 气质②	
身高	0.80	外向性	0.36	情绪性	0.40
体重	0.60	神经质	0.31	活动性	0.25
智商	0.50	责任感	0.28	社会性	0.25
特定的认知能力	0.40	宜人性	0.28	冲动性	0.45
学业成绩	0.40	开放性	0.46	人格整体	0.40

（资料来源：T. J. Bouchard et al., 1990）

从表 15-1 中可以看到：体质、智商和气质方面的遗传率较高，在"大五因素"内，开放性 (0.46)最高，责任感(0.28)和 宜人性(0.28)较低。

三、高尔顿的研究

高尔顿在 1869 年出版的《遗传的天才》一书中写道："一个人的能力，乃由遗传得来，其受遗传决定的程度，如同一切有机体的形态及躯体组织之受遗传决定一样。"他以家谱研究来论证他的观点，企图证明天才能生育天才的后代，并且还提倡善择配偶，以便改良人种。

高尔顿调查了 1768—1868 年间英国的首相、法官、将军、文学家、科学家、音乐家和画家等 977 人的家谱，从中发现这组名人的亲属中，父亲 89 人，儿子 129 人，兄弟 114 人，总共 332 人也很有名望。在普通人组的亲戚中的名人只有 1 人。因此他断言天才是遗传的。他用同样的方法研究了艺术能力的遗传问题。在父母都有艺术能力的 30 个家庭中，他发现他们的子女有 64% 也有艺术能力；在父母都没有艺术能力的 150 个家庭中，发现他们的子女只有 21% 有艺术能力。他认为，在能力发展中遗传作用超过环境作用。

高尔顿在 1883 年又出版了《对人类官能及其发展的探讨》一书。他用双生子研究法调查了许多养育在不同环境中的同卵双生子和养育在相同环境中的异卵双生子。这项研究同样证明能力决定于遗传。

高尔顿是系统研究能力遗传问题的第一人，他被认为是遗传决定论的鼻祖，在历史上占有重要地位，但是，他选择名人的方法带有一定的主观性，结论也是片面的，没有能从遗传和环境相互作用上研究能力的形成和发展。

---

① 遗传率指某个群体中遗传引起的变异在所有变异（包括环境和遗传）中所占的比率。遗传率指数只是对一种特征变异比例的估计。

② EASI 是巴斯和普洛明指出的气质维度；E 指情绪性、A 指活动性、S 指社会性、I 指冲动性。后来，他们删去了 I 维度，即 EAS 气质模型。

个性心理学（第四版）

四、高达德等人的研究

高达德(H. H. Goddard, 1912)对卡里客克(假名)家族进行了研究。18 世纪美国独立战争时期,马丁·卡里客克在从军中与智力低下的女佣人结合,生下一智力低下的儿子,至 1912 年他与女佣人的后代已有 480 人之多。高达德对其中的 189 人的研究表明,只有 46 人是正常的,有相当一部分是低能者。卡里客克离开军队回家后,又和一个智力正常的妇女正式结婚。到 1912 年这一支的后代有 496 人之多,其中没有一个是低能者。高达德把研究结果用图 15－4 来表示。

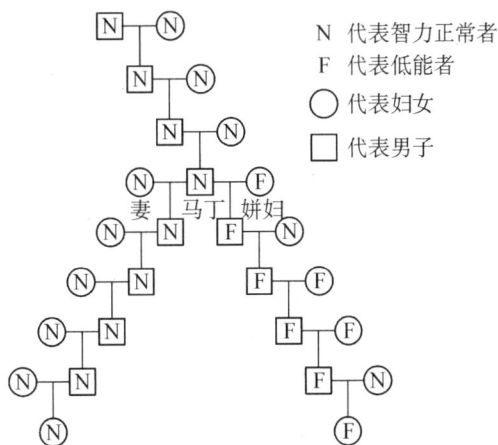

N 代表智力正常者
F 代表低能者
○ 代表妇女
□ 代表男子

妻 马丁 姘妇

图 15－4　卡里客克家系

莱罗(F. Reinöhl, 1937)调查了德国家庭中的双亲和他们的子女的智力相关关系。样本中双亲共 2675 名,子女共 10071 名,结果如表 15－2。从表上可以看出,智力"优异"的父母所生的子女智力"优异"的较多,智力"低劣"的父母所生的子女智力"低劣"的较多。

表 15－2　双亲的智力与子女智力的关系

双亲的结合	优秀	一般	低劣
优×优	71.5%	25.5%	3.0%
优×劣	33.5%	42.8%	23.7%
普×普	18.6%	66.9%	14.5%
劣×劣	5.4%	34.4%	60.2%

上述这些谱系研究最大的缺点是没有把环境作用和遗传作用相对地分离开来。因为同一个家系中不仅遗传素质相似,而且在环境条件方面也有许多共同之处,所以用谱系分析的结果来断言遗传的决定作用就会失之偏颇。例如,有音乐才能的巴赫家族从 1550 年至 1880 年间出现了 60 名左右的音乐家(其中有 20 名是特别优秀的)。这虽然与遗传因素有关,但是,出生在音乐家的家庭中的孩子,从小就有接受音乐训练的良好机会,这也助长了音乐才能的发展。

五、林崇德的研究[①]

林崇德对类似或相同环境中长大的 24 对同卵双生子(幼儿、小学生和中学生各 8 对)和 24 对异卵双生子(幼儿、小学生和中学生各 8 对,其中同性异卵和异性异卵各占一半)进行多方面的对照研究,认为遗传对儿童智力发展的影响是明显的。

---

① 林崇德:《遗传与环境在儿童智力发展上的作用:双生子的心理学研究》,《北京师范大学学报》(社会科学版),1981 年第 1 期。

表 15-3 和表 15-4 的结论是一致的。

表 15-3　不同双生子的不同运算能力的相关趋势

相关系数　年龄　被试	幼儿		小学生		中学生		平均总相关		差异的考验
同卵双生	0.96		0.90		0.81		0.89		P＜0.01
异卵双生　同性	0.89	0.91	0.63	0.71	0.46	0.50	0.66	0.71	
异卵双生　异性		0.86		0.54		0.42		0.61	

表 15-4　不同双生子的学习成绩的相关趋势

相关系数　年龄　被试	小学生		中学生		平均总相关		差异的考验
同卵双生	0.85		0.77		0.81		P＜0.01
异卵双生　同性	0.61	0.65	0.56	0.67	0.59	0.66	
异卵双生　异性		0.56		0.45		0.51	

　　从表 15-3 可以看出,同卵双生子运算能力的相关系数为 0.89,异卵双生子的相关系数只有 0.66(其中同性异卵双生子为 0.71,异性异卵双生子为 0.61),即 r 同卵双生＞r 同性异卵双生＞r 异性异卵双生。这表明遗传因素越接近,相关系数越大。林崇德教授指出,对大多数人来说,遗传和生理差异都不太大,因此,遗传因素是智力发展的重要条件,但不是决定条件。他还指出,遗传对智力的发展作用存在年龄差异,它对智力的影响随年龄增大而减弱。

　　林崇德教授还研究了不同双生子表现的不同智力品质,发现他们在运算测验中所表现出来的速度、完成灵活习题与难题的程度、成绩都是不同的。这表明了遗传对思维品质的影响,见表 15-5。

表 15-5　不同双生子智力品质的相关系数

	敏捷性	灵活性	抽象性	差异的考验
同卵双生(8 对)	0.74	0.81	0.62	P＜0.05
异卵双生(8 对)	0.56	0.72	0.48	

六、厄伦迈耶·金林和贾维克等人的研究

　　1963 年,厄伦迈耶·金林和贾维克(Erlenmeyer - Kimling & Jarvik)总结了过去半个世纪中 8 个国家中 52 个血缘与智商研究的成果,见图 15-5 和表 15-6。

　　从表 15-6 可以看出:在智力的形成和发展过程中,遗传因素作用是重要的。同卵双生子之间的智商相关最高,无血缘关系者之间的智商相关最低;生父母与生子女之间的智商相关比养父母与养子女间的智商相关高(第四项比第三项高),这是因为前者包括遗传因素的作用和环境因素的作用,后者只包括环境因素的作用。

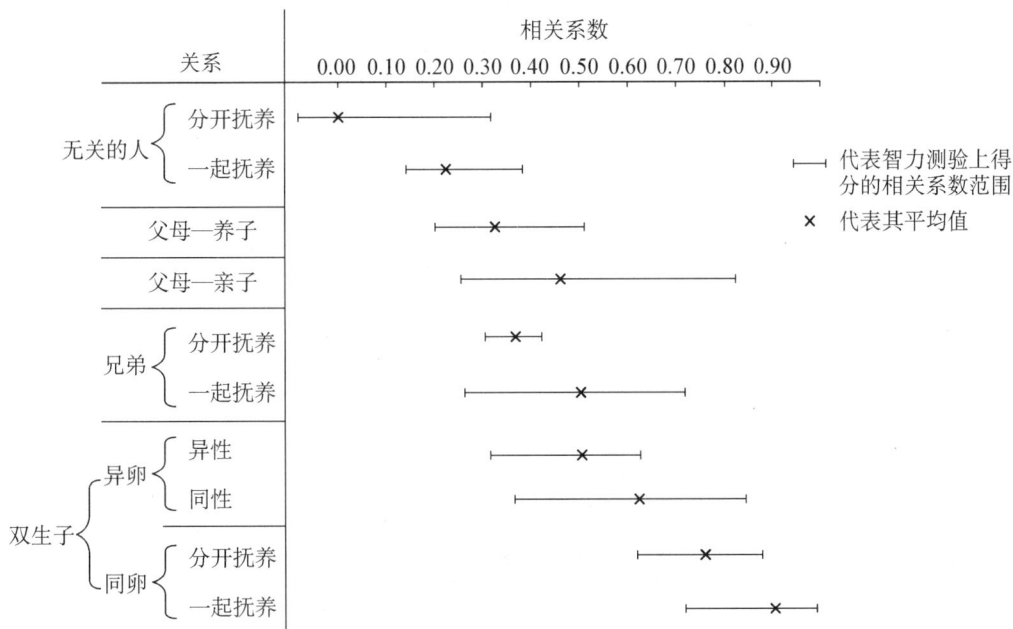

图 15-5 不同血缘关系者智商的相关系数

表 15-6 不同血缘关系者的智力相关

关　　系	相关系数
1. 无血缘关系又生活在不同环境者	0.00
2. 无血缘关系在同一环境长大者	0.20
3. 养父母与养子女	0.30
4. 亲生父母与亲生子女(生活在一起)	0.50
5. 同胞兄弟姐妹在不同环境长大者	0.35
6. 同胞兄弟姐妹在同一环境长大者	0.50
7. 不同性别的异卵双生子在同一环境长大者	0.50
8. 同性别的异卵双生子在同一环境长大者	0.60
9. 同卵双生子在不同环境长大者	0.75
10. 同卵双生子在同一环境长大者	0.88

在智力的形成和发展中,环境因素作用是存在的。无血缘关系而生活在同一环境者,其智商有中度相关;异卵双生子之间的遗传关系与普通兄弟姐妹之间的遗传关系是相同的,但第八项智商相关高于第六项,这是因为异卵双生子无论在胎儿期或出生后所处的环境,其相同之处要比普通兄弟姐妹之间为多,尤其是异卵双生子中同性别者智商相关要高于不同性别者,同性别的双生子所接受的养育方式大体上是相同的。

七、布沙尔和麦克格的研究

布沙尔(T. J. Bouchard)和麦克格(M. McGue)研究了不同遗传一致性的儿童,结果表明,随着遗传一致性的增加,相关系数也相应增大,遗传对智力有较大的作用(见表 15-7)。

表 15 - 7　家庭成员智商的平均相关

关　系		平均相关系数	配对数
一起抚养， 有血缘关系	同卵双生子	0.86	4672
	异卵双生子	0.60	5535
	兄弟姐妹	0.47	26473
	父母与子女	0.42	8433
	同父或同母的子女	0.35	200
	侄儿女	0.15	1176
分开抚养， 有血缘关系	同卵双生子	0.72	65
	兄弟姐妹	0.24	203
	父母与子女	0.24	702
一起抚养， 无血缘关系	兄弟姐妹	0.32	714
	养父母与子女	0.24	720

第二节　环 境 因 素

　　环境指客观现实，包括自然环境和社会环境。一般认为，遗传提供心理发展的可能性，而可能性转化为现实性则需要环境的影响。大多数人的遗传因素是相差不大的，其智力发展之所以有差别是由环境、教育和实践活动所造成的。

一、社会生产方式及经济水平

　　在环境因素中，社会生产方式是影响能力发展的最重要的因素，一定的社会生产力和生产关系对能力发展起着重要作用。生产力会影响经济生活、科学文化水平和教育水平，从而影响人的智力发展。克雷奇等人指出："值得注意的研究是比较不同社会经济水平的人们的 IQ。泰勒（Tyler，1956）在检阅这个领域的许多研究之后断定，'IQ 和社会经济水平的关系是智力测验史中的一个最有明证的事实'。看来很清楚，较高的 IQ 是在较高社会经济水平而不是较低水平的家庭里发现的。我们必须记着，IQ 分数反映受教育的机会、财产及家庭环境。……目前 IQ 分数的一部分差别，无疑是环境不同的结果。"[1]

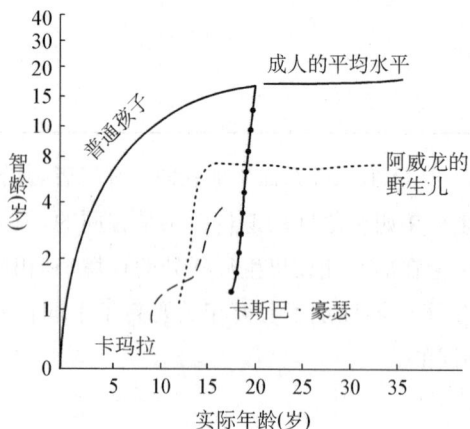

图 15 - 6　三个野生儿的智力发展曲线

（一）盖赛尔的研究[2]

　　美国心理学家盖赛尔对三类野孩的典型人物卡玛拉、阿威龙的野孩和卡斯巴·豪瑟的智力发展进行了比较研究（见图 15 - 6）。

---

① ［美］克雷奇等著，周先庚等译：《心理学纲要》，文化教育出版社 1980 年版，第 338—339 页。
② 叶奕乾、杨治良、孔克勤等著：《图解心理学》，江西人民出版社 1982 年版，第 73—74 页。

卡玛拉是 1920 年在印度发现的狼孩,由于从小就脱离人类社会,在狼窝里呆了八年,深深打上了狼性的烙印。尽管她回到人间比较早,也经过了努力教育和训练,但到 17 岁时智力只达到 3—4 岁儿童的水平。

阿威龙野生儿是 1799 年 7 月在法国南部阿威龙县森林里发现的一个野孩子,当时他全身赤裸。这个野孩子 4 岁或不到 4 岁就完全脱离了人类社会,直到 12 岁才回到人类社会。由于他回到人类社会的时间较晚,不容易恢复正常人的心理,故直至 40 岁病故时,智力只有 6 岁儿童的水平。

卡斯巴·豪瑟是巴登大公国的王子,虽然他也是从小离开人类社会,回到人类社会也比较晚(已经 17 岁了),但由于 3—4 岁前的生活基本上还是正常的,而且在关押期间还和一个人有接触,甚至学过简单的会话和写字等,所以一旦回到人类社会中,再加上良好的教育和训练,智力发展基本上接近正常。

野孩的事例表明:社会环境是智力发展的重要因素。

(二) 华生的研究

行为主义心理学家强调环境因素的作用,否定遗传因素。行为主义创始人华生是环境决定论的代表人物。起初,他并不否认遗传的本能,只是用反射的概念来解释本能,他认为简单的反射和这些反射之间的组合都可以遗传。但后来,他完全否认行为的遗传,否认本能的存在。他说:"给我一打健全的婴儿和我可以用以培养他们的特殊世界,我就可以保证随机选出任何一个,不问他的才能、倾向、本能和他的父母的职业及种族如何,我都可以把他训练成为我所选定的任何类型的特殊人物如医生、律师、艺术家、大商人或甚至于乞丐、小偷。"[①]当然,这个预言并没有实现,但他通过条件反射的方法对婴儿的行为进行"塑造"。他的一些实验表明,儿童对许多事物的情绪反应多数是习得的,并且可以通过消退性条件反射加以消除。图 15-7 是他的一个恐惧形成的条件反射实验示意图。图中的 1 是婴儿恐惧条件反射形成之前和兔子一起玩,对兔子并不害怕,甚至用手去摸;2 是在兔子出现时,同时用榔头敲击,发出极大的响声,婴儿对极大的响声非常害怕;3 是如此重复多次后,只要兔子放在婴儿身边(当时并没有响声),婴儿也会感到害怕,这时婴儿已形成了对兔子恐惧的条件反射;4 中的婴儿甚至对大胡子的人也感到害怕,这是条件反射的泛化。我国行为主义心理学家郭任远指出:"遗传这个观念,在心理学上,尤其是行为学,是一个无益有害的东西了。因此,我们就提倡一个无遗传的心理学。"[②]"行为的差异,或个性的差异,是环境的差异逐渐积合的结果。"[③]似乎,郭任远比华生更彻底地否定遗传。

图 15-7 恐惧形成的实验

---

① [美]华生著,徐侍峰译:《行为主义的儿童心理》,新世纪书局 1930 年版,第 82 页。
② 郭任远著:《心理学与遗传》,商务印书馆 1929 年版,第 292 页。
③ 同上书,第 296 页。

（三）德尼斯等的研究

德尼斯(D. Dennis)等人曾对孤儿院的儿童的智力进行追踪研究。他发现留在条件较差的孤儿院的儿童智力发展慢,智商平均只有53,而被领养的儿童智商发展快,平均智商达到80,特别是一些在年龄很小时被领养的儿童,他们的智商可以达到100(见图15-8)。

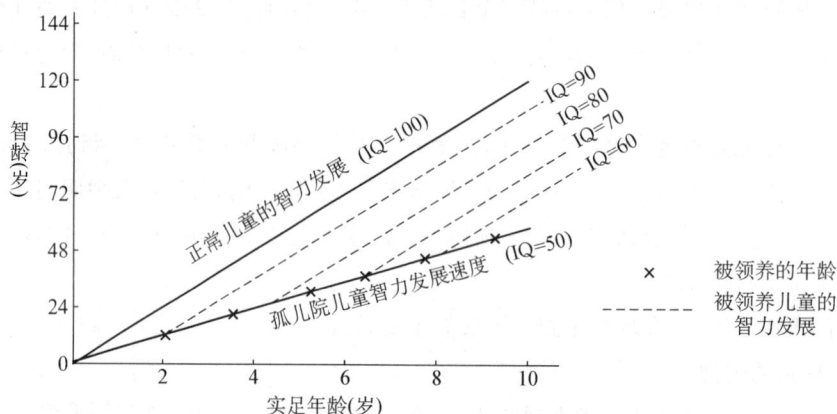

图 15-8　智力发展与环境

另一项有关儿童寄养的研究,也充分说明了环境的作用。[①] 智商平均为49的母亲被认为是呆傻母亲。她们生的孩子通常由别人抚养长大,但寄养时间与儿童的智力发展也有一定的联系。从图15-9、表15-8中可以看到,即使呆傻母亲所生的孩子,只要转移到良好环境,智商也可以超过母亲;转移到良好环境的时间越早,儿童的智商越高。

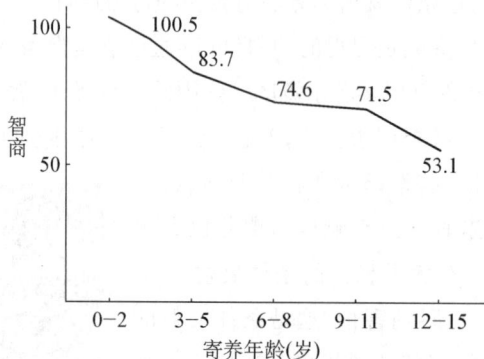

图 15-9　呆傻母亲所生孩子的寄养年龄与智商的变化

表 15-8　寄养年龄和智商变化

寄养年龄(岁)	智商
0—2	100.5
3—5	83.7
6—8	74.6

---

① ［日］松原达哉著,王树本等译:《从零岁开始的教育:培养优秀儿童的要点》,北京出版社1984年版,第5—6页。

个性心理学(第四版)

寄养年龄（岁）	智商
9—11	71.5
11—15	53.1

二、营养

营养是影响能力发展的一个重要因素,特别是幼年的营养直接关系到能力的发展。有些营养学家强调营养对智力发展的作用,他们指出:"在某种意义上说,智力是吃进去的。""民族的命运是取决于他们吃什么和怎样吃。"这是因为营养不良会影响脑和神经系统的发育,从而影响能力的发展。通常,从胎儿发育的最后四分之一时期到出生后两岁之间被认为是人脑生长发育最快的时期,这一时期足够的营养是人脑健康发育的重要保证,特别是蛋白质的缺乏,会导致婴儿脑重量的极大损失。脑科学的研究表明,营养不良会造成脑神经细胞的数目比正常儿童的少,影响脑细胞的发育,从而影响儿童智力的发展。

大脑发育需要多种营养,特别是需要蛋白质、矿物质、维生素等,如果缺乏蛋白质对智力发展会造成灾难性的影响。有人通过对儿童头发中的 14 种微量元素(占体重 0.01％以下的元素)含量的分析来区别正常儿童和低能儿童,准确度可达 98％。学习好的学生头发中锌和铜的含量较高,而铅、碘和镉的含量较低。脂肪对智力的发展也是必要的,充分的固醇类物质和磷脂对儿童的神经系统发育是很重要的。食物中丰富的维生素 C 能够提高儿童的智力。

自古以来,人们就认为营养的好坏会直接影响个人的身心发展。营养对身体的影响,早已有人做过许多研究,但营养对智力影响的研究则是近几十年来才开展起来的。美国学者发现,刚出生的婴儿缺乏营养,会对以后智力发展产生持久的影响;英国学者发现,缺乏营养的儿童,缺乏好奇心和探索精神,记忆力也差。胡佛(Houe)等人的一项研究表明,在第一、第二次世界大战期间,由于营养不良,儿童的发育减慢了。在第二次世界大战期间,法国的被占领区,女孩到 16 岁才成熟,比正常年龄的人迟三年。营养好的婴儿表现出明确的定向反射;营养差的婴儿对声刺激的反应不稳定,有时有朝向反射,有时又没有。

在对缺铁性贫血患儿的调查中发现,血液中血红蛋白低下时,对智力发展影响极大,表15-9 是在 3—36 月龄儿童中调查的结果。

表 15-9　缺铁性贫血对儿童智商的影响

	智　商	P　值
贫血患儿	95.32±9.74	
正常幼儿	101.62±10.28	<0.01

当缺铁性贫血患儿补铁后,血红蛋白增值 1.53 克/100 毫升,智商由原来的 93.63±7.48 上升为 106.10±6.83(P<0.01)[1]。

---

[1] 上海科学育儿基地、上海医科大学(柳启沛执笔):《膳食、营养与儿童成长》,《社会环境与儿童成长研讨会论文汇编》,1989 年 9 月。

三、教育

社会生活条件对能力发展的决定作用,通常是通过教育来实现的。教育本身也是一种社会生活条件,是一种环境影响,但教育又与一般的社会生活条件或环境影响不同,它是一种有目的、有计划和有系统的影响。教育在能力发展中起主导作用,在教育过程中,儿童在掌握知识和技能的同时也发展了能力。在人的一生中,教育对人的智力发展都有作用,但近几十年来,人们愈来愈认识到早期教育对智力发展的重要性。早期教育不仅影响儿童当前的智力水平,而且还影响他们以后智力的发展。这是因为人类的生命早期是发展的重要时期,在这个时期给予良好的教育会取得事半功倍的效果。

许多学者强调了早期教育的重要性。在 1920 年代,心理学家平特纳(R. Pintner)认为,儿童从出生到 5 岁是智力发展最迅速的时期。盖赛尔认为,在学龄前阶段,大脑发育非常快,6 岁前儿童的大脑大部分几乎都成熟了,以后人的脑力、性格和心灵将永远不会再如此迅速发展了,人们将永远不会再有这样的机会去奠定智力健康的基础了。马卡连柯指出:"教育的基础主要是 5 岁以前奠定的,它占整个教育过程的 90%。在这以后,教育还要继续进行,人进一步成长、开花、结果,而您精心培植的花朵在 5 岁以前就已经绽蕾。"[①]我国北京师范大学幼儿园和托儿所的研究表明,良好的早期教育使学龄前儿童的口语能力和数算能力都有较大的提高。有的母亲是孩子的"顾问"、"指引人",为孩子设计了良好的物质环境,孩子可以自由地游戏,她们对孩子的一切非常关心,准备回答孩子的问题,但不加干涉。有的母亲过分保护孩子,或忙于家务没有时间照顾孩子,或对孩子的活动限制过多。前者的孩子能力发展良好,后者的孩子能力发展较差。

家庭是社会的细胞,也是儿童接受早期教育的环境,父母又把遗传基因传递给后代。在家庭中,父母亲对子女的教养态度在儿童智力发展中起重要作用。美国心理学家怀特(B. White)等人,研究了 400 个儿童,发现父母亲对 1—3 岁儿童的教养方式,决定了孩子主要的性格特征,从而影响了孩子的能力发展。

学校教育对学生的智力发展起巨大的作用,个体在学校中学习知识的同时也就发展了智力。赛西(Stephen Ceci)研究发现,人们在学校中学习时间越长,智商提高越多。学生离开学校后,智商每年下降 0.25—6 分。如果一个中学生在中学二年级停学,在成人期智商下降最多可以达 24 分。

一项研究是基于 14 个国家的样本进行的,在过去 30 年个体智商提高了 15 分。这与教育、营养改善和科技进步是分不开的(D. Coon,2003)。

四、社会实践

环境和教育是能力发展的外部条件,人的能力是在主体的积极活动中形成和发展起来的。一个人的能力水平与他所从事活动的积极性成正比。我国古代的唯物主义哲学家王充指

---

① 《马卡连柯全集》(俄文版)。

出"施用累能"①,即能力是在使用过程中积累起来的;又说"科用累能"②,即从事各种不同的活动,各种不同的职业,积累各种不同的能力。马克思在谈到人与人之间的能力差异时指出:"这些十分不同的、看来是使从事各种职业的成年人彼此有所区别的才赋,与其说是分工的原因,不如说是分工的结果。"③恩格斯也指出:"由于分工,艺术天才完全集中在个别人身上,因而广大群众的艺术天才受到压抑。"④可见,由于社会分工,使社会成员长期从事某一方面的实践活动,他们能力的发展也就限制在某一方面。例如,有经验的纺织工人能够辨别40多种浓淡不同的黑色,而一般人只能辨别三四种;磨粉工人只要用手一摸,就能鉴别出面粉的粗细和质量来。

五、非智力因素

非智力因素是能力发展的重要心理因素。非智力因素⑤是相对智力因素而言的,它是智力因素以外对智力起直接制约作用的心理因素。动机、兴趣、信念和理想、情感、意志和性格等被认为是主要的非智力因素。1935年,亚历山大(W. P. Alexander)在《具体智力和抽象智力》一文中首先提出了"非智力因素"(nonintellective Factors)这个概念。它指在智力测验时被试对测验的兴趣、坚持性和希望成功的愿望等因素会直接影响智力测验的成绩。韦克斯勒1950年在一篇论文中正式提出了这个术语,并且作了分析和说明。他认为在各种智力活动中都反映了非智力因素的作用,非智力因素是智慧行为的必要组成部分,非智力因素不能代替智力因素,但对智力因素起制约作用。许多研究表明:远大的动机、浓厚的兴趣、顽强的意志和坚强的性格等,能够大大地促进智力的发展。

---

① 《论衡·程材篇》。

② 同上注。

③ 《马克思恩格斯全集》第4卷,人民出版社1958年版,第160页。

④ 《马克思恩格斯全集》第3卷,人民出版社1960年版,第460页。

⑤ 非智力因素有广义和狭义之分,本文指的是狭义的非智力因素,广义的非智力因素包括智力以外的生理因素、心理因素、环境因素和道德品质等等。

第十六章　能力的测量

　　能力测验可以有不同的分类,按能力种类来分,有智力测验、特殊能力测验和创造力测验;按测验方式来分,有个人测验和团体测验;按测验内容的表述形式分,有非文字测验和文字测验。

　　智力测验是通过测验的方法来衡量人的智力水平高低的一种科学方法。由于人们通常将智力看作人的各种基本能力的综合,因此智力测验又称普通能力测验。在心理测验中影响最大的是智力测验。

　　智力测验的思想在我国古代学者的著作中就有所反映。孟子说:“权,然后知轻重;度,然后知长短。物皆然,心为甚。”①孟子认为心与物皆具有一种可测量的特性。三国时代的刘劭在《人物志》一书中指出,“观其感变以审常度”,意思是根据一个人的行为变化可以推测他的心理特点。他还提出通过词,以回答法为手段来观察人的智力。我国自古以来就有七巧板、九连环等智力测验的工具。虽然智力测验的思想源远流长,判断一个人的智愚的方法也有许许多多,但是用科学方法把测验编制成量表来测量一个人的智力是从法国心理学家比纳开始的。正如美国心理学家平特纳指出的:在心理学史上,假如我们称冯特为实验心理的鼻祖,那么,我们不得不称比纳为智力测验的鼻祖,他和西蒙编制了世界上第一个智力测验量表,即比纳—西蒙量表。后来,美国心理学家韦克斯勒等人对智力测验也都作出了重大的贡献。当前国际上常用的智力测验有两种:斯坦福—比纳智力测验和韦克斯勒智力测验。

第一节　斯坦福—比纳智力量表

　　比纳和西蒙合作,于1905年为鉴定低能儿童的需要编制了一套智力测验,称比纳—西蒙量表。它共有三个量表,每一新量表都是在前一个量表基础上改编和修订的。

　　比纳和西蒙的第一个智力量表于1905年出版,共有30个问题。问题由易到难排列。该量表可以测量智力的多方面表现,但主要是判断、理解和推理能力,即比纳所认为的智力的基本成分。量表中虽然也有感知觉的测验项目,但言语部分所占的比例比当时其他测验所占的比例要大。

　　比纳和西蒙的第二个智力量表发表于1908年,测验项目增加到59个,适用的年龄范围从3岁至13岁。该量表还启用了智力年龄(mental age)这一概念,这是比纳对智力测验的重要贡献。此量表为第一个年龄量表。

---

① 《孟子·梁惠王》。

个性心理学(第四版)

比纳和西蒙的第三个智力量表发表于 1911 年。它与 1908 年的量表相比变动不大,在每个年龄组的测验项目上略有增删,并增设了一个成人组。

自比纳—西蒙量表发表后,许多人翻译和改编这个量表。其中最负盛名的修订本是斯坦福大学心理学家推孟作的,称斯坦福—比纳智力量表。该量表 1916 年出版,又于 1937、1960、1972、1986 和 2003 年几次作了修订。

一、1916 年量表

该量表共 90 个项目,其中 39 个项目是新的,一些老项目有的被修改,有的被删去,有的被重新安置在不同的年龄水平上。这个量表在标准化过程中对施测规定了详细的指导语和记分标准。该量表首次采用了智商的概念以表示智力的水平。智商是德国心理学家斯腾在 1912 年首先提出的。智商是智力年龄与实足年龄的比率,为了避免计算中的小数,将商数乘以 100。其公式为:

$$IQ(智商) = \frac{MA(智力年龄)}{CA(实足年龄)} \times 100$$

在测验时,一个实足年龄 10 岁的儿童,如果他的智力年龄是 11 岁,他的智商 $= \frac{11}{10} \times 100 = 110$;如果他的智力年龄是 9 岁,他的智商 $= \frac{9}{10} \times 100 = 90$。

该量表的标准化样本没有经过认真的选择,并不能反映美国人口的比例。成人样本太小(只有 100 名),儿童样本年龄偏低,缺乏可供重测的复本。1937 年,推孟和梅里尔对该量表作了修订。

二、1937 年量表

该量表与 1916 年量表相比,所测年龄范围扩大了,1916 年量表范围为 3—13 岁,1937 年量表范围为 2—18 岁。另外,他们编制了测验复本,分别为 L 型和 M 型,并且重新选择了样本的代表性,使量表的信度和效度符合编制要求。该量表分层取样,1 岁半到 5 岁半,每半岁间隔各选取 100 名儿童;6 岁到 14 岁,每 1 岁间隔各选取 200 名儿童;15 岁到 18 岁,每 1 岁间隔各选取 100 名儿童。样本选自美国 11 个州 17 个地区的 3184 名儿童,其中男女各占半数。但由于样本还是偏重于社会经济地位较高家庭的儿童,而且局限于白种人,故仍未能全面反映当时的美国人口状况。

三、1960 年量表

该量表的项目是从 1937 年量表的 L 型和 M 型中挑选出最好的项目,并改编为单一量表,称 LM 型。LM 型虽然没有增加新的项目,但删去了其中一些过时的或质量较差的项目,在内容上作了更新(如服装、汽车的式样)。在项目选择时,是以 1950—1954 年间接受过 1937 年的 L 型或 M 型测验的 4498 名被试的反应为依据。另外,测验对儿童的社会经济不同的阶层作了区别,保证测验项目的公平。测验材料包括:一盒标准玩具(测量幼儿时用)、两册图片、一本指导手册和一本反应记录本。

1960 年量表中的一个重大变化是把比率智商改为离差智商(deviation IQ),但旧的比率智商在手册中也能查到。

四、1972 年量表

1972 年推孟和梅里尔对斯坦福—比纳量表作了第三次修订,他们根据美国人口状况进行分层抽样,选择了 2100 名儿童(2—5 岁半,每半岁选取 100 名;6—8 岁,每 1 岁选取 100 名)实施测验。1972 年量表测验内容不变,但常模是从更具代表性的新样本中得到的,而且信度和效度稳定。该量表在 1973 年出版,在许多国家得到广泛应用。

五、1986 年量表

美国著名心理学家桑代克、黑根(E. Hagen)和沙特勒(J. Sattler)等人把卡特尔的流体智力和晶体智力理论与他们自编的认知能力测验结合起来,形成了该量表的理论框架——认知能力模式。这是一个三个层次水平的智力结构模式。修订工作自 1979 年开始,至 1986 年才完成,历时 8 年。这是一个新颖而现代化的测验工具。

该量表分三个层次:

第一层次:G 因素。即一般智力,它是指个人用来解决新问题的能力。

第二层次:晶体能力、流体分析能力和短时记忆。

第三层次:言语推理、数量推理和抽象/视觉推理。

每一个推理下都有几个分测验(见表 16-1)。

表 16-1　斯比量表(第四版)的结构

一级水平	二级水平	三级水平	分测验
G 因素	1. 晶体智力	(1) 言语推理	① 词汇
			② 理解
			③ 谬误
			④ 语词关系
		(2) 数量推理	① 算术
			② 数列关系
			③ 等式
	2. 流体智力	抽象/视觉推理	① 图形分析
			② 临摹
			③ 矩阵
			④ 折纸和剪纸
	3. 短时记忆		① Bead 记忆测验
			② 语句测验
			③ 数字记忆
			④ 物品记忆

(资料来源:Thorndike et al. ,1986)

该量表有 15 个分测验:①词汇,②理解,③谬误,④语词关系,⑤算术,⑥数列关系,⑦等式,⑧图形分析,⑨临摹,⑩矩阵,⑪折纸和剪纸,⑫Bead 记忆测验,⑬语句测验,⑭数字记忆,⑮物品记忆。

该量表突破了早期测量偏重于语言的倾向,大大地扩大了测量的范围,能够获得被试认知功能和信息处理技能方面的详细资料。通过测量,不仅能提供代表一般推理能力的总分,还可以获得四个领域的分数,四个领域中任何组合的分数以及 15 个分测验的分数。

该量表改"年龄量表"为"分测验"的形式,把相同类型的测验题目组成分测验,而每一个分测验至少可以测得一项主要的智力因素。

被试只需做适合于他本身的 8—13 个分测验,这样就保证了测验的信度和效度。新版本测验的范围很广,适用于两岁幼儿至不同水平的成人。因此,它能评估智力发展最高和最低两极的人;可以区别智力落后儿童和学习上有障碍的儿童;能够鉴定超常儿童;能够研究两岁至成人的认知发展过程;并可了解学生在学习上为何有特殊困难,等等。

该量表有很好的信度和效度。常模样本 5000 人,取自美国 47 个州和哥伦比亚地区,采取分层取样而制成。

有人认为,该量表的缺点是复合分未统一,并且缺乏适用于各个年龄的测验,缺乏 24 岁以上被试的常模,所以它的因素结构还有待进一步完善。

六、2003 年量表

美国根据 2000 年人口普查结果,样本由 4800 个人组成,修订了斯坦福和比纳的智力量表。称为斯坦福—比纳智力量表第五版。经研究使用,被称为"最有威望的量表"。斯坦福—比纳量表第五版,适合年龄 2—85 岁的被试,信度和效度都相当高。

该量表包括非言语的和言语的两个方面,五个因素(工作记忆、视觉空间处理、定量推理、常识、流体推理)(图 16-1)。

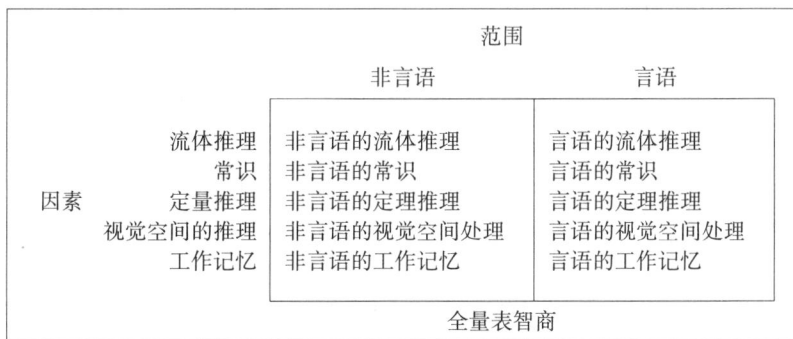

		范围	
		非言语	言语
因素	流体推理	非言语的流体推理	言语的流体推理
	常识	非言语的常识	言语的常识
	定量推理	非言语的定理推理	言语的定理推理
	视觉空间的推理	非言语的视觉空间处理	言语的视觉空间处理
	工作记忆	非言语的工作记忆	言语的工作记忆
		全量表智商	

资料来源:陆德《斯坦福—比纳智力测验第五版》,2002 年

图 16-1 斯坦福—比纳 2003 量表

七、斯坦福—比纳智力量表在中国的修订

1924 年陆志韦发表了他根据 1916 年斯坦福—比纳智力量表修订的《中国比纳—西蒙智力测验》,它适于江浙儿童使用。

1936 年陆志韦又与吴天敏进行了第二次修订。修订本采用的是年龄量表,适用于 3—18 岁的被试。使用范围扩大到北方。该量表共包括 75 个项目,其中 3—11 岁,每 1 岁有 6 个项目,每个项目代表两个月智龄;12—13 岁,每 1 岁有 3 个项目,每个项目代表 4 个月智龄;14—15 岁,共有 6 个项目,每个项目代表 4 个月智龄;16—18 岁,共有 9 个项目,每个项目代表 4 个月智龄。

1982 年吴天敏对《第二次订正中国比纳—西蒙测验》再修订,称为《中国比纳测验》。这次修订在项目上删改了一部分试题,也增加了一部分试题。她将项目每 1 岁改成 3 个,从 2 岁至 18 岁共有 51 题(表 16‐2),在成绩评定上也作了更改,把比率智商改为以个人成绩与他所在群体的中常成绩相比较的结果为智商。

表 16‐2　第三次修订中国比纳测验

1. 比大小圆形	27. 数学巧术
2. 说出物名	28. 方形分析(一)
3. 比长短线	29. 心算(三)
4. 拼长方形	30. 迷津
5. 辨别图形	31. 时间计算
6. 数钮扣 13 个	32. 填字
7. 问手指数	33. 盒子计算
8. 上午和下午	34. 对比关系
9. 简单迷津	35. 方形分析(二)
10. 解说图画	36. 记故事
11. 寻找失物	37. 说出共同点
12. 倒数 20 至 1	38. 语句重组
13. 心算(一)	39. 倒背数目
14. 说反义词(一)	40. 说反义词(二)
15. 推断情景	41. 拼字
16. 指出缺乏	42. 评判语句
17. 心算(二)	43. 数立方体
18. 寻找数目	44. 几何形分析
19. 寻找图样	45. 说明含义
20. 对比	46. 填数
21. 造句	47. 语句重组
22. 正确答案	48. 校对错误
23. 对答问句	49. 解释成语
24. 描画图样	50. 明确对比关系
25. 剪纸	51. 区别词义
26. 指出谬误	

第二节　韦克斯勒智力量表

韦克斯勒(D. Wechsler)1896 年出生于罗马尼亚,1916 年毕业于纽约学院,次年获心理学硕士学位,1925 年获哥伦比亚大学博士学位,他的博士论文是《情绪反应的测量》。1919 年,韦克斯勒在英国伦敦受斯皮尔曼和皮尔逊的影响,感到斯坦福—比纳智力量表不适合成年精神病患者,所以从 1934 年开始自编智力量表。他认为,智力是有目的地行动、合理地思考、有效地处理环境的个人的综合能力。这些能力虽不是完全独立,但是它们彼此之间有质的区别。因此,他编制的智力量表包括言语量表和操作量表,这两种量表都包括几个分测验。他用分测验的形式代替了比纳的分散各年龄组的混合形式。韦克斯勒首创离差智商,并用它来代替比纳量表中的比率智商。韦克斯勒所编制的几套量表适用的年龄范围从幼年到老年,是西方国家中最常用的智力量表。

一、韦氏成人智力量表(Wechsler Adult Intelligence Scale,WAIS)

韦氏成人量表适用于 16—74 岁的成年人(见表 16-3)。

表 16-3　韦克斯勒成人智力量表的名称和内容

测验名称	测验内容
言语量表	
知识	知识的保持和广度
理解	实际知识和理解与判断能力
算术	算术推理能力
相似性	抽象概括能力
数字记忆广度	注意力和机械记忆能力
词汇	语词知识的广度
操作量表	
译码	学习和书写速度
图画补缺	视觉记忆和视觉理解能力
积木图案	视觉的分析综合能力
图片排列	对故事情境的理解能力
物体拼配	处理部分与整体关系的能力

WAIS-R 是稳定、可靠的智力量表。WAIS-R 标准化过程中的再测信度在 0.82 以上,各年龄组的信度相关在 0.96—0.98 之间,言语智商相关在 0.90 以上,操作智商相关在 0.88—0.94 之间。它的效度检验与斯坦福—比纳智力量表的相关系数在 0.80 以上。

韦克斯勒的智力量表包括言语量表和操作量表,设立了几个分测验,因此,通过韦克斯勒智力量表的施测,不仅可以算出被试的全量表智商(Full Scale Intelligence Quotient, FIQ),而且还可以算出被试的言语智商(Verbal Intelligence Quotient,VIQ)和操作智商(Pertormance Intelligence Quotient,PIQ)以及各种分测验的量表分。这样,通过韦克斯勒智力量表的施测,不仅可以了解被试的一般智力高低,而且还可以了解被试各种智力的高低,这就可以在人与人之间进行具体的比较,了解一个人的智力结构。由于量表中有相当比重的操作测验,因此它适用于非英语的被试和文盲。韦克斯勒智力量表在临床实践中也显示了它的应用价值,可以用来诊断疾病。如果被试某项(某部分)测验分数特别低,那就有助于临床诊断作为分析病因的参考。美国心理学家雷坦(Reitan)等人发现在韦克斯勒智力测验中,如果 VIQ 显著低于 PIQ,可作为左半球受到损害的诊断标志;相反,如果 PIQ 显著低于 VIQ,则表示右半球受到损害。当然,VIQ 与 PIQ 的差别必须显著才有意义,因为普通人倾向于 VIQ 高于 PIQ,一些聪明人和有成就的人也倾向于 VIQ 高于 PIQ。只有 VIQ 或 PIQ 处于较低水平时，这种差异才具有临床上的意义。

韦克斯勒智力量表废弃了智龄的概念，保留了智商的概念，但韦氏量表中用的智商已不是比率智商（ratio IQ）而是离差智商（deviation IQ）。传统的比率智商和实龄是直线比例关系，即智龄随实龄不断增长，但是，实际上到了一定年龄，智龄不再随实龄增长了。若按传统的比率智商计算，20 岁时智商为 100 是正常的，但到了 40 岁时智商则会降为 50，就成为白痴了，这个结论无疑是荒谬的。离差智商就解决了这个矛盾。通过离差智商的计算，可以确定被试的智力在同龄人中的相对位置，确定他的智力是超常、常态或低常。离差智商实质上就是一个人的成绩和同年龄组被试的平均成绩比较而得出来的相对分数。人们的智商服从平均数为 100 和标准差为 15 的正态分布。离差智商的计算公式是：

$$离差智商 = 100 + 15Z$$

$$其中 Z = \frac{X - \overline{X}}{S}$$

公式中的 Z 代表标准分数，X 代表个体测验得分，$\overline{X}$ 代表团体的平均分数，S 代表团体分数的标准差。

如果知道了某人的测验分数、他的团体分数和团体分数的标准差，就可以用上述公式，计算出他的离差智商。例如，某个年龄组的平均分数为 80 分，标准差是 10 分，A 得 90 分，他的标准分数为 $\frac{90 - 80}{10} = +1$，代入公式：

$$离差智商 = 100 + 15 \times (+1) = 115$$

又如，B 得 70 分，他的标准分数为 $\frac{70 - 80}{10} = -1$ 代入公式：

$$离差智商 = 100 + 15 \times (-1) = 85$$

二、韦氏儿童智力量表（Wechsler Intelligence Scale for Children，WISC）

韦氏儿童智力量表适用于 6—16 岁儿童。

1. 1949 年和 1974 年量表

WISC 初版发表于 1949 年，其修订本（WISC-R）出版于 1974 年。

WISC-R 的标准化是将 6 岁半至 16 岁半的儿童划分为 11 个年龄组，每组各取 100 名男孩和 100 名女孩，根据性别、种族、地区、父母职业、城乡等标准分层取样。WISC-R 整个测验约需 1 小时，实施顺序是先做一个言语测验，再做一个操作测验，交替进行，以增加被试的兴趣，集中儿童的注意，避免疲劳和厌倦。WISC-R 是国际心理学家和医学家公认的优秀量表，常常用作为鉴定新编制的智力量表效度的效标。

2. 韦克斯勒儿童智力量表第三版（WISC-Ⅲ）

美国心理公司对 WISC-R 进行修订。主要是建立了最新的常模，增加了分测验，补充了测题,以期提供更多关于被试的有效信息。① 该量表于 1991 年出版。

增加的一个分测验,称符号搜索。用于测量儿童的"加工速度"(见表 16-4)。

表 16-4　韦克斯勒儿童智力量表第三版

因素 I:言语理解	因素 II:知觉组织	因素 III:注意力集中或克服分心	因素 IV:加工速度
常识	填图		
类同	排列	算术	译码
词汇	积木	背数	符号搜索
理解	拼配		

3. 韦克斯勒儿童智力量表第四版(WISC-IV)

2003 年韦氏儿童智力量表出版,称韦氏儿童智力量表第四版(WISC-IV)。由珠海京美测验公司与美国原出版公司合作,北京师范大学张厚粲教授主持修订,2007 年完成修订版工作。通过鉴定,各项指标均达到心理测量学标准。新的量表"测验内容变化很大,结果除总智商外,还通过合成分数组成言语理解、知觉推理、工作记忆和加工速度四个指数,并有特殊群体研究,支持临床应用。……功能与原版一致"②。

三、韦氏幼儿智力量表

韦氏幼儿智力量表(Wechsler Preschool Primary Scale of Intelligence,WPPSI)于 1967 年出版,它适用于 4—6 岁儿童。WPPSI 是 WISC 向低年龄幼儿的延伸。它在 WISC 的基础上发展了三个新测验(句子、动物房子和几何图形),取消了 WISC 中的三个测验(背数、图片排列和物体拼凑),在施测时,语言和操作各个分测验交替进行。1989 年对此量表进行修订,称 WPPSI-R,保留了 WPPSI 的 11 个分测验,增加了一个操作测验,即物体拼凑。常模样本共取 1700 名。

四、韦氏智力量表在中国的修订

1981 年由龚耀先主持,湖南省精神病院等 56 个单位协作,修订 WAIS 使其适用于我国。这个修订的量表称韦氏成人智力量表中国修订本(Wechsler Adult Intelligence Scale-Chinese Revised Edition,WAIS-RC)。它除了修改原量表的大部分测验内容外,还将词汇测验全部更换。修订时,考虑到我国目前城市人口和农村人口在文化、教育方面的差异,采用城市式和农村式,并且建立两式常模。

林传鼎、张厚粲主修韦氏儿童智力量表。他们参照澳大利亚的 WISC-R 修订本,经过分析,调整项目顺序,试用并修订出适合我国儿童使用的智力量表。目前,中国 WISC-R 标准化手续已经完成,常模已经建立,具有一定的信度和效度。

韦氏儿童智力量表(1981 年中国第一次修订本,主修人林传鼎、张厚粲)包括语言测验、操

---

① 金瑜主编:《心理测量》,华东师范大学出版社 2001 年版,第 70—71 页。

② 张厚粲:《韦氏儿童智力量表第四版(WISC-IV)中文版修订》,《心理科学》,2009 年第 5 期。

作测验各六个。①

1. 语言测验

（1）常识，从一般问题到史、地、自然等问题30个。例如"一年分为哪四季？"、"是谁领导革命推翻清王朝的？"、"什么东西使铁生锈？"，由被试口答。

（2）类同，要求被试说出两物（两事）的相同点。例如，说出香蕉与苹果、愤怒与喜悦、49与121的类同点等，共17对。

（3）算术，从简单的计数到被试自己读题心算作答，共19道题。

（4）词汇，32个词从易到难按顺序同时通过视听两种渠道显示出来，被试要说出每个词的意义。

（5）理解，共17道题，例如，"把小朋友的皮球弄丢了，应该怎么办？""为什么说必须守信用？""写信为什么要贴邮票？"……以探测被试运用实际知识解决个人和社会问题的能力。

（6）背数，主试朗读3—10位的数字表，被试跟着背。测验的后半部要求被试倒背2—8位的数字表。

2. 操作测验

（7）填图，26张图片，每张画着一个图，其中缺少某一部分，受试者要说出每张图上缺少了什么东西。

（8）图片排列，共13套图片，被试要把每套图片按正确顺序排列起来，连成一个小故事。

（9）积木，需用11张红、白图案和九块边长一寸的立方体，每一块立方体是两面红色、两面白色，另两面按对角线分成红、白两色。受试者每次用一个图案，按图案的要求摆好积木。

（10）拼图，共四个图，受试者要把每个图的组块拼接起来组成一个完整的图像。

（11）译码，分甲、乙两种：甲，图形符号交替测验，为8岁以下的儿童用；乙，数字符号交替测验，为8岁及更大的儿童用。

（12）迷津，用铅笔跑迷津，从易到难共九个。被试人应在规定时间内走出迷津，以表明知觉的速度和准确度。

以上（6）背数和（12）迷津为备用测验。

我国古代就有关于智力测验的思想和方法。燕国材教授等指出：《大戴礼记·文王官人》篇，可以说是我国古代探讨心理测验问题的一篇专门文献。② 在西方，智力测验孕育在英国，诞生在法国，弘扬在美国，并且传遍世界，智力测验从简单的感觉测验发展到复杂的智力测验，特别是对思维的测验；由测验个人发展到团体测验；测验内容从单一的测验，发展到多方面的综合测验。

---

① 林传鼎著：《智力开发的心理学问题》，知识出版社1985年版，第42—43页。
② 燕国材、卞军凤：《〈大戴礼记〉的心理测验思想》，《心理科学》，2009年第5期。

第三节　特殊能力倾向测验

一般能力倾向测验多指智力测验,特殊能力倾向测验又称特殊能力测验,主要测量个体某方面特有的潜在能力。各种特殊能力都有自己的结构,为了测量从事某种专业活动的能力,就要对这种活动进行分析研究,找出它所要求的心理特征,然后根据这些心理特征列出测验项目设计测验,以便测量特殊能力。

一、音乐能力测验

主要的音乐能力测验有:

(一) 西肖尔音乐才能测验(Seashor Measures of Musical Talents)

1920 年代和 1930 年代衣阿华大学西肖尔(C. E. Seashor)等人对音乐能力进行了开创性的研究,1939 年编制出最早的音乐能力测验。该测验刺激是由唱片或磁带呈现,主要测验听觉辨别力的六个方面:音高、响度、节拍、音色、节奏和音调记忆。图 16-2 是用西肖尔音乐才能测验测量两个被试的结果。该测验适用范围是小学生到成人,每个测验约需 10 分钟,用六个等级(最优、优、好、平均、低于平均和劣)评分。该测验可以个别进行,也可进行团体测验。这个测验可供音乐学校作为入学的一种能力测验,也可以作为学生入学后定期检查其能力发展变化的测验。

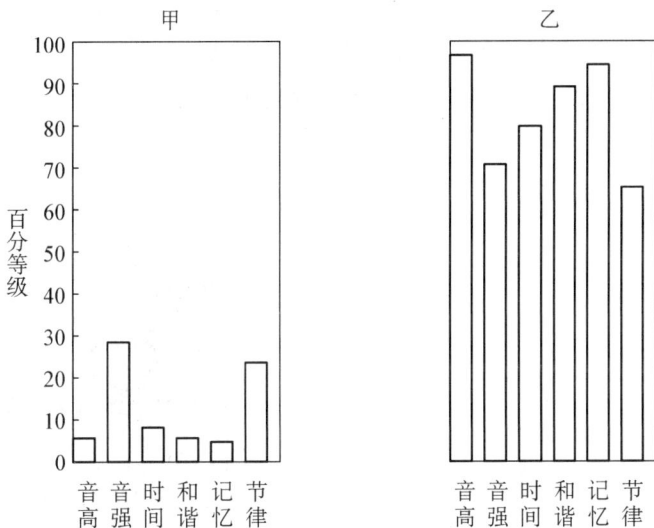

图 16-2　两名被试音乐才能测定的比较

(二) 维格音乐能力标准化测验

维格(H. D. Wing)等人编制的维格音乐能力标准化测验以钢琴音乐为材料,从八个方面计分:和弦分析、音高变化、记忆、节奏重音、和声、强度、短句和总体评价。该测验适合于 8 岁以上的儿童,测验材料通过录音磁带呈现给被试。

（三）音乐能力倾向测验（Musical Aptitude Profile，MAP）

戈登（E. Gordon）等人编制的音乐能力倾向测验包括 250 个小提琴和大提琴选段，测验材料由录音机呈现。该测验测量音乐表达、听知觉和音乐情感动觉三种音乐因素，可划分为 R 测验、T 测验和 S 测验三个分测验，分别测量各种音乐能力倾向。R 测验测量个体的节奏形象，T 测验测量个体的音调形象，S 测验测量个体的音乐感受。该测验不要求被试有音乐知识。

西肖尔的音乐才能测验被认为是原子主义的，后来的几个音乐测验选用复杂的内容。

二、美术能力测验

美术能力测验可以划分为美术欣赏能力测验和美术创作能力测验。主要的美术能力测验有：

（一）梅尔美术测验（Meier Art Tests）

梅尔美术测验是一个著名的美术能力测验。该测验由梅尔（N. C. Meier）编制，分为艺术判断测验（1929 年出版，1940 年修订）和审美知觉测验（1963 年出版）。这两个分测验都测量美术欣赏能力。艺术判断测验把许多名画用黑白色印出，有 100 对著名的艺术图片，其中一张是原作，另一张略加改动，要求被试判断哪一张更好。审美知觉测验有 50 个项目，每个项目都是一件艺术作品的四种形式（在比例、整体性、形状、设计等方面不同），要被试排列出等级。

（二）霍恩美术能力倾向问卷（Horn Art Aptitude Inventory）

霍恩（C. A. Horn）编制了霍恩美术能力倾向问卷，该测验包括两个部分，一部分是要求被试画出几十种常见的物体和几何图形；另一部分是要求被试在长方框内用规定的基本线条画图。

美术创作能力测验一般要求被试将规定的线索性轮廓加以补充成为图画，如图 16-3，要求被试用 A 中的线条完成一幅图画，然后根据已制定的等级标准给予评分，B 是一个被试所完成的图画。

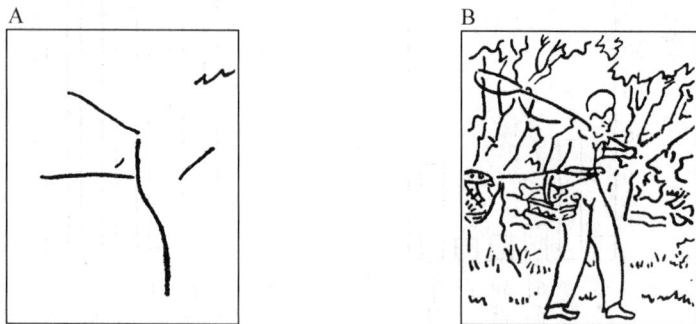

图 16-3　美术能力测验

三、飞行能力测验

第一次世界大战时，协约国的飞行员被打死的只有 2%，机械故障导致死亡的也只有 8%，而绝大多数飞行员（90%）是由于操作不合标准而发生问题的，而这些问题多是由心理因素造成的。例如,发生错觉、记忆力差、注意分配能力差、反应迟钝、动作不协调和情绪紧张等。

第二次世界大战时,美国心理学家对飞行员从心理方面进行选拔,编制了一套包括 20 个项目的选拔测验,从而使飞行员的淘汰率由 1920 年代的 65％下降到 36％。

我国心理学家进行了飞行能力的心理品质调查和测验。飞行能力是一种特殊能力,是各种心理品质的动力有机组合。"可以这样认为,飞行能力与一个人的感知觉辨别、反应灵活性、注意力分配、手脚动作协调等心理品质有着密切关系。"①

四、文书能力测验

一般文书能力测验包括与智力测验类似的题目,以及测量知觉速度和准确性的题目,这是因为文书工作中需要言语、数学、动作敏捷性和察觉异同的快速性等能力。文书能力测验主要有普通文书能力测验和电子计算机程序编制与操作测验。

(一) 普通文书能力测验

普通文书能力测验有安德罗(D. M. Andrew)等人编制的明尼苏达文书测验(Minnesota Clerical Test),该测验包括数字比较和姓名比较,要求被试检查数字和姓名匹配是否正确,这是一种简单的数字和姓名检查。另一种文书能力测验称为一般文书测验(General Clerical Test),主要测量被试的文书速度和准确性、言语流畅性和数字能力。该测验不仅包括知觉运动任务,而且还包括一般智力测验的任务。

(二) 电子计算机程序的编制和操作能力测验

霍洛韦(A. J. Holloway)等人编制的电子计算机操作人员能力倾向测验(Computer Operator Aptitude Battery)包括序列再认、格式检查和逻辑思维等三个分测验,用以测量个人在电子计算机操作时的能力倾向。

柏拉蒙(J. M. Palormo)等人编制的电子计算机程序人员能力倾向测验(Computer Programmer Aptitude Battery)包括字母系列、言语意义、数字能力、制图能力和推理等五个分测验,用以测量申请学习电子计算机课程的人员。

五、机械能力测验

机械能力包括多种成分,如空间知觉、机械理解、动作敏捷性等。有些研究表明,存在着机械能力的普遍因素。机械能力测验表明,存在着性别差异,男性在空间知觉和机械理解上得分较高;女性则在动作敏捷性上得分较高。机械能力测验主要有以下两种:

(一) 明尼苏达空间关系测验(Minnesota Spatial Relations Test)

彼特森(D. G. Paterson)等人在明尼苏达大学对机械能力进行研究,编制了几个空间关系测验。这种测验测试时,要求被试把木块尽可能快地放入板中的特定凹陷处。

---

① 荆其诚、林仲贤主编:《心理学概论》,科学出版社 1986 年版,第 471 页。

（二）贝内特机械理解测验（Bennett Mechanical Comprehension Test，BMCT）

贝内特（G. R. Bennett）等人编制了贝内特机械理解测验，图16-4是该测验的题目样本，可测量被试对机械关系和物理定律的理解能力。测验材料是图形和题目，每幅图都配有一个问题，要求被试根据图形回答问题。该测验有两种对等的形式（S和T）。贝内特机械理解测验是一种较好的特殊能力测验，在第二次世界大战时用来预测飞行员的能力，收到良好的效果。该测验在民用企业中也得到广泛的应用。

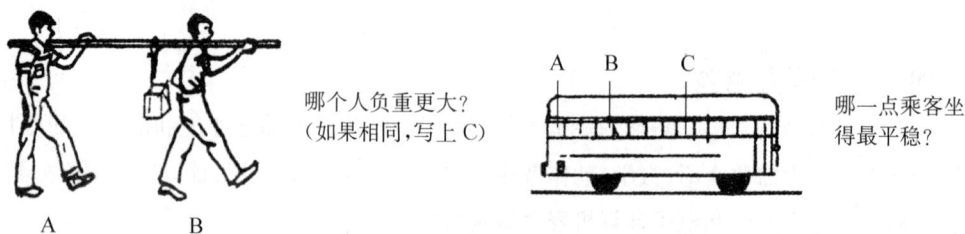

图16-4　贝内特机械理解测验的题目样本

六、数学能力测验

原苏联心理学家克鲁捷茨基等人编制了数学能力测验，他们根据中小学生不同年级的水平，编制了26个测验，包括具有多种多样解法的题目、正向和逆向的题目、序列题目和与空间概念有关的题目等，用来测量学生数学能力的发展水平。

第四节　创造力测验

创造能力是指产生新思维，发现和创造新事物的能力，它包含独特性和价值性两个基本特征。创造力测验是较晚发展起来的。从1950年代末期开始，在吉尔福特提出创造力理论后，心理学家考虑过去智力测验在这方面的不足，编制着重测量发散思维的创造力测验。目前所编制的创造力测验的题目多属开放型题目，因此评分带有主观性，在确定测验效度和信度上有困难。这些创造力测验目前还主要是实验的形式，用于心理学研究。国际上，主要的创造力测验有：南加利福尼亚大学发散思维测验、托兰斯创造思维测验和芝加哥大学创造力测验等。

一、南加利福尼亚大学发散思维测验（South California University Test of Divergent Thinking）

该测验是由吉尔福特等人发展起来的。创造思维包括发散思维和集中思维两种基本成分，发散思维是一种重要的创造思维。该测验主要是以发散思维为测量内容，其中前十项要求言语反应，后四项则用图形内容反应，此外，还有一些测验内容作者尚未公布。图16-5是吉尔福特三维智力结构模型中的"发散性思维块"。吉尔福特等人所设计的测量发散性思维的测验是：

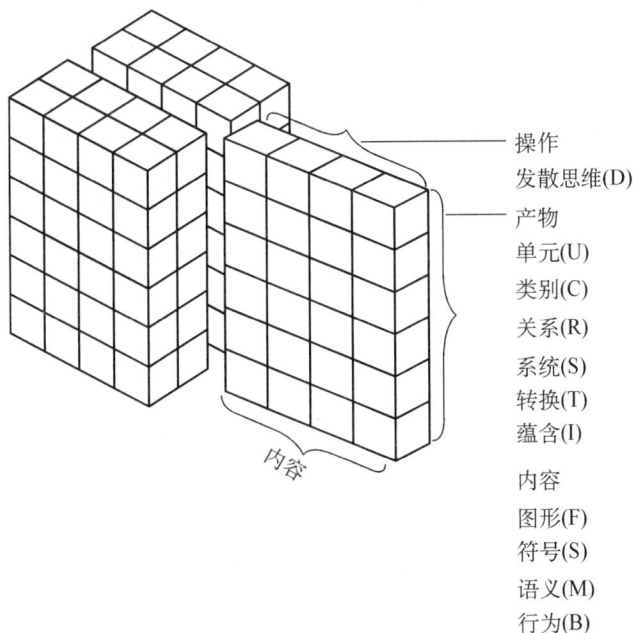

图 16 - 5　吉尔福特智力结构模型中的发散思维测验示意图

（1）语词流畅性（DSU①）：迅速写出包含有特定字母的单词。例如，"o"，答案可能有：load、over、pot 等。

（2）观念流畅性（DMU）：迅速写出属于同类的事物。例如，"能燃烧的液体"，答案可能有：汽油、煤油、酒精等。

（3）联想流畅性（DMR）：列举某一词的近义词。例如，"美好"的近义词：幸福、光明、兴旺等。

（4）表达流畅性（DMS）：写出每个词都以指定字母开头的四词句。例如，"K - U - Y - I"，Keep up your interest，Kill useless yellow insects 等。

（5）非常用途（DMC）：列举出一个指定物体的各种可能的非寻常的用途。例如，原为阅读的"报纸"，可用于引火、包装、擦玻璃、包装箱子时作填充物等。

（6）解释比喻（DMS）：例如，"沧海一粟"、"一箭双雕"等。

（7）用途测验（DMU、DMC）：尽可能多地列举每一件东西的用途。例如，"罐头"的用途：作花瓶、切圆饼等。有两种方式记分，根据回答总数记观念流畅性的分数（DMU）；根据用途种类的变化记变通性的分数（DMC）。

（8）故事命题（DMU、DMT）：给短故事情节加上标题。例如，冬天快到了，商店新来的职员忙着销售手套。他忘记了手套应该配对出售，结果商店里剩下了 100 只左手的手套。答案可能有：新职员，100 只左手套，只有左手的人等。根据命题总数记观念流畅的分数（DMU）；根据巧妙的命题数目记独创性分数（DMT）。

（9）事件后果的估计（DMU、DMT）：列举一个假设事件的不同结果。例如，如果人们不需要

————————

① 括号内的英文指该测验所测量的智力因素。如 DSU 指：发散思维（D）、符号（S）、单位（U）。

睡觉会产生什么结果? 答案可能有:做更多的事,闹钟将没有用,办更多的学校等。也有两种方式记分:根据回答总数记观念流畅的分数(DMU);根据与众不同的回答数记独创性分数(DMT)。

(10)职业象征(DMI):列举出一个符号或物体所象征的职业。例如,"灯泡",答案可能有:电气工程师、灯泡制造厂、聪明的人等。

(11)组成对象(DFS):利用一套简单的图形(如圆形、三角形、长方形、梯形等),画出指定的事物。在画物体时,可以重复使用任何一个图形,也可以改变其大小,但不能添加其他图形或线条。图16-6是这个测验中的练习题。

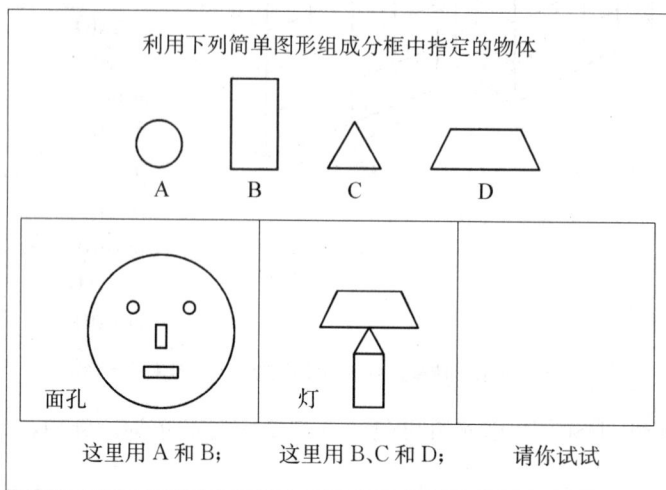

图16-6 组成对象测验中的练习题

(12)绘图(DFU):在给定的图形上增加线条,使之成为可辨认物体的略图。

(13)火柴问题(DFT):移动指定数目的火柴,形成特定数目的正方形或三角形。图16-7为该测验的演示题。

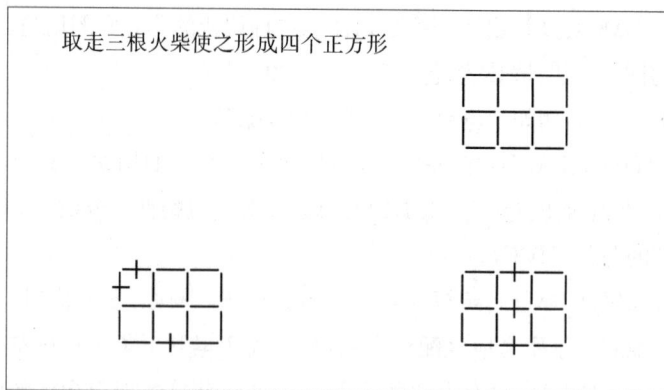

图16-7 火柴问题测验的演示题

(14)装饰(DFI):以尽可能多的不同设计装饰一般物体的轮廓图。

以上14个测验都是吉尔福特在研究能力倾向时发展出来的测量发散思维的工具。如果对吉尔福特智力三维结构模型中的空白部分继续研究,我们将会发展出更多的发散思维测验。该测验一般适用于中学文化水平以上的人,在大多数测验中提供了成人或九年级学生或二者兼有的常模。其分半信度在 0.60—0.90 之间,经训练后,评分的一致性系数可达 0.90。

一套与成人测验相似的儿童创造力测验也已发展出来,它适合于小学四年级以上的儿童,包括五个言语测验和五个图形测验,其中有七个测验是由成人测验改编而成的。有四至六年级学生的常模,标准化样本来自 1300 名中产阶级的儿童,包括相当比例的黑人和美籍墨西哥儿童。这一测验可集体施测,但在时间上有严格规定。该测验主要从流畅性(切题回答的数量)、变通性(回答种类的变化)和独创性(回答新颖奇特)方面分别记分,有时也根据精确性记分。

二、托兰斯创造思维测验(Torrance test of creative thinking,TTCT)

该测验是由托兰斯(E. P. Torrance)等人发展起来的。托兰斯是美国著名的教育心理学家,1944 年获明尼苏达大学教育心理学硕士学位,1951 年获密执安大学授予的博士学位。他对创造性的研究闻名世界。除了设计托兰斯创造思维测验外,他还提出教师应该"为创造而教"(teaching for creativity),并于 1965 年提出了鼓励学生创造思维的一些原则,例如,教师要尊重学生与众不同的观念,尊重与众不同的提问,并且要尽可能多地向他们提供学习机会,等等。1973 年他又指出,要使学生的认知活动和情感活动都充分地发挥作用,要学生积极参与实践活动,并且多与老师、同学交流信息。

托兰斯创造思维测验是在教育情境中发展起来的创造思维测验,它测量表现于学校背景中的创造力。该测验与吉尔福特的测验相类似,有些测验是吉尔福特测验的修订,所测量的变量也是流畅性、灵活性、独创性和精确性。该测验分为三套,共有 12 个分测验。他为了减少被试的紧张情绪,把这些测验称为"活动"(activity),并强调指示语必须生动有趣,该测验适合于幼儿园儿童到成人被试。

该测验分为:词语创造思维测验、图画创造思维测验和声音词语创造思维测验,每套都有两个等位型(复本)。

1. 词语创造思维测验

该测验包括七项活动。前三项活动(问与猜)是呈现一张有趣的图画,要被试说出他所想到的所有词语:说出关于图画中的事情所要询问的问题;列举出图画中所描述的行为的可能的原因;列举出图画中所描述的行为的可能的结果。第四项活动加进玩具,使儿童更有兴趣,要求被试对玩具提出改进的意见。第五项活动类似于吉尔福特的非常用途测验,要求被试说出普通物体的非同寻常的用途。第六项活动要求被试对同一物体提出不寻常的问题。第七项活动是被试推断一种不可能发生的事情,一旦发生后会出现的社会结果。这七个测验都从流畅性、变通性和独创性三个方面记分。

2. 图画创造思维测验

该测验包括三项活动。第一项活动要求被试把一个有鲜艳颜色的图形贴在一张白纸上的任何位置上,然后以此为出发点,画出一幅不平常的并能说明一段有趣故事的图画;第二项活动是完成图形,给被试提供少量不规则的线条,以此为开端,完成一幅图画,如图 16 - 8,上面是给被试提供的线条,下面是根据线条可能作出的图;第三项活动,要求被试用成对的短的平行线(A本)或圆(B),尽可能地画出不同的图。这三个测验从流畅性、变通性、独创性和精确性四个方面记分。

图 16 - 8　托兰斯完成图画测验

3. 声音语词创造思维测验

该测验是后发展起来的一套测验,由录音磁带提供指导语和刺激,包括两项活动。第一项活动是音响想象,包括四个被试熟悉的和不熟悉的音响系列,呈现三次;第二项是象声词想象,包括 10 个如"嘎吱嘎吱"或"砰"等模仿自然音响的象声词,也是呈现三次。这两项测验都要求被试充分发挥想象力,写出联想到的物体或活动。这套测验只根据反应的创造性,记独创性的分数。

从托兰斯创造思维测验(TTCT)整个测验中得到一个总的创造力指数代表一个人的创造思维水平。在 TTCT 中,言语分数的信度要比图形分数的信度高。TTCT 的复本信度在 0.60—0.93 之间。

三、芝加哥大学创造力测验(Chicago University test of Creativity)

该测验是由美国芝加哥大学心理学家盖泽尔斯(J. W. Getzels)和杰克逊(P. W. Jackson)编制的。他们对青少年的创造力进行了大量深入的研究,在 1960 年代初编制了这套测验。这套测验由下列五个项目组成:[①]

1. 语词联想测验

要求被试对十分普通的词,如"口袋"或"螺钉"等普通单词尽可能多地下定义。评分决定于定义的数目和类别。

2. 用途测验

要求被试对一个像"砖块"或"牙签"之类的普通物品,尽量多地说出它的各种可能的用途,根据说出用途的数目和首创性两个方面来评分。

---

① ［美］J・M・索里、C・W・吉尔福特著,高觉敷等译:《教育心理学》,人民教育出版社 1982 年版,第 588—589 页。

3. 隐蔽图形测验

要求被试从复杂图形中找出隐蔽在其中的一个特定的简单图形。根据图形的复杂性和隐蔽性评分。

4. 完成寓言测验

要求被试对缺少最后一行的几个短寓言加上三个不同的结尾：一个"道德的"，一个"诙谐的"，一个"悲伤的"。根据结尾的数目、恰当性和独创性评分。

5. 组成问题测验

给被试呈现几篇复杂的短文，每篇短文中包含一些数字说明，要求被试根据已知的材料尽可能多地组成各种数学问题，根据问题的数目、恰当性、复杂性和独创性来记分。

该测验适用于小学高年级至高中阶段的青少年，适用于团体施测，并且有时间限制。

四、中学生语义创造能力测验

我国东北师范大学李孝忠等人进行了中小学创造的综合指标和成套测验研究，并且编制了中学生语义创造能力测验[①]，这个测验是以综合指标编制的，是我国心理学家自己编制的创造能力测验，适合我国国情，具有较好的信度和效度，包括两个分测验。

（1）创造个性测验，包括独立性、自信心、好奇心、冒险、敢为、表达欲、想象幻想、敏感等测验。

（2）语义发散思维测验，包括语义单元、语义类别、语义关系、语义系统、语义转换和语义蕴含等测验。

许多学者研究了创造性和实际创造作品之间的关系。瓦拉奇（M. A. Wallach）等人以 500 名大学生作为被试，发现思维流畅性和创造作品之间有明显的相关，思维流畅性能够预测许多领域中的成就（见图 16-9）。戴温（Dewing）在 1970 年，以 400 名七年级男女儿童为被试，发现创造性量度和独创性作文等显著相关。

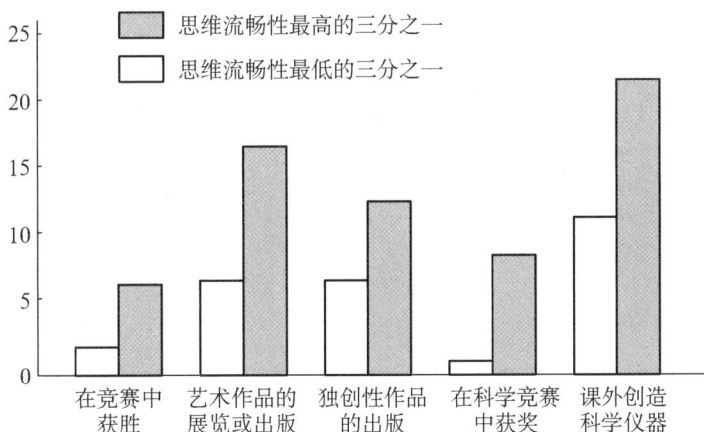

图 16-9 大学生的思维流畅性的高低与创造性作品之间的关系

① 李孝忠:《研究适合中学的新型创造力测验》,《中国教育报》,1999 年 4 月 18 日。

创造力测验的信度一般要比智力测验低,但创造力测验在一定程度上还是能够预测一个人创造成就的大小的。利伯特(R. M. Liebert)等人指出"对创造性的适当测量和规定只是探索的开始……创造性的量度是否和现实生活成就有关,或者它们能否预测现实生活成就,根据大量实验证明,回答似乎是肯定的"①。

---

① 〔美〕R·M·利伯特等著,刘范等译:《发展心理学》,人民教育出版社 1983 年版,第 475 页。

主要参考书目

中文部分：

王伟、方建群主编：《人格心理学（第 2 版）》，人民卫生出版社，2013 年版。

叶奕乾、祝蓓里主编：《心理学（第 4 版）》，华东师范大学出版社，2010 年版。

叶奕乾、何存道、梁宁建主编：《普通心理学》，华东师范大学出版社，2010 年版。

许燕主编：《人格心理学》，北京师范大学出版社，2009 年版。

李晓文、桑标编著：《人格发展心理学》，浙江人民出版社，2008 年版。

郑雪主编：《人格心理学》，暨南大学出版社，2007 年版。

赵静波主编：《人格与健康》，人民卫生出版社，2009 年版。

姚树桥主编：《心理评估（第 2 版）》，人民卫生出版社，2013 年版。

徐学俊主编：《人格心理学：理论·方法·案例》，华中科技大学出版社，2012 年版。

郭永玉、贺金波主编：《人格心理学》，高等教育出版社，2011 年版。

张丽华著：《儿童自尊的发展与促进》，安徽教育出版社，2011 年版。

杨丽珠主编：《儿童青少年人格发展与教育》，中国人民大学出版社，2014 年版。

凌辉主编：《儿童自立品格的发展与养成》，安徽教育出版社，2010 年版。

［美］兰迪·拉森、戴维·巴斯著，郭永玉译：《人格心理学：人性的科学探索（第 2 版）》，人民邮电出版社，2011 年版。

［美］亚伯拉罕·马斯洛著；许金声等译：《动机与人格（第 3 版）》，中国人民大学出版社，2012 年版。

［美］伯格著，陈会昌译：《人格心理学（第 8 版）》，中国轻工业出版社，2014 年版。

［美］玛丽安·米瑟兰迪诺著，黄子岚、何昊译：《人格心理学：基础与发现》，上海社会科学院出版社，2015 年版。

［美］戴维·谢弗著，陈会昌译：《社会性与人格发展（第 5 版）》，人民邮电出版社，2012 年版。

［美］戴蒙、勒纳等编著，林崇德、李其维等主译：《儿童心理学手册（第 6 版）第三卷：社会、情绪和人格发展》，华东师范大学出版社，2015 年版。

英文部分：

Bernardo J. Carducci (2009). *The Psychology of Personality：Viewpoints，Research，and Applications* (2nd ed.). Wiley-Blackwell.

Brent W. Roberts，Robert Hogan (2011). *Personality Psychology in the Workplace*. Washington，DC：American Psychological Association.

Dan P. McAdams (2008). *The Person：An Integrated Introduction to Personality Psychology* (5rd ed.). Fort Worth，TX：Harcourt College Publishers.

Daniel Cervone，Lawrence A. Pervin (2013). *Personality Psychology* (12nd ed.). John Wiley & Sons Inc.

Duane Schultz, Sydney Ellen Schultz (2008). *Theories of Personality* (9nd ed.). Wadsworth Publishing Co Inc.

Frank Dumont (2010). *A History of Personality Psychology*. New York: Cambridge University Press.

Harry T. Reis, Charles M. Judd (2014). *Handbook of Research Methods in Social and Personality Psychology* (2nd ed.). New York: Cambridge University Press.

Jan D. Sinnott (2013). *Positive Psychology: Advances in Understanding Adult Motivation*. Springer.

John Maltby, Liz Day, Ann Macaskill (2013). *Personality, Individual Differences and Intelligence* (3nd ed.). Pearson Education Limited.

Laurel Newman, Randy Larsen (2010). *Taking Sides: Clashing Views in Personality Psychology*. McGraw-Hill Education.

Lawrence A. Pervin (2002). *The Science of Personality*. New York: Wiley.

Marianne Miserandino (2011). *Personality Psychology: Foundations and Findings*. Prentice Hall.

Marvin Zuckerman (2005). *Psychobiology of Personality* (2rd ed.). New York: Cambridge University Press.

Michael C. Ashton (2013). *Individual Differences and Personality* (2nd ed.). Amsterdam; Boston, Mass: ElsevierAcademic Press.

Oliver P. John, Richard W. Robins, Lawrence A. Pervin (2010). *Handbook of Personality: Theory and Research* (3nd Ed.). NewYork: Guilford.

Philip J. Corr, Gerald Matthews (2009). *The Cambridge Handbook of Personality Psychology*. New York: Cambridge University Press.

Randy J. Larsen, David M. Buss (2009). *Personality Psychology: Domains of Knowledge about Human Nature* (4nd ed.). Boston: McGraw-Hill.

Rick K. Hoyle (2011). *Structural Equation Modeling for Social and Personality Psychology*. SAGE Publications Ltd.

Richard W. Robins, R. Chris Fraley, Robert F. Krueger (2007). *Handbook of Research Methods in Personality Psychology*. New York, NY: Guilford Press.

Robert R. McCrae, Paul T. Costa, Jr. (2005). *Personality in Adulthood: A Five-factor Theory Perspective* (2nd ed.). New York: Guilford.

Simon Boag, Niko Tiliopoulos (2011). *Individual Differences and Personality: Theory, Assessment And Application*. New York: Nova Science Publishers Inc.

Walter Mischel, Yuichi Shoda, Ozlem Ayduk (2007). *Introduction of Personality: Toward an Integration* (8th ed.). New York: Harcourt Brace.